R. UNIVERSITÀ DI PADOVA

R. SCUOLA D'APPLICAZIONE

Prof. G. ARMELLINI

CORSO di MECCANICA RAZIONALE

SIC INGREDERE VT TE IPSO QVOTIDIE DOCTIOR. SIC EGREDERE VT IN DIES PATRIAE CHRISTIANAEQ. REIPVB. VTILIOR EVADAS. ITA GYMNASIVM A SE FELICITER ORNATVM EXISTIMABIT.

"LA LITOTIPO,,
EDITRICE VNIVERSITARIA - PADOVA

E. Bazoni

R. SCUOLA D' APPLICAZIONE PER GLI INGEGNERI DI PADOVA

Prof. G. ARMELLINI

CORSO

DI

MECCANICA RAZIONALE

"LA LITOTIPO",
EDITRICE UNIVERSITARIA
PADOVA 1921

Corso di Meccanica Razionale

Nozioni preliminari
Elementi di Analisi Vettoriale

---

1. Generalità

<u>Vettori</u>. Prima di cominciare il corso di Meccanica Razionale riassumeremo brevemente gli elementi della teoria dei Vettori.

I vettori hanno grande importanza in Meccanica Razionale, giacchè sono utili per semplificare le dimostrazioni e rendono spesso intuitivi i risultati a cui si arriva.

Il nome di Vettore è dovuto ad Hamilton e deriva dal verbo latino <u>veho</u> (io trasporto). Vettore quindi significa <u>trasportatore</u>

Più esattamente con la parola vettore indiche-remo <u>un operatore che applicato ad un punto A lo trasporta in un altro B.</u>

Per definire un trasporto occorrono tre elementi e cioè:

1) La grandezza del trasporto, cioè la lunghezza del segmento AB. Questa lunghezza si chiama in analisi <u>modulo</u> del vettore (dal latino <u>modulus</u> = <u>misura</u>).

2) La direzione in cui si opera il trasporto per es. verticalmente, orizzontalmente, ecc.

3) Il senso (o verso) del trasporto, per es. verso l'alto, verso il basso ecc.

Un vettore quindi è pienamente determinato quando noi ne conosciamo il <u>modulo</u>, la <u>direzione</u> e il <u>senso</u>.

Graficamente il modo più semplice di rappresentare un vettore consiste nel disegnare una freccia avente per lunghezza il modulo, per direzione e verso quelli del vettore.

Indicheremo spesso un vettore con una lettera maiuscola su cui viene sovrapposto un accento circonflesso per es. $\hat{V}$.

Nel corso considereremo qualche volta dei vettori speciali aventi il modulo uguale all'unità di lunghezza. Questi vettori, che chiameremo *vettori unitari*, verranno indicati con una lettera maiuscola sovra cui è posto un tratto rettilineo, per es. $\overline{T}$.

Se abbiamo due vettori rappresentati da due freccie aventi la stessa lunghezza, direzione e senso, risulta da quanto si è detto che essi sono uguali. In altre parole, non si altera un vettore se lo trasportiamo parallelamente a sè stesso.

Un secondo modo, assai utile, di rappresentare un vettore consiste nell'indicarlo come differenza di due punti e precisamente del punto finale meno il punto iniziale. Abbiamo quindi:

A, B, $\hat{V}$

$$1)\qquad \hat{V} = B - A$$

da cui

$$2)\qquad A + \hat{V} = B.$$

La 2) ci fa vedere che se applichiamo al punto A il vettore $\hat{V}$ esso viene trasportato in B come già si era detto.

Dati due vettori aventi lo stesso modulo e la stessa direzione, ma il senso contrario, diremo che il primo è uguale al secondo preso col segno negativo. Abbiamo quindi:

$$3) \quad B - A = -(A - B)$$

In altre parole se cambiamo il segno di un vettore, esso cambia di senso.

Ciò posto le operazioni fondamentali che eseguiremo sui vettori sono l'addizione, la sottrazione, i prodotti e le derivate.

Somma dei vettori. Dati due vettori $\hat{M}$ ed $\hat{N}$ chiameremo, per definizione, somma $\hat{S}$ di essi, il vettore rappresentato dalla diagonale del parallelogramma avente per lati $\hat{M}$ ed $\hat{N}$. Come estremo iniziale prenderemo l'origine comune dei due vettori $\hat{M}$ ed $\hat{N}$: resta quindi definito anche il senso di $\hat{S}$. Brevemente per sommare due vettori basta disegnare il secondo a partire dal punto finale del primo

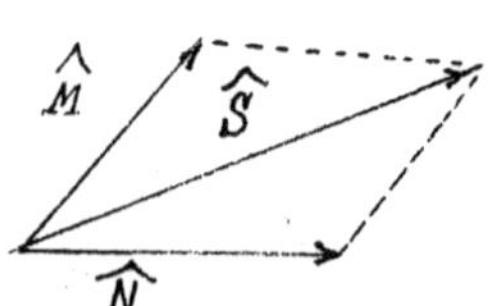

e quindi unire il punto iniziale del primo col punto finale del secondo. Per fare la somma di più vettori, basta sommare i primi due, aggiungere il terzo al risultato e così di seguito.

Si vede subito, con ovvie considerazioni di geometria elementare, che la somma dei vettori gode della proprietà *commutativa* ed *associativa*; cioè è lecito cambiare l'*ordine* dei vettori ed è lecito di sostituire, a due o più di essi, la loro somma effettuata.

Sottrazione dei vettori. Come differenza di due vettori $\hat{M}$ ed $\hat{N}$, intenderemo il vettore che si ottiene sommando il primo $\hat{M}$ col secondo cambiato di segno $-\hat{N}$.

Prodotti di vettori. Distingueremo due casi e cioè:

I) *Prodotto di un vettore per un numero reale* a.

II) *Prodotto di due vettori tra loro.*

Cominciamo ad occuparci del primo.

Se a è un numero positivo intenderemo per

prodotto a $\widehat{M}$, un vettore avente lo stesso senso e la stessa direzione di $\widehat{M}$ ed un modulo a volte maggiore.

Se invece a è negativo intenderemo per a $\widehat{M}$ un vettore avente la stessa direzione di $\widehat{M}$, il senso contrario, ed un modulo $|a|$ volte maggiore.

Analogamente per dividere un vettore per il numero reale a, basta moltiplicarlo per $\frac{1}{a}$.

Passiamo ora al secondo caso, cioè al prodotto di due vettori. Qui dobbiamo distinguere due sottocasi e precisamente:

α) <u>Prodotto interno o prodotto scalare</u>. Col nome di prodotto interno o prodotto scalare di due vettori $\widehat{M}$ ed $\widehat{N}$, intenderemo la quantità scalare Q data dal prodotto:

$$4) \qquad Q = \text{mod}\,\widehat{M}\,.\,\text{mod}\,\widehat{N}\,.\cos\Lambda$$

dove Λ è l'angolo formato dalle direzioni positive dei due vettori. Si vede subito dalla 4) che Q è uguale allo zero quando i due vettori sono ortogonali tra loro. Si vede ancora che il prodotto interno gode della proprietà commutativa. Il prodotto scalare s'indica scrivendo:

$$\widehat{M} \times \widehat{N}$$

e si legge: $\widehat{M}$ *interno* $\widehat{N}$.

Abbiamo ancora immediatamente: $\widehat{M}^2 = (\text{mod}\, M)^2$. Cioè il quadrato di un vettore è uguale al quadrato del modulo.

β) <u>*Prodotto esterno o prodotto vettoriale*</u>

Col nome di prodotto vettoriale di $\widehat{M}$ ed $\widehat{N}$ intenderemo un vettore $\widehat{P}$ definito dalle seguenti condizioni:

1) Il suo modulo sia dato dall'area del parallelogramma costruito su $\widehat{M}$ ed $\widehat{N}$. Si abbia cioè:

$$5)\quad \text{mod}\, P = \text{mod}\, \widehat{M} . \text{mod}\, N . \text{sen}\, \wedge$$

2) La sua direzione sia normale al piano del parallelogramma.

3) Il suo senso sia dato dalla seguente convenzione, facile a ricordare. Posto il pollice della mano <u>destra</u> sul primo vettore $\widehat{M}$ e l'indice sul secondo $\widehat{N}$, il senso di $\widehat{P}$ sia quello del medio.

L'equazione 5) ci fa vedere immediatamente che il prodotto vettoriale è nullo se i due vettori sono paralleli. La convenzione 3) ci mostra poi che il prodotto vettoriale non gode della proprietà commutativa: infatti scambiando l'ordine dei due vettori il prodotto cambia di segno.

Il prodotto vettoriale s'indica scrivendo:

$$\widehat{M} \wedge \widehat{N}$$

e si legge: $\widehat{M}$ *esterno* $\widehat{N}$.

<u>Derivata di un vettore</u>. Immaginiamo di avere un vettore $\widehat{V}$ che sia funzione di una variabile scalare t. Per fissare le idee supponiamo per es. che $\widehat{V}$ rappresenti la velocità di un punto mobile la quale varii col variare del tempo.

Per un valore generico di t essa avrà un certo valore $\widehat{V}_{(t)}$; per un altro valore $t+h$, il vettore avrà un nuovo valore $\widehat{V}(t+h)$. Facciamo la differenza dei due vettori e dividiamola per h; otterremo un nuovo vettore dato da:

$$\frac{\widehat{V}(t+h)-\widehat{V}(t)}{h}$$

Ciò posto facciamo tendere h a zero. Se il vettore, ora rappresentato tende ad un vettore limite, chiameremo questo limite derivata del vettore e l'indicheremo con $\widehat{V}'(t)$.

Abbiamo quindi per definizione:

$$6) \quad \widehat{V}'(t) = \lim_{h=0} \frac{\widehat{V}(t+h)-\widehat{V}(t)}{h}$$

La derivata di un vettore è quindi un altro vettore. Possiamo ancora derivarlo: se il limite che cerchiamo esiste, otterremo la derivata seconda e così di seguito.

<u>Derivata di un punto</u>: Il concetto di derivata di un punto è estremamente utile in Meccanica. Ecco come vi si giunge. Immaginiamo di avere un certo punto P la cui posizione nello spazio, sia funzione di una variabile scalare, per es. del tempo t. Ad un dato valore generico di t il punto assumerà una certa posizione $P(t)$; ad un secondo valore $t+h$ esso assumerà un'altra posi-

zione $P(t+h)$. Consideriamo ora il vettore che abbia per punto iniziale $P(t)$ e per punto finale $P(t+h)$ e dividiamolo per h. Otterremo un nuovo vettore dato da:

$$\frac{P(t+h) - P(t)}{h}$$

Facciamo tendere h a zero. Se questo vettore tende ad un vettore limite, esso si chiamerà derivata del punto. <u>La derivata di un punto è dunque un vettore</u>.

Ottenuta la derivata prima, con il dato procedimento potremo ottenere, se esistono, le derivate di ordine superiore.

2. Vettori fondamentali

Prendiamo un punto O qualsiasi come origine, e da esso facciamo partire una terna di assi ortogonali, x, y, z scegliendo come direzioni positive quelle date dalle tre prime dita della mano destra. Il pollice cioè ci darà l'asse x, l'indice l'asse y, e il medio l'asse z.

Ciò posto, sui tre assi prendiamo tre vettori di lunghezza unitaria che indicheremo rispettivamente con $\bar{I}$ $\bar{J}$ $\bar{K}$ e che chiameremo vettori fondamentali.

Avremo allora facilmente per quanto si è detto:

7) $\overline{I^2} = \overline{J^2} = \overline{K^2} = 1$

8) $\bar{I} \times \bar{J} = \bar{J} \times \bar{K} = \bar{K} \times \bar{I} = 0$

9) $\bar{I} \wedge \bar{J} = - \bar{J} \wedge \bar{I} = \bar{K}$

10) $\bar{J} \wedge \bar{K} = - \bar{K} \wedge \bar{J} = \bar{I}$

11) $\bar{K} \wedge \bar{I} = - \bar{I} \wedge \bar{K} = \bar{J}$

Prendiamo ora un punto C di coordinate x y z e consideriamo il vettore $\hat{R}$ che parte da O e arriva in C. Per andare da O in C possiamo anche muoverci di un segmento $x = OA$ lungo l'asse delle x, poi di un segmento $y = AB$ parallelamente all'asse y e infine di un segmento z parallelamente all'asse z.

Quindi $\hat{R}$ risulterà uguale alla somma dei tre vettori A-O, B-A, C-B, di cui il primo è dato da $\overline{I}x$, il secondo da $\overline{J}y$, e il terzo da $\overline{K}z$. Abbiamo quindi:

$$12) \quad \hat{R} = \overline{I}x + \overline{J}y + \overline{K}z$$

I coefficienti di $\overline{I}, \overline{J}, \overline{K}$ si chiamano le componenti del vettore $\hat{R}$.

Diamo ora delle formole per il calcolo dei prodotti interni ed esterni e delle derivate di un vettore.

Si abbiano due vettori generici $\hat{M}$ ed $\hat{N}$. Chiamando con $x_1\ y_1\ z_1$ le componenti del primo vettore e con $x_2\ y_2\ z_2$ quelle del secondo, avremo per quanto è stato detto:

$$13) \quad \hat{M} = \overline{I}x_1 + \overline{J}y_1 + \overline{K}z_1$$

$$14) \quad \hat{N} = \overline{I}x_2 + \overline{J}y_2 + \overline{K}z_2$$

Eseguiamo allora il prodotto <u>interno</u>. Risulterà:

$$15) \quad \hat{M}\times\hat{N} = (\overline{I}x_1 + \overline{J}y_1 + \overline{K}z_1)\times(\overline{I}x_2 + \overline{J}y_2 + \overline{K}z_2)$$

e tenendo presente la 7) e la 8) avremo:

$$16) \quad \hat{M}\times\hat{N} = x_1x_2 + y_1y_2 + z_1z_2$$

Dunque per ottenere il prodotto interno di due vettori basta moltiplicare ordinatamente tra loro le rispettive componenti, e poi sommare i risultati

Passiamo ora al prodotto esterno - Abbiamo:

$$17)\quad \widehat{M}\wedge\widehat{N} = \left(\overline{I}x_1+\overline{J}y_1+\overline{K}z_1\right)\wedge\left(\overline{I}x_2+\overline{J}y_2+\overline{K}z_2\right)$$

ed avendo riguardo alla 9) 10) 11) risulta

$$18)\quad \widehat{M}\wedge\widehat{N} = (y_1z_2-z_1y_2)\overline{I}+(z_1x_2-x_1z_2)\overline{J}+(x_1y_2-y_1x_2)\overline{K}$$

Costruiamo ora il determinante:

$$\begin{vmatrix} \overline{I} & \overline{J} & \overline{K} \\ x_1 & y_1 & z_1 \\ x_2 & y_2 & z_2 \end{vmatrix}$$

Se noi lo svolgiamo secondo i termini della prima linea vediamo che il determinante risulta precisamente uguale al secondo membro della 18). Si ha dunque:

$$19)\quad \widehat{M}\wedge\widehat{N} = \begin{vmatrix} \overline{I} & \overline{J} & \overline{K} \\ x_1 & y_1 & z_1 \\ x_2 & y_2 & z_2 \end{vmatrix}$$

Dunque per ottenere il prodotto esterno di due vettori basta costruire un determinante di 3° ordine avente per prima linea i tre vettori fondamentali, per seconda linea le componenti del primo vettore, e per terza le componenti del secondo.

Passiamo ora alla derivata di un vettore $\hat{R}$. Supponiamo che $\hat{R}$ sia funzione di una variabile scalare per es. del tempo t, o, in altre parole, che le sue componenti x, y, z, siano funzioni di t. Avremo per definizione di derivata:

$$20)\quad \hat{R}(t) = \lim_{h=0} \frac{\hat{R}(t+h) - \hat{R}(t)}{h} =$$

$$= \lim_{h=0} \frac{\bar{I}x(t+h) + \bar{J}y(t+h) + \bar{K}z(t+h) - \bar{I}x(t) - \bar{J}y(t) - \bar{K}z(t)}{h} =$$

$$= \bar{I} \lim_{h=0} \frac{x(t+h) - x(t)}{h} + \bar{J} \lim_{h=0} \frac{y(t+h) - y(t)}{h} + \bar{K} \lim_{h=0} \frac{z(t+h) - z(t)}{h}$$

$$= \bar{I} \frac{dx}{dt} + \bar{J} \frac{dy}{dt} + \bar{K} \frac{dz}{dt}$$

Dunque per ottenere la derivata di un vettore basta semplicemente derivarne le componenti.

3. Altre operazioni sui vettori.

Immaginiamo di avere un piano determinato, per es. il piano x y. Scegliamo come senso positivo delle rotazioni quello inverso al moto degli indici di un orologio e prendiamo una coppia di assi ortogonali x y in modo tale che la parte positiva dell'asse x con una rotazione di 90° in senso diretto venga a sovrapporsi alla parte positiva dell'asse y. Ciò posto immaginiamo di avere un vettore $\hat{M}$. Abbiamo già visto come si moltiplica un vettore per un numero reale a. Se invece moltiplichiamo $\hat{M}$ per l'unità immaginaria i il risultato i $\hat{M}$ non avrebbe, per ora, alcun senso. Per dargli un significato conveniamo di rappresentare con

$i\,\widehat{M}$ un nuovo vettore $\widehat{N}$ ottenuto dall'antico $\widehat{M}$ ruotandolo di 90° in senso positivo. Il punto del piano intorno a cui effettuiamo la rotazione non ha alcuna importanza per noi, giacchè sappiamo che un vettore può sottomettersi, senza alterarlo, ad un moto di traslazione.

Se moltiplichiamo un vettore per i^2 dovremo ruotarlo due volte di 90, cioè cambiare il suo senso. Ed infatti si ha:

$$21) \qquad i^2\,\widehat{M} = -\,\widehat{M}$$

Per quanto si è detto avremo ancora:

$$22) \qquad i\,\overline{I} = \overline{J}$$

$$23) \qquad i\,\overline{J} = -\,\overline{I}$$

Ed ora prendiamo un altro vettore $\widehat{F}$ e moltiplichiamolo per il numero complesso $e^{i\varphi}$. Vediamo quale sarà il vettore risultante $\widehat{G}$.

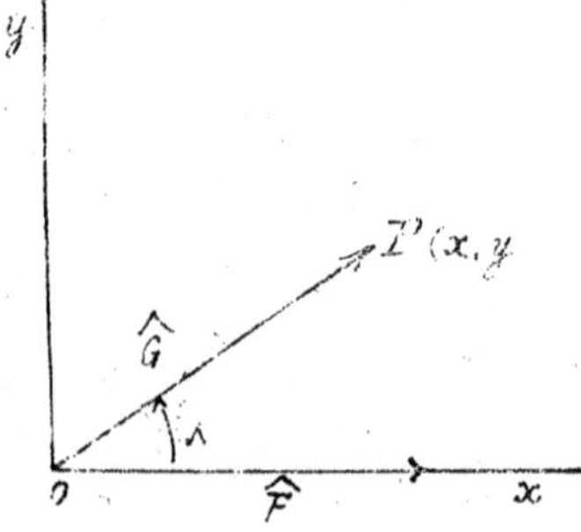

Per semplificare il ragionamento, poichè gli assi sono arbitrari, supponiamo che essi vengano scelti in modo che $\widehat{F}$ abbia per punto iniziale l'origine e si trovi sul l'asse x. Per abbreviare indichiamo ancora con m il modulo di $\hat{F}$.

Avremo allora:

24) $$\hat{F} = m\,\bar{I}$$

e quindi

25) $$\hat{G} = m\,e^{i\varphi}\,\bar{I}$$

Ma si ha dall'algebra:

26) $$e^{i\varphi} = \cos\varphi + i\,\mathrm{sen}\,\varphi$$

e quindi sostituendo in 25) avremo

27) $$\hat{G} = m\cos\varphi\,\bar{I} + m\,\mathrm{sen}\,\varphi\, i\,\bar{I}$$

cioè per la 22)

28) $$\hat{G} = m\cos\varphi\,\bar{I} + m\,\mathrm{sen}\,\varphi\,\bar{J}$$

Se immaginiamo che $\hat{G}$ parta dall'origine le coordinate del suo punto estremo P sono allora:

29) $$x = m\cos\varphi$$

30) $$y = m\,\mathrm{sen}\,\varphi$$

e quindi si ha

30') $$\mathrm{mod}\,\hat{G} = m = \mathrm{mod}\,\hat{F}$$

mentre l'angolo α che $\hat{G}$ forma con l'asse x cioè con $\hat{F}$ risulta uguale a φ. In altre parole $\hat{G}$ si ottiene da $\hat{F}$ ruotandolo di un angolo φ nel senso positivo.

Vediamo quindi che se un vettore supposto giacente nel piano xy viene moltiplicato per $e^{i\varphi}$ esso ruota, in senso positivo dell'angolo φ.

Questa proprietà è utilissima per ottenere le equazioni vettoriali delle curve. Si voglia per es. avere l'equazione di un cerchio di centro O e di raggio a. Avremo:

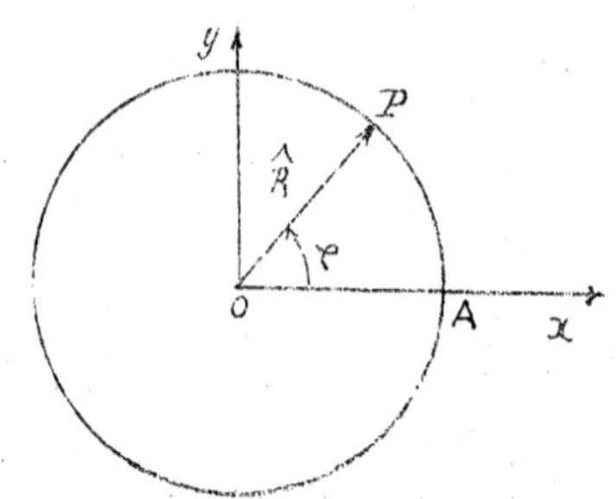

31) $P-O=\widehat{R}$

32) $\widehat{R}=e^{i\varphi}(A-O)$

Ma si ha

33) $A-O=a\,\overline{I}$

dunque risulta

34) $P=O+a\,e^{i\varphi}\,\overline{I}$

Ad ogni valore che noi diamo all'angolo φ quest'equazione ci dà un punto corrispondente P situato sulla circonferenza. Se φ varia da 0 a 2π si hanno tutti i punti della circonferenza e soltanto questi. La 34) è dunque l'equazione vettoriale del cerchio.

4. Applicazioni alle curve gobbe. Formole di Frenet.

Immaginiamo di avere una curva gobba qualsiasi.

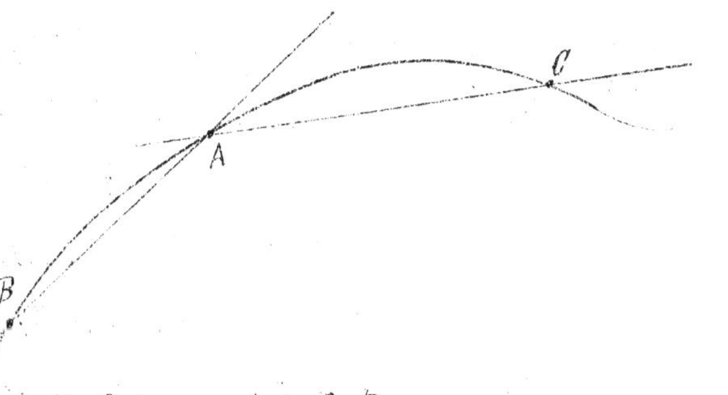

Prendiamo su di essa un punto A ed un secondo punto B e tiriamo la corda A B.

Sappiamo che se facciamo tendere B verso A e se la corda A B tende ad una posizione limite, questa è la tangente nel punto A. Analogamente prendiamo un terzo punto C e consideriamo il piano p determinato dai tre punti A, B, C. Spostiamo B e C facendoli tendere verso A. Il piano p si muoverà allora nello spazio e se esso tende ad una posizione limite, questa costituisce il piano osculatore nel punto A.

Poichè in questo movimento le corde AB ed AC tendono a divenire tangenti, noi vediamo che il piano osculatore può essere immaginato come determinato da due tangenti infinitamente vicine.

Ricordiamo ancora che il rapporto $\frac{d\varphi}{ds}$, tra l'angolo infinitesimo $d\varphi$ formato da due tangenti infinitamente vicine e l'arco ds che intercede tra i loro punti di contatto, si chiama curvatura. Ciò posto immaginiamo di far passare per i tre punti A, B, C, un cerchio. Facendo tendere B e C verso A il cerchio cambia di posizione e grandezza e, se esso tende ad un cerchio limite, quest'ultimo si chiama cerchio osculatore nel punto A. Il suo raggio ρ si dice raggio di curvatura.

È facile vedere che il suo valore è uguale all'inverso della curvatura.

Dividendo infatti le due corde AB e AC per metà nei due punti M ed N ed innalzando ivi le perpendicolari, il punto O

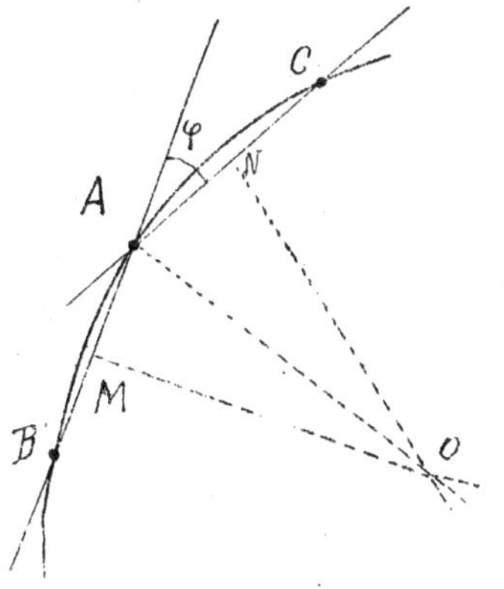

in cui s' incontrano sarà il centro del cerchio passante per A, B, C. Il raggio di questo cerchio sarà quindi dato dal segmento OA. Per trovarne ora il limite osserviamo che, se esso esiste, sarà indipendente dal modo con cui B e C tendono ad A. Supponiamo allora di far tendere B e C verso A in modo tale che le corde AB e AC si conservino di lunghezza uguale. Chiamando allora con φ l'angolo formato dalle due corde, dall'uguaglianza dei due triangoli rettangoli NOA ed AOM ne deduciamo che l'angolo AON è uguale ad $\frac{1}{2}\varphi$.

Si ha quindi, per un teorema di trigonometria elementare

$$35) \qquad AO = \frac{AN}{\operatorname{sen}\frac{1}{2}\varphi} = \frac{AC}{2\operatorname{sen}\frac{1}{2}\varphi}$$

Ciò posto facciamo tendere C verso A; allora la lunghezza della corda AC tende verso quella dell'arco infinitesimo ds; mentre l'angolo φ tende simultaneamente all'angolo infinitesimo $d\varphi$ formato da due tangenti infinitamente vicine.

Quindi il limite del rapporto $\frac{AC}{2 \operatorname{sen} \frac{1}{2} \varphi}$ quando C tende ad A, è uguale a $\frac{ds}{2 \operatorname{sen} \frac{1}{2} d\varphi} = \frac{ds}{d\varphi}$ Cioè il raggio ρ del cerchio osculatore è uguale all'inverso della curvatura.

Se supponiamo che la curva sia piana ed abbia per equazione $y = y(x)$, la tangente dell'angolo formato da una tangente alla curva con l'asse delle x è uguale a y'. Si ha allora con un calcolo semplicissimo:

$$36) \qquad \rho = \frac{(1 + y'^2)^{\frac{3}{2}}}{y''}$$

Ricordiamo ancora un'altra definizione. Prendiamo sopra una curva gobba due punti qualsiasi P e P' e conduciamo per essi i due piani osculatori. Sia Λ l'angolo diedro formato da questi piani. Ciò posto, il limite del rapporto tra l'angolo Λ e l'arco PP', quando l'arco stesso tende a zero, si dice <u>torsione</u> della curva. L'inverso della torsione si chiama raggio di torsione e noi l'indicheremo con τ.

Abbiamo quindi:

$$\tau = \frac{ds}{d\lambda} \tag{37}$$

Consideriamo ancora una curva gobba qualsiasi C descritta dal moto di un punto P. Scegliamo come senso positivo quello del moto, e, preso su C un punto generico P, conduciamo da esso la tangente. Prendiamo infine

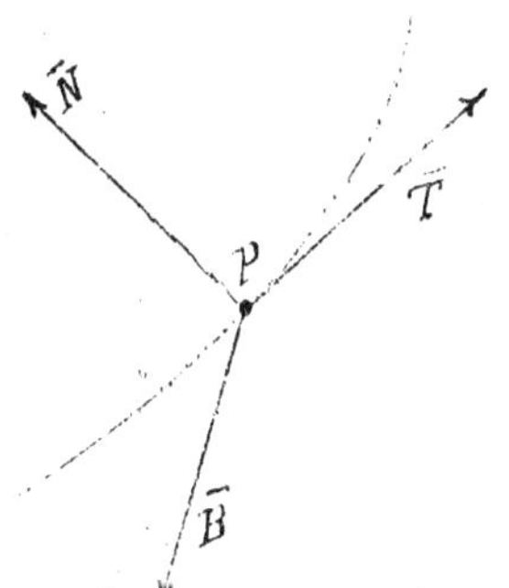

sulla tangente un vettore unitario $\overline{T}$ col senso positivo corrispondente a quello della curva. Ogni retta passante per P e perpendicolare alla tangente sarà anche perpendicolare alla curva. Avremo quindi infinite normali alla curva in P. Tra queste noi ne considereremo due che hanno grande importanza per la meccanica, e cioè la nor male principale, n giacente nel piano osculatore, e la binormale b perpendicolare al piano osculatore. Prendiamo poi sopra la normale principale un vettore unitario $\overline{N}$ diretto verso il centro del cerchio osculatore, e sopra la binormale un altro vettore unitario $\overline{B}$ col senso positivo in modo tale che i tre vettori $\overline{T}, \overline{N}, \overline{B}$ siano diretti come le tre prime dita della mano destra. Avremo allora immediatamente:

38) $\overline{T} \wedge \overline{N} = \overline{B}$

39) $\overline{N} \wedge \overline{B} = \overline{T}$

40) $\overline{B} \wedge \overline{T} = \overline{N}$

Ciò posto prendiamo sopra la curva C un punto O come origine degli archi: poichè il punto P, che descrive la curva, è individuato quando è conosciuto l'arco $OP = s$, possiamo considerare P come funzione di s;

$P(s+h)$

$P(s)$

O

$P = P(s)$. Facciamo allora la derivata prima

$\frac{dP}{ds}$. Per quanto si è detto, essa sarà un vettore dato da:

$$41) \quad \frac{dP}{ds} = \lim_{h=0} \frac{P(s+h)-P(s)}{h}$$

Ora il vettore $P(s+h)-P(s)$ ha per modulo la lunghezza della corda, mentre h è uguale all'arco che congiunge $P(s)$ con $P(s+h)$. Al limite il rapporto tra corda e arco diviene uguale all'unità quindi $\frac{dP}{ds}$ è un vettore <u>unitario</u>.

Come direzione sappiamo già che la corda tende verso la tangente; ed infine è facile vedere che $\frac{dP}{ds}$ ha il senso coincidente con quello degli archi positivi. Riepilogando dunque il vettore $\frac{dp}{ds}$ ha lo stesso modulo direzione e senso di $\overline{T}$ e quindi si ha:

$$42) \quad \frac{dP}{ds} = \overline{T}$$

Facciamo ora la derivata seconda. Avremo:

$$43) \quad \frac{d^2P}{ds^2} = \frac{d\overline{T}}{ds} = \lim_{h=0} \frac{\overline{T}(s+h)-\overline{T}(s)}{h}$$

Il vettore $\frac{T(s+h)-T(s)}{h}$ al limite diviene uguale alla differenza geometrica, di due tangenti infinitamente vicine, divisa per ds dunque si trova sul piano osculatore. D'altra parte abbiamo:

$$44) \qquad \overline{T}^2 = 1$$

da cui derivando

$$45) \qquad \overline{T} \times \frac{d\overline{T}}{ds} = 0$$

ciò che mostra che $\frac{d\overline{T}}{ds}$ è perpendicolare a $\overline{T}$. Allora il vettore $\frac{d\overline{T}}{ds}$ dovendo essere perpendicolare a $\overline{T}$ e dovendo giacere sul piano osculatore dovrà avere la direzione della normale principale.

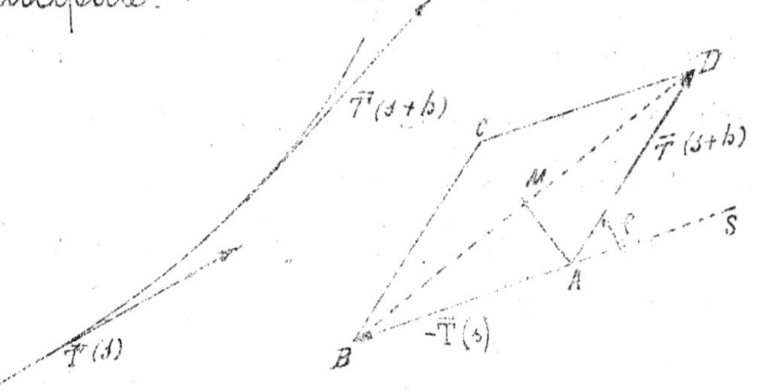

Quanto al senso vediamo immediatamente dalla figura che esso è diretto verso il centro di curvatura. Resta dunque a calcolarne il modulo. A tale scopo eseguiamo la differenza $\overline{T}(s+h) - \overline{T}(s)$ costruendo il parallelogramma ABCD il quale anzi nel nostro caso, sarà un rombo avendo i due lati AB e AD uguali all'unità. L'angolo CDA è uguale all'angolo DAS cioè all'angolo tra le due tangenti che abbiamo indicato con φ. Quindi l'angolo ADM sarà uguale ad $\frac{1}{2}\varphi$. Ora nel rombo le diagonali si tagliano ad angolo retto; abbiamo dunque dal triangolo rettangolo ADM:

$$46) \quad AM = AD \operatorname{sen} \frac{1}{2}\varphi = \operatorname{sen} \frac{1}{2}\varphi .$$

Avremo quindi

$$47) \quad \operatorname{mod} \frac{\overline{T}(s+h) - \overline{T}(s)}{h} = \frac{2 \operatorname{sen} \frac{1}{2}\varphi}{h}$$

Quando h tende a zero questo rapporto, come è stato visto, diviene uguale a $\frac{d\varphi}{ds}$ cioè a $\frac{1}{\rho}$, essendo ρ il raggio di curvatura.

Riepilogando dunque vediamo che $\frac{dT}{ds}$ è un vettore di modulo uguale ad $\frac{1}{\rho}$, diretto secondo la normale principale, e col senso rivolto al centro di curvatura. Si ha dunque:

$$48) \quad \frac{d^2P}{ds^2} = \frac{d\overline{T}}{ds} = \frac{1}{\rho}\overline{N}$$

Con un ragionamento interamente

analogo si otterrebbe:

$$49)\qquad \frac{d\overline{B}}{ds} = \frac{1}{\tau} N$$

essendo τ il raggio di torsione.

Ciò posto, derivando l'equazione 40) abbiamo:

$$50)\qquad \frac{d\overline{B}}{ds} \wedge \overline{T} + \overline{B} \wedge \frac{d\overline{T}}{ds} = \frac{d\overline{N}}{ds}$$

Sostituiamo al posto di $\frac{d\overline{B}}{ds}$ e $\frac{d\overline{T}}{ds}$ i loro valori, dati rispettivamente dalle equazioni 49) e 48). Avremo allora:

$$51)\qquad \frac{1}{\tau} \overline{N} \wedge \overline{T} + \frac{1}{\rho} \overline{B} \wedge \overline{N} = \frac{d\overline{N}}{ds}.$$

Ma dalla 38) abbiamo: $\overline{N} \wedge \overline{T} = -\overline{B}$; e dalla 39) abbiamo ancora $\overline{B} \wedge \overline{N} = -\overline{T}$. Quindi la 51) diviene

$$52)\qquad \frac{d\overline{N}}{ds} = -\frac{1}{\rho} \overline{T} - \frac{1}{\rho} \overline{B}.$$

Riepilogando abbiamo trovato le tre formule:

$$53)\qquad \begin{cases} \dfrac{d\overline{T}}{ds} = \dfrac{1}{\rho} \overline{N} \\[2ex] \dfrac{d\overline{B}}{ds} = \dfrac{1}{\tau} \overline{N} \\[2ex] \dfrac{d\overline{N}}{ds} = -\dfrac{1}{\rho} \overline{T} - \dfrac{1}{\tau} \overline{B} \end{cases}$$

Queste formule ci danno le derivate

$\frac{d\bar{T}}{ds}$, $\frac{d\bar{N}}{ds}$, $\frac{d\bar{B}}{ds}$ in ogni punto della curva, in cui si conoscano i tre vettori $\bar{T}$ $\bar{N}$, $\bar{B}$ e i due raggi ρ e τ.

Se la curva è piana la torsione $\frac{1}{\tau}$ è uguale allo zero, e quindi si ha semplicemente:

$$54) \quad \begin{cases} \frac{d\bar{T}}{ds} = \frac{1}{\rho}\bar{N} \\ \frac{d\bar{N}}{ds} = -\frac{1}{\rho}\bar{T} \end{cases}$$

Le formule 53), dal nome del loro autore, si chiamano *Formole di Frenet.*

INTRODUZIONE

Concetto di Forza. Lavoro e Momento. Oggetto della Meccanica e sue divisioni

1. Ogni scienza che si occupa del mondo esterno (come la Meccanica, la Fisica, e in un certo senso anche la Geometria) devono necessariamente partire da concetti sperimentali. Così, per es. il concetto geometrico di distanza tra due punti, è un concetto puramente sperimentale. Nello stesso modo dallo sforzo muscolare, necessario per es. per sollevare un corpo pesante, nasce in noi il concetto di Forza. Lasciandoci guidare dall'esperienza, vediamo che una Forza è perfettamente determinata, quando se ne conoscono:

1°) La sua intensità

2) La sua direzione e il senso.

3) Il suo punto d'applicazione.

Per determinare il punto d'applicazione, basta darne le coordinate rispetto ad un sistema di assi qualunque. La direzione s'individua indicando gli angoli α, β, γ che essa forma per es. con i tre assi x, y, z. A tale proposito ricordiamo che se gli assi di riferimento sono ortogonali, sussiste la relazione data dalla Geometria Analitica:

$$\cos^2\alpha + \cos\beta + \cos^2\gamma = 1$$

Quanto alla misura dell'intensità occorre qualche osservazione preliminare.

2. Immaginiamo di avere un punto materiale P il quale si trovi in equilibrio. Applichiamo ad esso due forze dirette in senso opposto. Se esso resta in equilibrio diremo che le due forze hanno uguale intensità. Ne segue che tutte le volte che è possibi-

le trasportare una forza senza alterarla, abbiamo un criterio per decidere se essa sia o no uguale ad un'altra. Diremo che una forza è doppia di un'altra $\hat{F}$ quando essa si ottiene sovrapponendo due forze uguali ad $\hat{F}$; tripla quando si ottiene sovrapponendo tre forze uguali ad $\hat{F}$ e così di seguito.

Praticamente lo strumento per misurare l'intensità di una forza è il *Dinamometro*. Nella sua forma più semplice, esso è costituito da una molla fissa ad un'estremità e terminante nell'altra in un anello con un indice. Secondo lo sforzo applicato all'anello, l'indice scorre sopra una graduazione e dà quindi immediatamente l'intensità che si cerca. L'istrumento viene tarato sperimentalmente applicando all'indice una forza uguale ad 1, 2, 3, ecc. e segnando i numeri 1, 2, 3 ecc. ai punti di arresto:

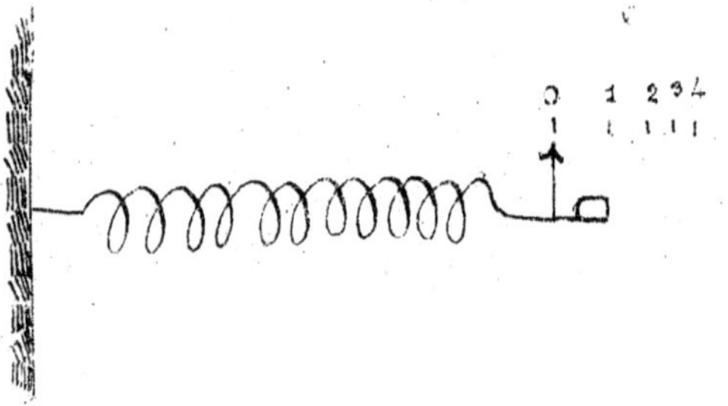

Questo metodo di misurare le forze, viene chiamato <u>Misura statica</u>, cioè fondata sull'equilibrio. Esso è assai semplice, ma ha il difetto di essere applicabile solo in alcuni casi. Non sempre infatti possiamo staccare una forza dal suo punto d'applicazione ed applicarla all'anello del dinamometro. Sarebbe assurdo per es. voler misurare in questo modo la forza che la terra esercita sopra la luna. Occorre quindi, in molti casi un secondo metodo di misura, detto <u>Misura Dinamica</u>, di cui ci occuperemo in seguito.

3. Geometricamente possiamo rappresentare una Forza con un vettore uscente dal suo punto di applicazione, di direzione e senso uguali a quelli della forza e di modulo proporzionale all'intensità della forza. Occorre però premettere un'osservazione importante. Mentre diciamo che una forza può esse-

re nel modo più semplice rappresentata da un vettore, non intendiamo asserire che le forze abbiano tutte le proprietà dei vettori. Così per es. possiamo trasportare un vettore parallelamente a se stesso; mentre, se trasportiamo una forza parallelamente a se stessa se ne alterano gli effetti che essa esercita sopra i corpi su cui agisce.

4. Immaginiamo di avere una forza $\hat{F}$ costante in grandezza direzione e senso la quale sia applicata ad un punto materiale P. Immaginiamo che P si sposti percorrendo il segmento rettilineo PP'. Noi chiameremo allora *Lavoro* della forza il prodotto *interno* dei due vettori $\hat{F}$ e P'-P. Vediamo quindi che il lavoro è una quantità *scalare*, misurata dal prodotto dell'intensità della forza per lo spostamento del suo punto d'applicazio-

ne e per il coseno dell'angolo compreso. Secondo che l'angolo α è acuto od ottuso il lavoro sarà positivo o negativo. Se lo spostamento è normale alla forza il lavoro è uguale a zero. Così se spostiamo un punto pesante sopra un piano orizzontale il lavoro della gravità è nullo.

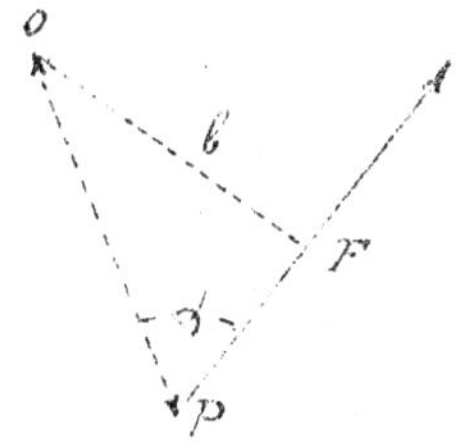

5. Immaginiamo ancora una forza $\vec{F}$ ed un punto O. La distanza b del punto O dalla linea d'azione della forza si chiama <u>Braccio di Leva</u> della forza rispetto ad O. Prendiamo ora sulla linea d'azione della forza un punto qualsiasi, per es. il punto d'applicazione P e facciamo il prodotto <u>esterno</u> (vettoriale) dei due vettori P - O ed $\vec{F}$. Questo prodotto si chiama, per definizione, <u>Momento</u> della Forza rispetto ad O. Il Momento è quindi un <u>Vettore</u> dato dal la formula $\widehat{M} = (P-O) \wedge \widehat{F}$.

Il nome Momento (dal latino movimentum) è ormai consacrato dall'uso, ma non bene scelto: meglio sarebbe chiamarlo Potere rotatorio della forza rispetto ad O. Abbiamo quindi:

$$\text{mod}\,\widehat{M} = \text{mod}(P-O).\,\text{mod}\,\widehat{F}.\,\text{sen}\,\alpha = b\,\text{mod}\,\widehat{F}$$

Cioè la grandezza o modulo del Momento è dato dal prodotto dell'intensità della Forza per il suo Braccio di Leva.

Si vede immediatamente che il Momento non cambia comunque si scelga il punto P sopra la linea d'azione della Forza. Se proiettiamo il Vettore Momento sopra i tre assi cartesiani x, y, z, uscenti da O le proiezioni ottenute si chiameranno <u>Momenti della Forza rispetto agli assi</u>.

Ricordando quanto fu detto sopra i prodotti vettoriali vediamo che se la forza passa per O il suo momento rispetto ad O è uguale allo zero; se la forza incontra od è parallela ad un asse il suo momento rispetto a questo è zero. Se essa passa per l'origine il suo momento rispetto ai tre assi è zero e così di seguito.

6. Premesse queste nozioni, noi definiremo Meccanica Razionale quella Scienza che tratta del moto e dell'equilibrio dei corpi sotto l'azione delle Forze. La parte che tratta l'equilibrio si chiama Statica, quella che si occupa del moto si chiama Dinamica.

A queste due parti si premette, per opportunità didattica, uno studio geometrico del Movimento (Cinematica). Riguardo poi ai corpi di cui studiamo l'equilibrio od il movimento, procedendo dal semplice al complesso, possiamo dividerli in tre categorie: Punti materiali - Corpi rigidi - Corpi deformabili (o continui per es. i fluidi, i corpi elastici ecc).

Comincieremo a studiare la <u>Meccanica dei punti Materiali</u> (Cinematica, Statica e Dinamica); poi passeremo a quella dei <u>Corpi rigidi</u>, ed infine daremo qualche cenno relativo alla <u>Meccanica dei Corpi deformabili</u>.

PARTE PRIMA

Meccanica dei Punti Materiali

Capitolo I

Cinematica

1 - Procedendo sempre dai casi più semplici ai più difficili, cominciamo a considerare un punto materiale P (per es. un pallino di piombo) che si muova descrivendo una linea retta. Prendiamo

$$\underset{0}{\cdot}\qquad\underset{x(t)}{\overset{P}{\bullet}}\qquad\underset{x(t+h)}{\overset{P'}{\bullet}}$$

questa retta come asse delle x e scegliamo su di essa un punto qualsiasi O come origine. La posizione del pallino P risulterà allora determinata quando è data la sua ascissa x. Poichè il pallino si muove, x sarà una funzione del tempo; $x = x(t)$.

2. Facciamo crescere il tempo di un intervallo qualsiasi h e sia P' la posizione che ha il pallino nell'istante $t+h$. La sua ascissa sarà $x(t+h)$ e il segmento PP' che esso ha percorso avrà per lunghezza $x(t+h) - x(t)$.

Ciò posto noi chiameremo Velocità Media (v_m) di un punto materiale nell'intervallo di tempo h, il rapporto tra il segmento percorso e l'intervallo di tempo impiegato a percorrerlo. Avremo quindi

$$(1) \qquad v_m = \frac{x[t+h] - x[t]}{h}$$

Così per es. se un treno percorre 200 Km in 5 ore la sua velocità media sarà di 40 Km all'ora.

Chiameremo ancora Velocità istantanea o semplicemente velocità (v) nell' istante t, il limite (se esiste) a cui tende v_m quando h tende a zero.

Avremo quindi, per definizione:

$$(2) \qquad v = \lim_{h=0} \frac{x(t+h) - x(t)}{h}$$

E ricordando la definizione di derivata, si ha ancora dalla (2):

$$(3) \qquad v = \frac{dx}{dt} = x'(t)$$

<u>La velocità istantanea si ottiene dunque derivando l'ascissa rispetto al tempo.</u>

3. Essendo l'ascissa x funzione del tempo, la sua derivata v sarà, in generale, funzione del tempo anche essa: $v = v(t)$. In un intervallo di tempo h l'incremento subito dalla velocità sarà $v(t+h) - v(t)$.

Ciò posto, noi chiameremo <u>Accelerazione Media</u> (a_m) di un punto materiale nell'intervallo di tempo h, l'incremento di velocità diviso per l'intervallo di tempo in cui si è verificato.

Avremo quindi:

$$(4) \qquad a_m = \frac{v(t+h) - v(t)}{h}$$

Così per es. se un treno aumenta la sua velocità di 4 metri in 10 secondi, la sua accelerazione media è di 0,40 al secondo

Analogamente a quanto abbiamo visto al N 2, chiameremo <u>accelerazione istantanea</u> (o semplicemente accelerazione, a) il limite (se esiste) a cui tende l'accelerazione media quanto ha tende a zero.

Si ha dunque:

$$(5) \qquad a = \lim_{h=0} \frac{v(t+h) - v(t)}{h} = \frac{dv}{dt} = v'(t)$$

E ricordando la (3)

$$(6) \qquad a = \frac{d^2x}{dt^2} = x''(t)$$

<u>L'accelerazione istantanea si ottiene dunque derivando due volte l'ascissa rispetto al tempo.</u>

Applichiamo ora questa teoria ad alcuni esempi.

4 - <u>Es. I</u> - <u>Moto uniforme</u> - Per defini-

zione chiameremo moto rettilineo uniforme quel moto in cui l'ascissa è funzione lineare del tempo. Avremo dunque nel moto uniforme:

7) $$x = \lambda t + b$$

dove λ e b sono costanti.

Si ottiene allora, per quanto è stato detto,

8) $$v = \lambda$$

9) $$a = 0$$

Cioè nel moto rettilineo uniforme la velocità è costante e l'accelerazione è <u>zero</u>.

5_ <u>Es. II_ Moto uniformemente accelerato</u>_ Diremo che un moto rettilineo è uniformemente accelerato, quando l'ascissa è funzione quadratica del tempo. Avremo allora:

10) $$x = \lambda t^2 + b t + c$$

dove λ, b, c sono costanti.

Applicando le regole dette abbiamo:

11) $$v = 2\lambda t + b$$

12) $$a = 2\lambda$$

Ciò nel moto uniformemente acce=

lerato, l'accelerazione è costante. Galileo trovò con l'esperienza che se si getta un grave, lasciandolo cadere liberamente, lo spazio percorso è funzione quadratica del tempo. Ne dedusse quindi che l'accelerazione della gravità è costante.

6 - Es. III - Moto armonico - Diremo che un moto è armonico quando l'ascissa s è data dalla formula:

$$13) \qquad x = \lambda \cos (bt + c)$$

[oppure $x = \lambda$ sen $(bt + c_1)$, equazione che si riduce alla prima ponendo $c_1 - \frac{\pi}{2} = c$]

Sia P il punto materiale mobile

sull'asse delle x ed 0 l'origine. Poichè il coseno varia tra +1 e -1, l'ascissa x varierà tra λ e $-\lambda$. Per questa ragione la costante λ si chiama ampiezza del moto. Se il tempo aumenta di $\frac{2\pi}{b}$, l'argomento $bt + c$ aumenterà di 2π e quindi x tornerà all'antico valore. Dunque il punto P descrive il segmento AB con moto periodico, ed il periodo T è uguale a $\frac{2\pi}{b}$. Il numero n di oscillazioni che P fa nell'unità di tempo è dato da $\frac{1}{T} = \frac{b}{2\pi}$. Questo numero si chiama *frequenza*

Immaginiamo un cerchio di centro O e raggio r, e supponiamo di avere un punto Q il quale si muova su questo cerchio, con velocità costante, impiegando a compiere ogni rivoluzione un tempo T. Se immaginiamo che nell'istante iniziale il raggio OQ formi con l'asse x un angolo dato dalla costante c, sarà facile vedere che la proiezione di Q sull'asse x coincide sempre col punto P. La costante c si chiama *fase*.

Possiamo quindi dire che un moto armonico è determinato dall'ampiezza, dalla frequenza e dalla fase. Esso può essere considerato come la proiezione sull'asse x di un punto che percorre un cerchio con velocità costante.

Cerchiamo ora la velocità e l'accelerazione. Abbiamo derivando

$$14)\qquad v = -\lambda b \operatorname{sen}(bt+c)$$

$$15)\qquad a = -\lambda b^2 \cos(bt+c)$$

E paragonando con 13)

$$16)\qquad a = -b^2 x$$

Cioè nel moto armonico l'accelerazione è sempre diretta verso l'origine e proporzionale all'ascissa.

Il nome di moto armonico è dovuto al fatto che esso ha luogo nella teoria delle corde sonore.

Es. IV. Applicazione del moto armonico. Come applicazione del moto armonico studiamo il movimento di un punto qualunque dello stantuffo di una locomotiva, mentre questa corre sul binario con velocità costante V. Sia A il centro della ruota, AB la manovella di lunghezza m, BT la biella di lunghezza b; s lo stantuffo e T la testa a croce. Cerchiamo per es. il moto di T.

Prendiamo come origine il centro A della ruota, come asse delle x l'asse dello stan-

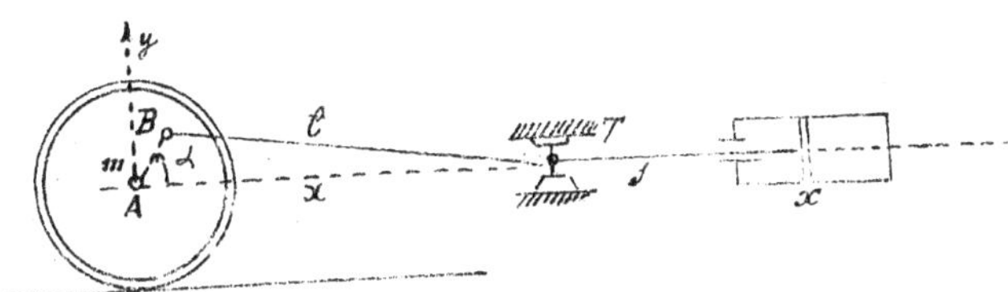

tuffo e sia α l'angolo che la manovella forma in un dato istante con questo asse ed x l'ascissa di T cioè il segmento AT. Dal triangolo ABT otteniamo:

$$1) \qquad b^2 = m^2 + x^2 - 2mx \cos\alpha$$

cioè

$$2) \qquad x^2 - 2mx\cos\alpha + m^2 - b^2 = 0$$

Risolvendo questa equazione di secondo grado in x e scartando la radice negativa (poichè T è sempre alla destra di A) otteniamo

$$3) \; x = m\cos\alpha + \sqrt{m^2\cos^2\alpha - m^2 + b^2} = m\cos\alpha + \sqrt{-m^2 \operatorname{sen}^2\alpha + b^2}$$
$$= m\cos\alpha + b\sqrt{1 - \left(\frac{m}{b}\right)^2 \operatorname{sen}^2\alpha}$$

Ora in pratica la lunghezza della biella è circa 7 volte quella della manovella; $\frac{m}{b}$ è quindi uguale circa ad $\frac{1}{7}$ e perciò sarà $\frac{m^2}{b^2} \operatorname{sen}^2\alpha \leqq \frac{1}{49}$. Trascurando allora questa piccola quantità di fronte all'unità, la (3) diviene:

$$4) \qquad x = m \cos \alpha + b$$

Calcoliamo ora l'angolo α. Per semplicità scegliamo l'origine dei tempi in modo che sia $\alpha = 0$ per $t = 0$. Poichè la locomotiva ha velocità costante V, lo spazio percorso in un tempo t sarà uguale a Vt. D'altra parte, poichè la ruota si muove sul binario senza slittare questo spazio sarà anche uguale alla lunghezza dell'arco di circonferenza di cui essa ha ruotato e cioè ad $R\alpha$. Avremo dunque:

$$5) \qquad Vt = R\alpha$$

da cui ricaviamo:

$$6) \qquad \alpha = \frac{V}{R} t$$

e sostituendo in (4)

$$7) \qquad x = m \cos \frac{V}{R} t + b$$

che è la formula del moto armonico. Vediamo dunque che, quando la locomotiva corre con velocità costante, lo stantuffo ha, con grande approssimazione, un moto armonico.

2. Moto curvilineo

Passiamo ora a studiare il moto curvilineo ed a tal fine immaginiamo di avere un punto materiale P il quale descriva una traiettoria qualsiasi. Sia P(t) la sua posizione nell'istante t, e P(t+h) quella nell'istante t+h.

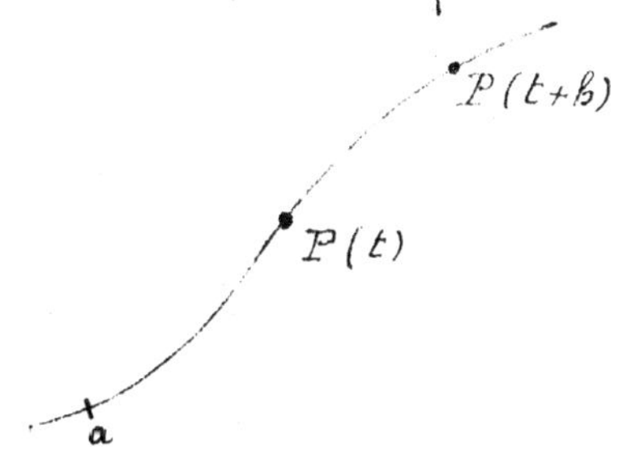

Procedendo come abbiamo fatto per il moto rettilineo chiameremo Velocità Media nell'intervallo di tempo compreso fra l'istante t e l'istante t+h il vettore $\hat{V}_m$ dato dalla formula:

$$1)\quad \hat{V}_m = \frac{P(t+h)-P(t)}{h}$$

cioè lo spostamento totale diviso per l'intervallo di tempo in cui è avvenuto.

Chiameremo poi Velocità Istantanea (o semplicemente Velocità $\hat{V}$) nell'istante t, il limite (se esiste) a cui tende questo vettore quando h tende a zero. Avremo dunque:

$$2)\quad \hat{V} = \lim_{h=0} \frac{P(t+h) - P(t)}{h} = \frac{dP}{dt}$$

Procedendo in modo interamente analogo definiremo l'accelerazione Media $\hat{A}_m$ dalla formola:

$$3)\quad \hat{A}_m = \frac{\hat{V}(t+h) - \hat{V}(t}{h}$$

e quindi l'accelerazione istantanea, o semplicemente Accelerazione $\hat{A}$, dalla formola

$$4)\quad \hat{A} = \lim_{h=0} \frac{\hat{V}(t+h) - \hat{V}(t}{h} = \frac{d\hat{V}}{dt} = \frac{d^2P}{dt^2}$$

Riassumendo quindi, la velocità $\hat{V}$ è data dalla derivata prima del punto P rispetto al tempo, e l'accelerazione $\hat{A}$ dalla derivata seconda. Esaminiamo ora i due vettori $\hat{V}$ ed $\hat{A}$.

1 - Velocità - Dalla formola 2) chiamando con s l'arco di curva contato da un'origine fissa Q, ricaviamo:

$$5)\quad \hat{V} = \frac{dP}{dt} = \frac{dP}{ds}\,\frac{ds}{dt}$$

E ricordando l'equazione 42) a pag 27 otteniamo:

$$6)\quad \hat{V} = \overline{T}\,\frac{ds}{dt}$$

Cioè nel moto curvilineo la velocità è diretta secondo la tangente ed ha per valore $\frac{ds}{dt}$

I coseni degli angoli che la velocità forma con i tre assi ortogonali sono quindi uguali a quelli formati dalla tangente e vengono perciò dati dalle formole:

$$7) \quad \cos\alpha = \frac{dx}{ds} \qquad \cos\beta = \frac{dy}{ds} \qquad \cos\gamma = \frac{dz}{ds}$$

Proiettando il vettore $\hat{V}$ dato dalla 2) sopra i tre assi ed essendo x, y, z le coordinate di P abbiamo ancora:

$$8) \quad v_x = \frac{dx}{dt} \qquad v_y = \frac{dy}{dt} \qquad v_z = \frac{dz}{dt}$$

Cioè le componenti della velocità secondo i tre assi sono date dalle derivate prime delle coordinate del punto mobile rispetto al tempo.

Supponiamo ora che la traiettoria del punto P sia piana e venga riferita a coordinate polari r e ϑ. Vogliamo trovare le componenti (o proiezioni) di $\hat{V}$ lungo il raggio vettore e la sua normale. Chiameremo la prima componente

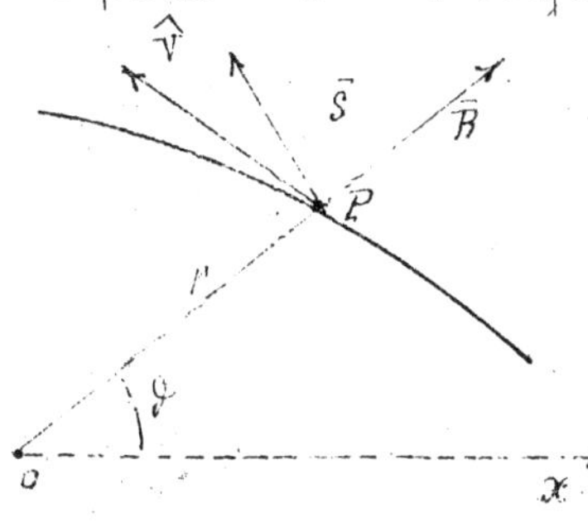

col nome di Velocità radiale (v_r) e l'altra Velocità trasversale (v_s)

Per risolvere il problema prendiamo un vettore unitario $\overline{R}$ giacente sul raggio vettore nel senso positivo, ed un secondo vettore unitario $\overline{S}$ ottenuto dal primo ruotandolo di 90° nel senso positivo (e quindi normale al raggio vettore)

Per quanto fu detto nell'introduzione avremo allora;

$$9) \quad \overline{R} = e^{i\vartheta}\overline{I} \qquad \overline{S} = i\overline{R} = i e^{i\vartheta}\overline{I}$$

$$10) \quad P - O = r\overline{R} = r e^{i\vartheta}\overline{I}$$

da cui risulta

$$11) \quad P = O + r e^{i\vartheta}\overline{I}$$

e quindi

$$12) \quad \hat{V} = \frac{dP}{dt} = \frac{dr}{dt} e^{i\vartheta} I + r \frac{d\vartheta}{dt} i e^{i\vartheta}\overline{I} =$$

$$= \frac{dr}{dt}\overline{R} + r\frac{d\vartheta}{dt}\overline{S}$$

Cioè il vettore $\hat{V}$ è uguale alla somma geometrica di due vettori $\frac{dr}{dt}\overline{R}$ e $r\frac{d\vartheta}{dt}\overline{S}$ disposti il primo lungo il raggio vettore e l'altro normalmente ad essa. Poichè R ed S hanno per mo dulo l'unità, le due componenti saranno uguali a

$$13) \qquad v_r = \frac{dr}{dt}$$

$$14) \qquad v_\vartheta = r\frac{d\vartheta}{dt}$$

2. Accelerazione. Passiamo ora ad esaminare il vettore $\hat{A}$. Essendo $\hat{V} = \bar{T}\frac{ds}{dt}$, l'equazione 4) ci dà

$$15) \quad \hat{A} = \frac{d\hat{V}}{dt} = \frac{d}{dt}\left(\bar{T}\frac{ds}{dt}\right) = \frac{d\bar{T}}{dt}\frac{ds}{dt} + \bar{T}\frac{d^2s}{dt^2}$$

Ma si ha dal calcolo:

$$16) \qquad \frac{d\bar{T}}{dt} = \frac{d\bar{T}}{ds}\cdot\frac{ds}{dt}$$

cioè, ricordando l'equazione 48) della pag. 29,

$$17) \qquad \frac{d\bar{T}}{dt} = \frac{\bar{N}}{\rho}\frac{ds}{dt}$$

Sostituendo allora nella 15) risulta

$$18) \quad \hat{A} = \bar{T}\frac{d^2s}{dt^2} + \frac{\bar{N}}{\rho}\left(\frac{ds}{dt}\right)^2$$

Cioè <u>l'accelerazione $\hat{A}$ è uguale alla somma geometrica di due vettori aventi l'uno la direzione della tangente e l'altro della normale principale ed uguali in valore e segno a</u>

$\frac{d^2s}{dt^2}$ e $\frac{1}{\rho}\left(\frac{ds}{dt}\right)^2$

Queste due componenti dell'accelerazione si chiamano rispettivamente <u>Accelerazione tangenziale</u> (a_t) e <u>Accelerazione Centripeta</u> (a_c).

Essendo $\frac{ds}{dt}$ uguale al valore della velocità (v) risulta:

$$19) \qquad a_t = \frac{dv}{dt}$$

$$20) \qquad a_c = \frac{v^2}{\rho}$$

Poichè, come vedemmo nell'introduzione, la tangente $\overline{T}$ e la normale principale $\overline{N}$ giacciono sul piano osculatore, segue dalla formola 18) che la stessa proprietà varrà per $\hat{A}$.

<u>L'accelerazione giace dunque sul piano osculatore.</u>

Troviamo ora le componenti del vettore $\hat{A}$ secondo i tre assi ortogonali x, y, z. Dall'equazione $\hat{A} = \frac{d^2P}{dt^2}$, essendo x, y, z le coordinate di P, avremo proiettando sui tre assi:

$$21) \quad a_x = \frac{d^2x}{dt^2} \qquad a_y = \frac{d^2y}{dt^2} \qquad a_z = \frac{d^2z}{dt^2}$$

Cioè <u>le componenti dell'accelerazione secondo</u>

gli assi sono uguali alle derivate seconde delle coordinate del punto mobile.

Sappiamo poi che il modulo di un vettore è uguale alla radice della somma dei quadrati delle sue proiezioni sui tre assi. Avremo dunque:

$$22)\quad \text{mod}\ \hat{A} = \sqrt{\left(\frac{d^2x}{dt^2}\right)^2 + \left(\frac{d^2y}{dt^2}\right)^2 + \left(\frac{d^2z}{dt^2}\right)^2}$$

Sappiamo ancora che il coseno dell'angolo che un vettore forma per es. con l'asse x è uguale alla proiezione del vettore su questo asse divisa per il suo modulo. Chiamando dunque con α_1 l'angolo formato da $\hat{A}$ con l'asse x avremo:

$$23)\quad \cos\alpha_1 = \frac{\dfrac{d^2x}{dt^2}}{\sqrt{\left(\dfrac{d^2x}{dt^2}\right)^2 + \left(\dfrac{d^2y}{dt^2}\right)^2 + \left(\dfrac{d^2z}{dt^2}\right)^2}}$$

Analogamente, indicando con β_1 e γ_1 gli angoli formati di $\hat{A}$ con y e z sarà:

$$24)\quad \cos\beta_1 = \frac{\dfrac{d^2y}{dt^2}}{\sqrt{\left(\dfrac{d^2x}{dt^2}\right)^2 + \left(\dfrac{d^2y}{dt^2}\right)^2 + \left(\dfrac{d^2z}{dt^2}\right)^2}}$$

$$25)\quad \cos\gamma_1 = \frac{\dfrac{d^2z}{dt^2}}{\sqrt{\left(\dfrac{d^2x}{dt^2}\right)^2+\left(\dfrac{d^2y}{dt^2}\right)^2+\left(\dfrac{d^2z}{dt^2}\right)^2}}$$

Supponiamo ora che la traiettoria descritta dal punto mobile P, sia piana e venga riferita a coordinate polari r e ϑ. Come abbiamo fatto per la velocità, vogliamo trovare le componenti di $\hat{A}$ lungo il raggio vettore e la sua normale. Chiameremo la prima <u>Accelerazione Radiale</u> (a_r) e l'altra <u>Accelerazione trasversale</u> (a_s)

Derivando rispetto al tempo i due membri dell'equazione 12) si ha:

$$26)\quad \hat{A} = \frac{d^2P}{dt^2} = \frac{d^2r}{dt^2}e^{i\vartheta}\bar{I} + 2\frac{dr}{dt}\frac{d\vartheta}{dt}i e^{i\vartheta}\bar{I} + r\frac{d^2\vartheta}{dt^2}i e^{i\vartheta}\bar{I} - r\left(\frac{d\vartheta}{dt}\right)^2 e^{i\vartheta}\bar{I}$$

Cioè, riducendo e ricordando l'equazione (9), si ottiene

$$27)\quad \hat{A} = \left[\frac{d^2r}{dt^2} - r\left(\frac{d\vartheta}{dt}\right)^2\right]\bar{R} + \left[2\frac{dr}{dt}\frac{d^2\vartheta}{dt^2} + r\frac{d^2\vartheta}{dt^2}\right]\bar{S}$$

Da questa formula con lo stesso ragionamento fatto per la velocità otteniamo:

28) $$a_r = \frac{d^2 r}{dt^2} - r\left(\frac{d\vartheta}{dt}\right)^2$$

29) $$a_s = 2\,\frac{dr}{dt}\,\frac{d\vartheta}{dt} + r\,\frac{d^2\vartheta}{dt^2}$$

Esempi ed Applicazioni

Es. I - Costruzione della tangente alle curve piane.

Il metodo che esporremo per condurre le tangenti alle curve è dovuto a Torricelli (sec. XVII).

Immaginiamo di avere una curva c riferita a coordinate polari r, ϑ e disegnamo sul raggio vettore e sopra la sua normale a partire da P, due segmenti PN e PM uguali in valore e segno a v_r e v_s. Il vettore $\hat{V}$, aven=

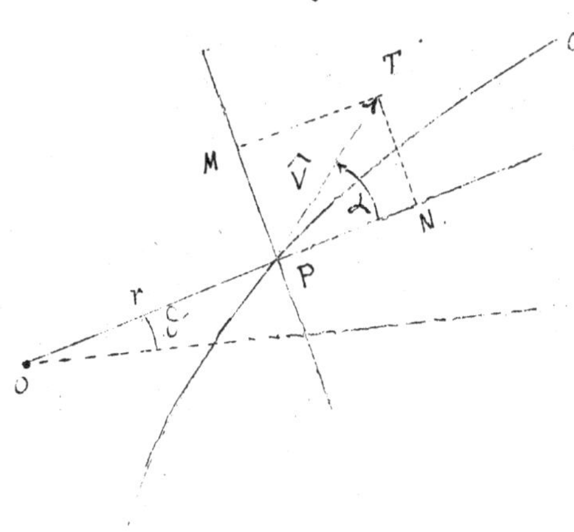

do per proiezioni PN e PM, sarà dato dalla diagonale del rettangolo MPNT. Ora $\hat{V}$ ha la stessa direzione della tangente, come abbiamo visto; quindi se chiamiamo con α l'angolo che la tangente forma col raggio vettore OP, avremo dal triangolo rettangolo TNP l'equazione:

$$30)\quad tg\,\alpha = \frac{NT}{PN} = \frac{v_s}{v_r}$$

Supponiamo per es. che la nostra curva sia una <u>spirale logaritmica</u>. La sua equazione sarà allora:

$$31)\qquad r = a\,e^{b\vartheta}$$

dove a e b sono costanti.

Avremo:

$$32)\qquad v_s = r\,\frac{d\vartheta}{dt}$$

$$33)\quad v_r = \frac{dr}{dt} = a\,b\,e^{b\vartheta}\,\frac{d\vartheta}{dt} = r\,b\,\frac{d\vartheta}{dt}$$

e quindi l'equazione 30) ci dà

$$34)\qquad tg\,\alpha = \frac{1}{b}$$

cioè tg α è costante. Dunque la tangente di una spirale logaritmica ha <u>la proprietà di formare sempre lo stesso angolo col raggio vettore</u>.

Per questa ragione la curva si chiama anche <u>Spirale Equiangola.</u>

Supponiamo come caso particolare che sia $b = 0$; allora la 31) diviene $r = a$; cioè r è costante e perciò la spirale diviene un cerchio. Essendo $b = 0$, la 34) ci dà poi $\operatorname{tg}\alpha = \infty$ e quindi $\alpha = \frac{\pi}{2}$. Dunque nel cerchio la tangente forma un angolo retto col raggio.

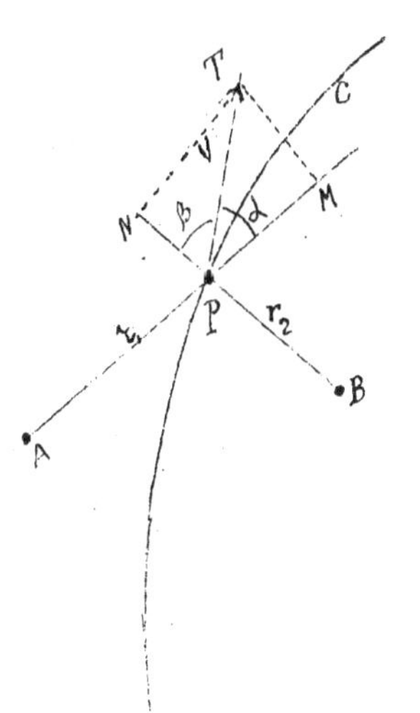

Supponiamo ora di avere due poli fissi A e B e sia P un punto mobile che descrive la curva piana c. Indicando i due raggi vettori AP e BP con r_1 ed r_2 l'equazione della curva c può porsi sotto la forma:

$$35) \qquad f(r_1, r_2) = 0$$

Essa si dice allora riferita a <u>coordinate bipolari</u>. Ciò posto determiniamo le velocità radiali v_{r_1} e v_{r_2} e portiamo da P sui due raggi vettori due segmenti PM e PN uguali in valore i segno a v_{r_1} e v_{r_2}. Poichè il vettore $\widehat{V}$ ha per proiezioni PM e PN, per costruirlo basta innalzare in M ed N le normali ad r_1 ed r_2, ed unire il punto P col loro punto d'incontro T. Ora dai due triangoli rettangoli PMT e PNT abbiamo:

$$36)\quad PM = v_{r_1} = PT \cos\alpha$$

$$37)\quad PN = v_{r_2} = PT \cos\beta$$

Sostituendo al posto di v_{r_1} e v_{r_2} i loro valori $\frac{dr_1}{dt}$ e $\frac{dr_2}{dt}$ e dividendo otteniamo:

$$38)\quad \frac{dr_1}{dr_2} = \frac{\cos\alpha}{\cos\beta}$$

Supponiamo per es. che la nostra curva sia un' Iperbole ed A e B siano i suoi fuochi. La sua equazione sarà allora:

$$39)\quad r_1 - r_2 = \text{costante}$$

poichè sappiamo che nell'iperbole la differenza delle distanze dai fuochi è costante.

Derivando la 39) si ha $\frac{dr_1}{dt} - \frac{dr_2}{dt} = 0$; cioè $\frac{dr_1}{dr_2} = 1$.

La 38) ci dà allora $\alpha = \beta$; cioè nell'iperbole la tangente biseca l'angolo formato dai due raggi vettori che uniscono il suo punto di contatto con i fuochi.

Per l'elisse si avrebbe:

$$40) \qquad r_1 + r_2 = \text{costante}$$

e si troverebbe che la tangente biseca esternamente l'angolo formato dai due raggi vettori che uniscono il suo punto di contatto coi i fuochi.

Es. II - Moto areale - Supponiamo di avere un punto P che descriva una curva piana C in modo tale che l'area descritta dal suo raggio vettore OP sia proporzionale al tempo.

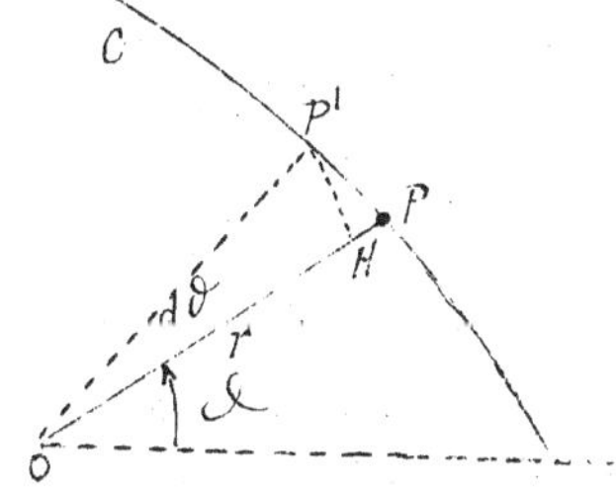

Il moto si dice allora areale rispetto al punto O:

Chiamando con S l'area descritta dal raggio vettore in un intervallo di tempo t, avremo allora:

$$41) \qquad S = Kt$$

dove K è una costante; e differenziando la 41) otteniamo:

$$42) \qquad dS = K\,dt$$

Calcoliamo ora l'area di S cioè l'area del triangolo infinitesimo OPP'. Avremo, essendo P'H la sua altezza ed OP la sua base:

$$43) \qquad dS = \frac{OP \times P'H}{2}$$

Ma OP = r, e P'H del triangolo rettangolo OP'H risulta uguale (a meno d'infinitesimi di ordine superiore) ad $r\,d\vartheta$.

Si ha dunque sostituendo in 43)

$$44) \qquad dS = \frac{r^2 d\vartheta}{2};$$

e quindi la 42) diviene

$$45) \qquad r^2 \frac{d\vartheta}{dt} = 2K$$

Derivando rispetto al tempo ed essendo K costante risulta allora:

$$46) \qquad 2r \frac{dr}{dt} \frac{d\vartheta}{dt} + r^2 \frac{d^2\vartheta}{dt^2} = 0$$

Dividendo per r e ricordando la formula 29) troviamo allora:

$$47) \qquad a_s = 2 \frac{dr}{dt} \frac{d\vartheta}{dt} + r \frac{d^2\vartheta}{dt^2} = 0$$

Cioè nel <u>moto areale l'accelerazione trasversale è uguale a zero</u>, vale a dire l'accelerazione $\hat{A}$ giace sempre sul raggio vettore OP.

Es. III. Formula di Binet.

Poichè nel moto areale l'accelerazione giace sul vettore OP, per calcolarla basta semplicemente determinare l'accelerazione radiale a_r.

Per trovarla ricordiamo la formula 28)

$$48)\qquad a_r = \frac{d^2 r}{dt^2} - r\left(\frac{d\vartheta}{dt}\right)^2$$

Dall'equazione 45) ponendo per semplicità $2K = \lambda$, troviamo

$$49)\qquad \frac{d\vartheta}{dt} = \frac{\lambda}{r^2}$$

e quindi

$$50)\qquad r\left(\frac{d\vartheta}{dt}\right)^2 = \frac{\lambda^2}{r^3}$$

Si ha poi dal calcolo:

$$51)\qquad \frac{dr}{dt} = \frac{dr}{d\vartheta}\,\frac{d\vartheta}{dt} = \frac{\lambda}{r^2}\,\frac{dr}{d\vartheta} = -\lambda\,\frac{d\frac{1}{r}}{d\vartheta}$$

e quindi

$$52)\qquad \frac{d^2 r}{dt^2} = \frac{d}{dt}\left(-\lambda\,\frac{d\frac{1}{r}}{d\vartheta}\right) = \frac{d\vartheta}{dt}\,\frac{d}{d\vartheta}\left(-\lambda\,\frac{d\frac{1}{r}}{d\vartheta}\right) =$$

$$= \frac{\lambda}{r^2}\,\frac{d}{d\vartheta}\left(-\lambda\,\frac{d\frac{1}{r}}{d\vartheta}\right) = -\frac{\lambda^2}{r^2}\,\frac{d^2\frac{1}{r}}{d\vartheta^2}$$

Tenendo presenti le 50) e 52) l'equazione 48) ci dà allora:

$$49)\qquad a_r = -\frac{\lambda^2}{r^2}\left[\frac{1}{r} + \frac{d^2\frac{1}{r}}{d\vartheta^2}\right]$$

Questa formula semplicissima che dà l'accelerazione nel moto areale, è dovuta a Binét.

Es. IV. Moto dei Pianeti.

Keplero, esaminando le osservazioni di Tiko Brahe trovò che i pianeti si muovono con moto areale descrivendo un'ellisse che ha per fuoco il Sole.

Cerchiamo allora l'accelerazione che anima i pianeti. Intanto poichè il moto è areale essa giace sul raggio vettore. Per determinarla, applichiamo poi la formola di Binét.

L'equazione della traiettoria (ellisse) è

$$50) \qquad r = \frac{P}{1 + e\cos\vartheta}$$

dove P indica il parametro ed e l'eccentricità. Da essa ricaviamo:

$$51) \qquad \frac{1}{r} = \frac{1 + e\cos\vartheta}{p}$$

$$52) \qquad \frac{d^2 \frac{1}{r}}{d\vartheta^2} = \frac{-e\cos\vartheta}{p}$$

e quindi

$$53) \qquad \frac{1}{r} + \frac{d^2\frac{1}{r}}{d\vartheta^2} = \frac{1}{p}$$

L'equazione 49) ci dà allora

$$54) \qquad a_r = -\frac{\lambda^2}{p}\,\frac{1}{r^2}$$

<u>Cioè l'accelerazione dei pianeti è diretta verso il Sole</u> (poichè a_r è negativa) <u>ed è inversamente proporzionale al quadrato della distanza</u>

Chiamando con S l'area descritta dal raggio vettore in un certo intervallo di tempo t, abbiamo posto S = Kt.

Indichiamo ora con a, b il semiasse maggiore e il semiasse minore dell'orbita ellittica che un pianeta qualsiasi descrive intorno al sole e sia T il tempo che essa impiega a descriverla.

Poichè l'area dell'ellisse è data dal prodotto $\pi a b$ avremo:

$$55) \qquad \pi a b = K T$$

da cui ricaviamo

$$56) \qquad K = \frac{\pi a b}{T}$$

Ed avendo posto $\lambda = 2K$, risulta

$$57) \qquad \lambda = \frac{2\pi a b}{T}$$

e quindi:

$$58)\qquad \frac{\lambda^2}{p} = \frac{4\pi^2 a^2 b^2}{T^2 p}$$

Ora sappiamo che il parametro p di una coni-ca è dato dalla formola:

$$59)\qquad p = \frac{b^2}{a}$$

Sostituendo nella 58) avremo infine:

$$60)\qquad \frac{\lambda^2}{p} = 4\pi^2 \frac{a^3}{T^2}$$

Ora Keplero dedusse dalle osservazioni (III legge di Keplero) che i quadrati dei tempi di rivoluzione sono proporzionali ai cubi dei semiassi maggiori.

Ne segue che il rapporto $\frac{a^3}{T^2}$ ha lo stesso valore per tutti i pianeti e quindi anche $\frac{\lambda^2}{p}$ avrà il medesimo valore qualunque sia il pianeta studiato.

Occorre però osservare che le leggi di Keplero (e sopra tutto la III^a) valgono solo in prima approssimazione, e quindi la costanza del rapporto $\frac{\lambda^2}{p^2}$ è solo approssimata. Vedremo più tardi, nella Dinamica, che essa dipende dal fatto che le masse dei pianeti sono molto piccole rispetto a quella del sole.

Concludendo possiamo dire:

1) poichè le osservazioni ci mostrano (I legge di Keplero) che il moto dei pianeti è areale ne deduciamo che la loro accelerazione è soltanto radiale, cioè passa sempre per il sole.

2) Dal fatto che le orbite dei pianeti sono ellissi aventi per fuoco il sole (II legge di Keplero) deduciamo che questa accelerazione ha il senso rivolto verso il sole e varia in ragione inversa del quadrato delle distanze.

3) Dal fatto che i quadrati dei tempi impiegati dai pianeti per compiere una rivoluzione intorno al sole sono proporzionali ai cubi dei semiassi maggiori (III legge di Keplero), deduciamo che l'accelerazione che il sole comunica a ciascun pianeta dipende solo dalla sua distanza e non dalla particolare natura del pianeta studiato (Naturalmente limitandoci ad una prima approssimazione).

---

3. Cenni sopra la Cinematica dei Sistemi

Vincoli. Spostamenti virtuali. Grado di libertà. Sistemi olonomi e non olonomi

Immaginiamo di avere un sistema di punti materiali $M_1\ M_2 \ldots M_n$. I punti che lo compongono possono essere liberi nello spazio e soggetti soltanto alle mutue azioni e reazioni (per es. il Sistema Planetario formato dal sole con i pianeti e i satelliti) oppure vincolati per es. collegati da fili, o soggetti a muoversi sopra superfici o sopra curve ecc.

I vincoli possono essere:

Rispetto al tempo { Dipendenti / Indipendenti

Rispetto allo spazio { Bilaterali / Unilaterali

Diremo che i vincoli sono indipendenti dal tempo quando non variano col variare del tempo; sono dipendenti se ciò non avviene. Per es. se abbiamo un punto materiale M costretto a muoversi sopra un piano Π, mentre Π si sposta nello spazio, il vincolo è dipendente dal tempo.

Diremo che i vincoli sono bilaterali quando, se essi permettono un sistema di spostamenti, permettono anche gli spostamenti contrari nel caso opposto si diranno unilaterali.

Per es. se abbiamo due punti materiali M_1 ed M_2 collegati da un'asta rigida il vincolo è bilaterale; se invece M_1 ed M_2 sono collegati da un filo flessibile, ma inestendibile, il vincolo è unilaterale.

Così se abbiamo un punto M poggiato semplicemente sopra un piano orizzontale, il vincolo è unilaterale: se invece M fosse costretto a rimanere sempre in quel piano il vincolo diverrebbe bilaterale ecc.

Passiamo ora a parlare del concetto importantissimo di Spostamento Virtuale

La parola "virtuale" viene dal latino e significa "possibile", cioè compatibile con i vincoli del sistema.

Definiremo dunque come spostamento virtuale nell'istante t_0 uno spostamento infinitesimo compatibile con i vincoli del sistema, supponendo che questi vincoli conservino immutata la forma e la posizione che avevano nello stesso istante t_0.

Esaminando questa definizione è facile vedere la differenza che esiste tra lo spostamento Virtuale e lo Spostamento Effettivo, cioè quello che realmente ha luogo in un sistema col variare del tempo. Anzi può avvenire che lo spostamento effettivo sia diverso da tutti gli spostamenti virtuali che possiamo dare al sistema. Così per es. supponiamo di avere un punto materiale M costretto a muoversi, senza potersene distaccare, sopra un piano orizzontale Π; mentre Π s'innalza nello spazio, conservando la sua orizzontalità. Lo spostamento effettivo di M, quando il tempo varia da t a $t+dt$, non potrà certamente essere orizzontale; infatti nell'istante $t+dt$, la quota di M è maggiore che nell'istante t.

Se invece vogliamo esaminare gli spostamenti virtuali di M nell'istante t, dobbiamo supporre che i vincoli conservino la forma e la posizione che essi avevano nell'istante t; cioè dobbiamo arrestare il piano orizzontale Π nel suo moto ascendente. Il punto M sarà costretto allora a muoversi sopra un piano orizzontale fisso nello spazio, e perciò tutti gli spostamenti virtuali (cioè compatibili con il vincolo a cui è sottomesso) saranno orizzontali.

Premesse queste nozioni noi chiameremo Grado di libertà di un sistema il numero dei parametri necessari per definire uno spostamento virtuale generico.

Per es. immaginiamo un punto M co-

stretto a muoversi sopra una retta qualsiasi per es. sopra l'asse delle x; vediamo subito che il sistema ha un solo grado di libertà. Infatti per definire uno spostamento virtuale del punto basta dire l'incremento δx della sua ascissa. Analogamente si dica se il punto M fosse costretto a muoversi sopra una curva.

Se invece abbiamo un punto mobile sul piano x y per determinare uno spostamento virtuale generico dobbiamo conoscere l'incremento δx della sua ascissa e l'incremento δy della sua ordinata. Occorrono quindi due parametri e perciò il sistema ha <u>due</u> gradi di libertà. Il risultato è analogo se il punto è costretto a muoversi sopra una superficie.

Se infine il punto M fosse libero nello spazio avrebbe <u>tre</u> gradi di libertà.

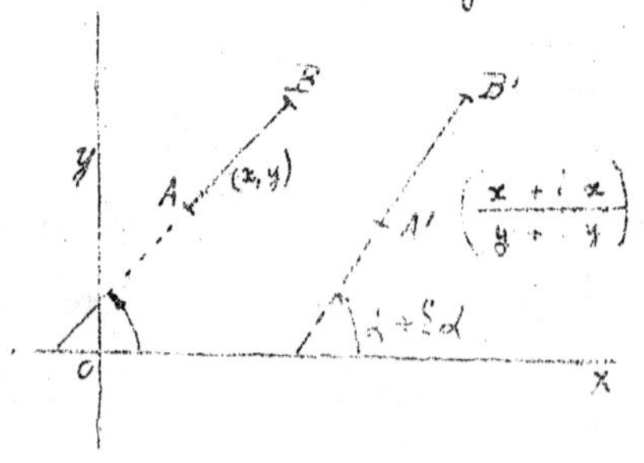

Supponiamo ora di avere un'asta rigida costretta a muoversi sul piano x y. Cerchiamo il grado di libertà del sistema.

A tal fine diamo all'asta uno spostamento virtuale portandola dalla posizione AB ad un'altra infinitamente prossima A'B'. Per determinare questa nuova posizione occorrono tre parametri e cioè 1) δx e δy incrementi delle coordinate del punto A; 2) $\delta\alpha$ incremento dell'angolo α che l'asta forma con l'asse x. Il sistema ha dunque tre gradi di libertà. Se l'asta fosse mobile liberamente nello spazio si vedrebbe che il sistema avrebbe invece cinque gradi di libertà.

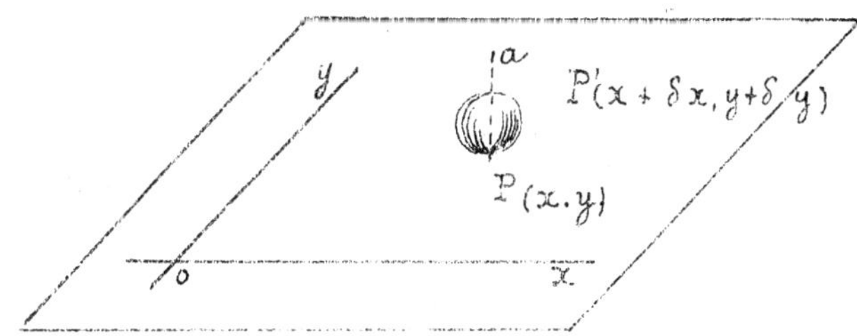

Come ultimo esempio prendiamo una sfera costretta a rotolare senza slittare sul piano xy. Diamo alla sfera uno spostamento virtuale generico. Intanto possiamo farla ruotare di un angolo infinitesimo da intorno al diametro PQ che passa per il punto di contatto P; ciò che non altera la posizione della sfera sul piano. Poi possiamo far rotolare la sfera sul piano xy. in modo che il nuovo punto di contatto sia P'; per determinare P' essendo già conosciuto P, dovremo dare gl'incrementi delle coordinate δx e δy. Abbiamo quindi bisogno di tre parametri ($\delta \omega$, δx, δy) per individuare uno spostamento virtuale generico. Il sistema ha quindi tre gradi di libertà.

Immaginiamo ora di avere un sistema con n gradi di libertà. Noi diremo che il sistema è <u>olonomo</u> quando la sua posizione nello spazio può essere determinata per mezzo di n parametri; diremo invece che il sistema è <u>non olonomo</u> (od <u>anolonomo</u>) nel caso contrario.

Così per es. se abbiamo un punto mobile sopra l'asse delle x la sua posizione è determinata da un <u>solo</u> parametro cioè dalla sua ascissa come vedemmo, ha un solo grado di libertà. Il sistema è dunque <u>olonomo</u>.

Analogamente si dica per il caso di un

punto mobile sopra una curva, o sopra una superficie, o interamente libero nello spazio.

La posizione di un'asta rigida mobile nel piano xy risulta determinata da tre parametri (per es. le coordinate X ed Y del suo punto di mezzo e l'angolo α che l'asta forma con l'asse delle x). Ma il sistema, come vedemmo, ha tre gradi di libertà, dunque esso è olonomo. La stessa conclusione vale per un'asta interamente libera nello spazio, giacchè in questo caso la sua posizione, come è facile mostrare, è interamente determinata da cinque parametri

Ripetendo dunque, la posizione di un sistema olonomo con n gradi di libertà è interamente determinata per mezzo di n parametri, $q_1, q_2, q_3 \dots q_n$. Questi parametri vengono indicati, in Meccanica, col nome di Coordinate Lagrangiane (o semplicemente Coordinate) del Sistema.

Passiamo ora ad esaminare il caso di una sfera la quale sia costretta a rotolare, senza slittare, sopra un piano orizzontale, per esempio sul piano x, y.

Per determinare completamente la posizione della sfera in un dato istante t, occorre sapere:

1) Le coordinate x, y del punto del piano con cui essa è in contatto:

2) Le coordinate del punto della sfera che è in contatto col piano, per esempio la sua longitudine e latitudine ϑ, φ.

In totale la posizione del sistema è determinata da <u>quattro</u> parametri (x, y, ϑ, φ) mentre esso, come vedemmo, ha solo tre gradi di libertà. Il sistema è dunque <u>non olonomo</u> (od <u>anolonomo</u>). Si potrebbe dimostrare che questi quattro parametri (x, y, ϑ, φ) sono legati tra loro da un'equazione a differenziali totali della forma:

$$A_1\,dx + A_2\,dy + A_3\,d\vartheta + A_4\,d\varphi = 0$$

(dove le A_i sono funzioni delle variabili) la quale non è un differenziale esatto e non ammette fattore integrante.

Analiticamente la differenza tra Sistemi olonomi e Sistemi non olonomi consiste in ciò:

1) Nei sistemi olonomi le condizioni imposte dai vincoli sono esprimibili per mezzo di equazioni in termini finiti. La posizione di un sistema con n gradi di libertà è allora pienamente determinata da n parametri.

2) Nei sistemi non olonomi le condizioni imposte dai vincoli sono esprimibili invece per mezzo di equazioni a differenziali totali.

La posizione di un sistema con n gradi di libertà è allora determinata da K parametri (K > n) legati tra loro da K - n equazioni a differenziali totali. Questo avviene per es. nel caso dei corpi rotolanti sopra un piano.

Da ciò appunto ha origine la parola olonomo che in greco ("Ολος = intero; Νόμος = = legge) significa Legge intera. La distinzione tra Sistemi olonomi e Non olonomi è dovuta ad Hertz.

Tabella riassuntiva della Cinematica

A) Velocità.

[La velocità è diretta secondo la tangente ed è data dalla formula: $\hat{V} = \frac{dP}{dt}$.]

1) Componenti cartesiane:

$$v_x = \frac{dx}{dt}\ ; \quad v_y = \frac{dy}{dt}\ ; \quad v_z = \frac{dz}{dt}$$

2) Angoli di direzione:

$$\cos\alpha = \frac{dx}{ds}\ ; \quad \cos\beta = \frac{dy}{ds}\ ; \quad \cos\gamma = \frac{dz}{ds}$$

3) Velocità radiale:

$$v_r = \frac{dr}{dt}$$

4) Velocità trasversale:

$$v_s = r\,\frac{d\vartheta}{dt}$$

B) Accelerazione

[Giace nel piano osculatore, ed è data dalla formola: $\hat{A} = \frac{d^2P}{dt^2}$]

1) Componenti cartesiane:

$$a_x = \frac{d^2x}{dt^2}\ ; \quad a_y = \frac{d^2y}{dt^2}\ ; \quad a_z = \frac{d^2z}{dt^2}$$

2) Angoli di direzione:

$$\cos\alpha_1 = \frac{\frac{d^2x}{dt^2}}{\sqrt{\left(\frac{d^2x}{dt^2}\right)^2 + \left(\frac{d^2y}{dt^2}\right)^2 + \left(\frac{d^2z}{dt^2}\right)^2}} \quad \text{ecc}$$

3) Accelerazione tangenziale:

$$a_t = \frac{dv}{dt}$$

4) Accelerazione centripeta:

$$a_c = \frac{v^2}{\rho}$$

5) Accelerazione radiale:

$$a_r = \frac{d^2 r}{dt^2} - r \left(\frac{d\vartheta}{dt}\right)^2$$

6) Accelerazione traversale:

$$a_s = 2 \frac{dr}{dt} \frac{d\vartheta}{dt} + r \frac{d^2\vartheta}{dt^2}$$

CAPITOLO II

Statica dei Sistemi Generali
esposta secondo il suo sviluppo storico

1. Preliminari

Entriamo ora nel campo della Meccanica propriamente detta, e passiamo ad occuparci della Statica dei Punti Materiali.

Cominciamo col premettere una definizione d'importanza fondamentale.

Immaginiamo di avere un sistema di forze $\vec{F}_1, \vec{F}_2 \ldots \vec{F}_n$, applicate ai punti $P_1\, P_2 \ldots P_n$; noi diremo che esso ammette una risultante se esso può essere equilibrato da una sola forza. E precisamente chiameremo <u>Risultante del sistema</u> (se esiste) <u>quella forza $\vec{R}$ che, cambiata di senso, è capace di mantenerlo in equilibrio.</u>

Come conseguenza di questa definizione vediamo che se più forze $\hat{F}_1$ $\hat{F}_2$ ... F_n si fanno equilibrio tra loro, ognuna di esse, per esempio la forza $\hat{F}_2$ è uguale ed opposta alla risultante del sistema formato dalle altre $n-1$ forze $\hat{F}_1$ $\hat{F}_3$ ... $\hat{F}_n$.

Premessa questa definizione, passeremo a svolgere la statica dei punti materiali seguendo l'ordine storico.

Partiremo quindi dalla teoria della leva, perfettamente conosciuta da Archimede e dalle conseguenze che se ne traggono, per esempio la nozione e la ricerca dei centri di gravità.

Passeremo poi al piano inclinato e alla ricerca, dovuta a Stevin, della risultante di più forze applicate ad uno stesso punto materiale e infine ci occuperemo del teorema dei lavori virtuali, conosciuto, sebbene molto vagamente ed imperfettamente dallo stesso Aristotele, e posto da Lagrange a base di tutta la Meccanica Moderna.

Qui è il luogo di fare una osservazione importante:

I vari principi che saranno esposti (per es. quello della leva, del piano inclinato, della composizione delle forze, dei lavori virtuali, dell'equilibrio dei corpi pesanti) <u>non sono indipendenti tra loro</u>. Ammesso per es. il principio dell'equilibrio dei corpi pesanti, se ne deduce immediatamente il principio dei lavori virtuali in tutta la sua generalità e quindi la teoria della leva, del piano inclinato ecc.

Ammesso invece per es. il principio della leva se ne può dedurre, con Galileo, la teoria del piano inclinato e della composizione delle forze e quindi il teorema dei lavori virtuali ecc.

<u>Logicamente quindi tutta la statica potrebbe dedursi da uno qualsiasi di questi principi, salvo ad aggiungere, secondo i casi, qualche postulato complementare.</u>

Dal lato didattico però, onde ottenere una maggiore intelligenza della materia ho creduto assai utile che la mente dello studioso percorra quello stesso cammino che ha seguito la mente umana per arrivare al punto in cui siamo. Svolgeremo quindi la materia seguendo l'ordine storico, salvo qualche lieve modificazione (per es. la teoria delle coppie, di origine recentissima) diretta ad estendere il campo di applicazione delle singole teorie, senza turbare in nulla il disegno generale.

Ed ora entriamo direttamente in argomento.

2. Teoria della Leva e composizione delle forze parallele

La leva è un'asta rigida, rettilinea, che può ruotare intorno ad un suo punto (detto Fulcro) ai cui estremi sono applicate due forze parallele chiamate Potenza e Resistenza.

Gli antichi meccanici distinguevano tre generi di leva e cioè:

1) Leva di 1° genere, in cui il fulcro è compreso tra il punto d'applicazione della potenza e quello della resistenza.

2) Leva di 2° genere, in cui il fulcro è esterno ed è situato dalla parte della resistenza.

3) Leva di 3° genere, in cui il fulcro è esterno ed è situato dalla parte della potenza.

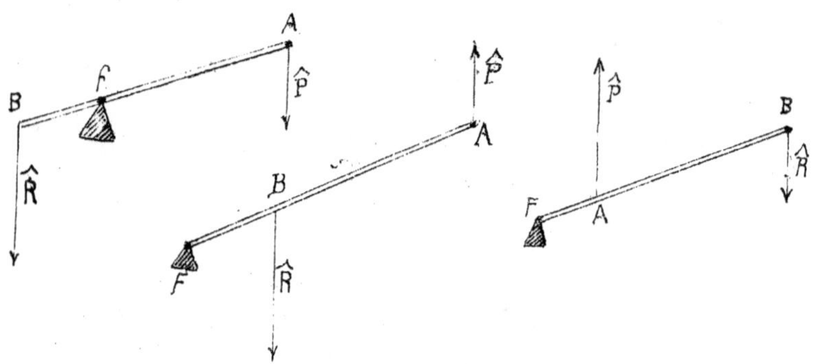

Nella leva di 1° genere la potenza e la resistenza hanno lo stesso senso, in quella di 2° e 3° genere hanno senso opposto.

La leva era nota certamente anche ai popoli più antichi, ma le ricerche a noi conosciute sopra la sua teoria risalgono solo a pochi secoli prima di G. Cr.

Aristotele (381 - 322 a. G. C.) intuì, in modo molto schematico, il principio dei lavori virtuali e lo applicò alla leva; ma la prima dimostrazione veramente rigorosa è dovuta ad *Archimede* (287 - 212 a G. C.) il quale merita quindi di essere considerato come il vero fondatore della Meccanica Razionale.

Archimede ammette come postulato fondamentale che due forze uguali parallele e cospiranti applicate ai punti A e B, abbiano come risultante una forza $\hat{R}$ uguale alla loro somma ed applicata al punto di mezzo C del segmento AB.

In altre parole Archimede ammette che una leva di 1° genere a bracci uguali e caricata di due pesi uguali agli estremi è in equilibrio; e che l'azione che essa esercita sul fulcro è uguale alla somma dei pesi.

Premesso questo postulato, egli passa a studiare il caso generale; e dimostra che per l'equilibrio della leva la potenza e la resistenza debbono essere inversamente proporzionali alla distanza dei loro punti d'applicazione dal fulcro.

Diamo un cenno della dimostrazione di Archimede, limitandoci per es. al caso in cui la Resistenza sia doppia della Potenza.

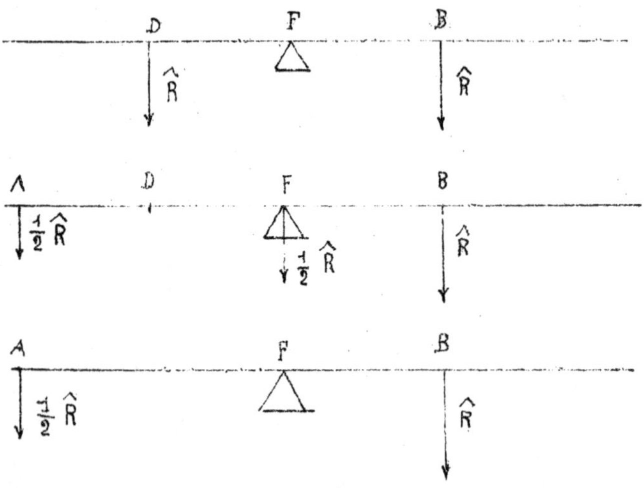

Consideriamo una leva a bracci uguali DF ed FB sottomessa all'azione di due forze uguali $\widehat{R}$ ed $\widehat{R}$; per il nostro postulato essa sarà certamente in equilibrio.

Ciò posto, prendiamo, a sinistra di D, un punto A tale che il segmento AD risulti uguale a DF e decomponiamo $\widehat{R}$ in due forze parallele e cospiranti passanti per A e per F. Secondo quanto abbiamo visto ognuna di esse sarà uguale ad $\frac{1}{2}\widehat{R}$.

La leva è allora sollecitata da tre forze $\frac{1}{2}\widehat{R}$, $\frac{1}{2}\widehat{R}$ ed $\widehat{R}$ applicate in A, F e B e resterà ancora in equilibrio.

Ma la seconda forza, passando pel fulcro F, non ha alcuna azione e può quindi essere tolta. In ultimo, abbiamo dunque una leva in equilibrio in cui la potenza $\left(\frac{1}{2}\widehat{R}\right)$ è uguale alla metà della resistenza $(\widehat{R})$, ma ha un braccio doppio essendo:

$$(AF = AD + DF = 2\,FB)$$

Galileo, nei suoi Dialoghi, ha modificato la dimostrazione di Archimede. Il ragionamento di Galileo può essere semplificato nel modo seguente:

Si abbia un'asta MN pesante, omogenea, di lunghezza l e sia p il suo peso per unità di lunghezza. Supponiamo che l'asta possa ruotare intorno al suo punto di mezzo F: essa sarà in equilibrio in tutte le posizioni.

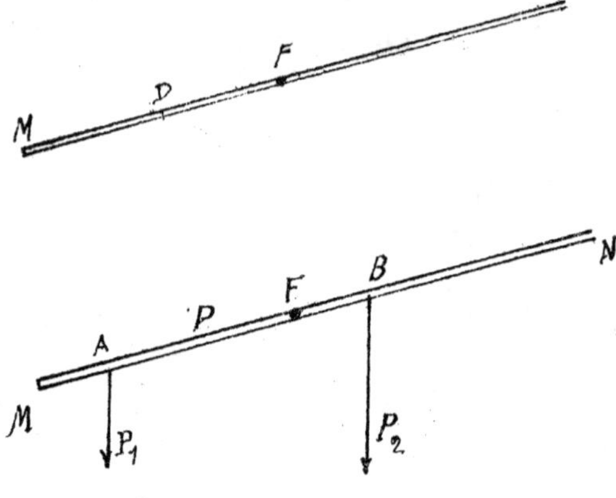

Consideriamo un suo punto qualsiasi D e immaginiamo l'asta formata dalle due parti MD e DN saldate fra loro. Sia

$$MD = l_1 \qquad DN = l_2$$

$$l_1 + l_2 = l$$

Ogni molecola delle due parti MD e DN è sottoposta al proprio peso. Supponendo l'asta omogenea ed applicando il postulato d'Archimede, il peso totale P_1 della prima parte MD sarà applicato al suo punto di mezzo A; e quello P_2 della seconda parte DN sarà applicato nel suo punto di mezzo B.

In realtà dunque l'asta MN è in equilibrio sotto l'azione delle forze P_1 e P_2 applicate in A e B.

Ora abbiamo, essendo p il peso unitario,

$$P_1 = p l_1 \qquad P_2 = p l_2$$

da cui

$$(1) \qquad \frac{P_1}{P_2} = \frac{l_1}{l_2}$$

Ma, risulta dalla figura:

$$(2) \quad AF = MF - MA = \frac{1}{2} l - \frac{1}{2} l_1 = \frac{1}{2}(l - l_1) = \frac{1}{2} l_2$$

$$(3) \quad FB = FN - BN = \frac{1}{2} l - \frac{1}{2} l_2 = \frac{1}{2}(l - l_2) = \frac{1}{2} l_1$$

e quindi, confrontando con la (1),

$$4) \qquad \frac{P_1}{P_2} = \frac{FB}{AF}$$

Ma l'asta è in equilibrio: vediamo dunque dalla (4) che se una leva AB è in equilibrio, la potenza P_1 e la resistenza P_2 sono in ragione inversa delle distanze dei loro punti di applicazione dal fulcro F.

Il fulcro F sosterrà poi il peso di tutta l'asta $P_1 + P_2$. Immaginiamo allora di avere un'asta rigida AB ed applichiamo in A una forza $\hat{P}_1$ e in B una forza parallela e cospirante $\hat{P}_2$.

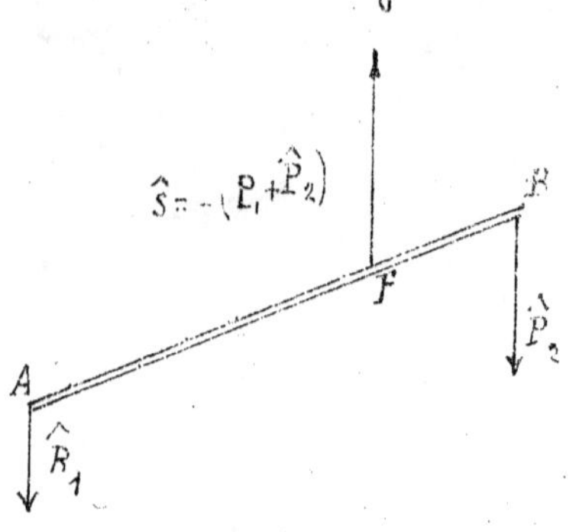

Prendiamo poi un punto interno F, tale che sia $\frac{AF}{FB} = \frac{P_2}{P_1}$, ed applichiamo in F una certa forza $\hat{S}$ data dalla formula:

$$\hat{S} = -(\hat{P}_1 + \hat{P}_2) \tag{5}$$

Per quanto abbiamo visto l'asta AB resterà in equilibrio: la forza $\hat{S}$ infatti è uguale alla reazione del fulcro.

Ricordando dunque la definizione di Risultante, data nel § 1, arriviamo alla seguente conclusione:

" Due forze parallele e cospiranti $\hat{P}_1$ e
" $\hat{P}_2$ applicate in A e B ammettono una risul-
" tante $\hat{R}$ uguale alla loro somma, ed appli-

"cata in un punto F che divide internamen=
"te il segmento AB in parti inversamente pro=
"porzionali alle componenti."

Siano allora x_1 y_1 z_1 le coordinate del punto A ed x_2 y_2 z_2 quelle del punto B: cerchiamo le coordinate di F che chiamere=
mo X, Y, Z.

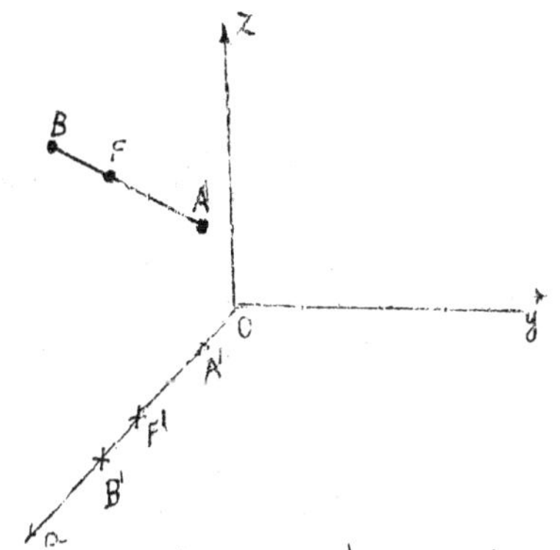

Proiettando or=
togonalmente il seg=
mento AFB sull'as=
se delle x, avremo i tre punti A' F' e B' e sarà:

$$6) \quad OA' = x_1 \qquad OF' = X \qquad OB' = x_2$$

Di più dalla Geometria elementare otteniamo la proporzione:

$$7) \quad \frac{AF}{FB} = \frac{A'F'}{F'B'}$$

Ma si ha dal teorema dimostrato:

$$8) \quad \frac{AF}{FB} = \frac{P_2}{P_1};$$

e quindi paragonando la 7) con la 8) ricavia=

mo:

$$9) \quad \frac{P_2}{P_1} = \frac{A'F'}{F'B'}$$

Dalla figura ricaviamo poi

$$10) \quad A'F' = X - x_1 \qquad F'B' = x_2 - X;$$

onde la 9) diviene:

$$11) \quad \frac{P_2}{P_1} = \frac{X - x_1}{x_2 - X}.$$

cioè

$$12) \quad P_2 (x_2 - X) = P_1 (X - x_1),$$

da cui risolvendo rispetto ad X otteniamo infine

$$13) \quad X = \frac{P_1 x_1 + P_2 x_2}{P_1 + P_2}$$

Analogamente proiettando sugli assi y e z si sarebbero ottenute le formule:

$$14) \quad Y = \frac{P_1 y_1 + P_2 y_2}{P_1 + P_2}$$

$$15) \quad Z = \frac{P_1 z_1 + P_2 z_2}{P_1 + P_2}$$

Passiamo ora al caso in cui le forze parallele abbiano senso contrario. Consideriamo ancora l'asta materiale AB in e=

quilibrio sotto l'azione delle tre forze $\widehat{P}_1$ $\widehat{P}_2$ ed $\widehat{S}$. Ricordando quanto fu detto nel § 1 vediamo allora che la risultante di $\widehat{P}_1$ ed $\widehat{S}$ è uguale a $-\widehat{P}_2$; cioè [essendo $\widehat{S} = -(\widehat{P}_1 + \widehat{P}_2)$] ad $\widehat{S} + \widehat{P}_1$. Ma $\widehat{S}$ e $\widehat{P}_1$ sono paralleli e dirette in senso opposto, quindi la risultante stessa avrà la direzione della maggiore ed il suo modulo sarà uguale alla differenza dei moduli di $\widehat{S}$ e $\widehat{P}$.

D'altra parte essa è applicata nel punto B e si ha dall'equazione (4):

$$16) \qquad \frac{P_1}{-(P_1 + P_2)} = -\frac{FB}{AF + FB}$$

cioè

$$17) \qquad \frac{\widehat{P}_1}{\widehat{S}} = \frac{BF}{AB}$$

Essendo $\widehat{P}_1$ ed $\widehat{S}$ di senso opposto, il secondo membro risulterà negativo e quindi B sarà esterno al segmento AF. Vale a dire il punto B, in cui è applicata la risultante, divide esternamente il segmento AF in parti inversamente proporzionali alle componenti. Concludendo dunque:

"Due forze parallele ed opposte ammet-

"tano una risultante la quale è loro parallela, è uguale in intensità alla loro differenza; ha il senso della maggiore, e divide esternamente il segmento che intercede tra i loro punti di applicazione, in parti inversamente proporzionali alle componenti."

Chiamando con $x_1\ y_1\ z_1$ ed $x_2\ y_2\ z_2$ le coordinate dei punti d'applicazione delle due componenti, il calcolo mostra allora che il punto d'applicazione della risultante viene dato ancora dalle formule (13) 14) e 15); soltanto questa volta P_1 e P_2 hanno segno contrario.

Fino ad ora ci siamo occupati solo di due forze parallele. Nel caso in cui fossero in numero maggiore, $\hat{P}_1\ \hat{P}_2 \dots \hat{P}_n$, si comporranno fra loro due di esse, poi la risultante ottenuta con una terza forza e così di seguito. Ci ridurremo in tal modo ad una sola forza $\hat{R}$ la quale sarà la risultante generale del sistema, e verrà applicata in un certo punto C detto <u>centro delle forze parallele</u> $\hat{P}_1\ \hat{P}_2 \dots \hat{P}_n$.

Supponiamo di dover comporre soltanto tre forze parallele P_1 P_2 e P_3 applicate ai punti $A_1(x_1\ y_1\ z_1)$; $A_2(x_2\ y_2\ z_2)$ ed $A_3(x_3\ y_3\ z_3)$. Cominciamo a comporre P_1 con P_2; chiamando con K la loro risultante e con ξ l'ascissa del suo punto d'applicazione, avremo:

$$18) \qquad \xi = \frac{P_1 x_1 + P_2 x_2}{P_1 + P_2}$$

Ora ci resta a comporre la forza K con la terza forza P_3; indicando con X l'ascissa del centro avremo:

$$19) \qquad X = \frac{K\xi + P_3 x_3}{K + P_3}$$

Sostituendo nella 19) al posto di ξ il suo valore dato dalla formula 18) e ricordando che K è uguale a $P_1 + P_2$ si ha:

$$20) \quad X = \frac{P_1 x_1 + P_2 x_2 + P_3 x_3}{P_1 + P_2 + P_3} = \frac{\sum_1^3 P_i\ x_i}{\sum_1^3 P_i}$$

Analogamente, dovendo comporre n forze parallele, la risultante R e le coordinate del centro C saranno date dalle formule:

$$21)\quad \begin{cases} X = \dfrac{\sum_1^n P_i\, x_i}{\sum_1^n P_i} \\[2ex] Y = \dfrac{\sum_1^n P_i\, y_i}{\sum_1^n P_i} \\[2ex] Z = \dfrac{\sum_1^n P_i\, z_i}{\sum_1^n P_i} \end{cases}$$

$$22)\quad R = \sum_1^n P_i$$

È facile dimostrare che il punto C è indipendente dall'ordine con cui si compongono le n forze.

Le formule 21) sono sempre valide, tranne il caso in cui sia $\sum_1^n P_i = 0$. Questo caso eccezionale ha grande importanza teorica e pratica, e noi dovremo tra poco esaminarlo.

Es. I. Teoria della bilancia.

La bilancia è una leva di primo genere a bracci uguali: essa è tanto più sensibile quanto maggiore è lo spostamento angolare dell'ago indicatore, quando i due piatti sono caricati con pesi differenti. Indichiamo con Q il peso di ciascuno dei due piatti con le relative catenelle e con P il peso della leva (giogo) con l'ago che è solidale ad essa. Vogliamo calcolare l'angolo α di cui devia l'ago quando poniamo per es. sul piatto di sinistra un peso addizionale q.

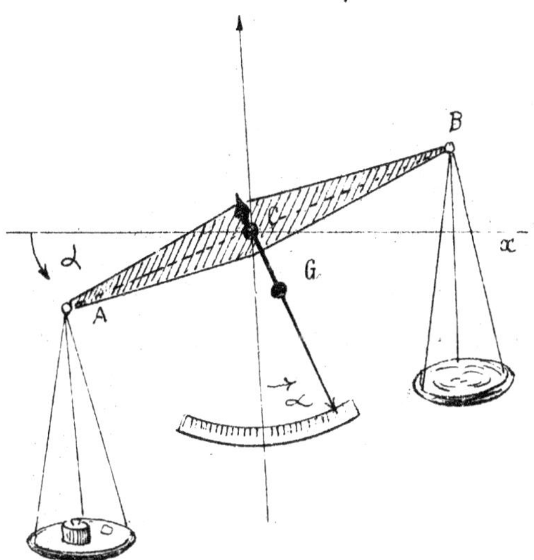

Chiamiamo con l la lunghezza del giogo AB ed indichiamo con G il centro di gravità del giogo con l'ago; il punto G per simmetria, si troverà sull'ago stesso ad una certa distanza CG = h dal fulcro C.

Prendiamo il fulcro C come origine delle coordinate, l'asse delle x orizzontale e l'asse delle y verticale. Affinchè il giogo sia in equilibrio è necessario e basta che la risultante delle forze ad esso applicate passi per il fulcro C.

Ora sul giogo agiscono tre forze e precisamente:

1) La forza $Q+q=P_1$ diretta verticalmente verso il basso e agente sul punto A.

2) La forza $Q=P_2$ diretta anche essa verticalmente verso il basso e agente sul punto B.

3) La forza $P=P_3$ diretta come le altre due e agente sul punto G.

Queste tre forze P_1 P_2 e P_3 sono parallele. quindi la loro risultante R sarà loro parallela e sarà perciò diretta verticalmente. Affinchè dunque essa passi per il punto C basta che il centro delle tre forze P_1 P_2 P_3 si trovi sull'asse delle y; basta cioè che sia $X=0$.

Calcoliamo allora X. Adoperando la formula studiata avremo:

$$23) \qquad X = \frac{(Q+q)x_1 + Qx_2 + Px_3}{\Sigma P_i}$$

Ora il denominatore ΣP_i è certamente diverso da zero, poichè le tre forze P_1 P_2 e P_3 hanno tutte lo stesso senso. Affinchè dunque sia $X=0$ occorre che si abbia:

24) $$(Q+q)x_1 + Qx_2 + Px_3 = 0$$

Calcoliamo ora x_1 x_2 ed x_3. Essendo $AB = l$ si ottiene subito dalla figura:

25) $$x_1 = -\frac{1}{2} l \cos \alpha$$

26) $$x_2 = \frac{1}{2} l \cos \alpha$$

Quando ad x_3 essendo $CG = b$ abbiamo dalla figura:

27) $$x_3 = b \operatorname{sen} \alpha$$

L'equazione 24) diviene allora:

28) $$Pb \operatorname{sen} \alpha - q \frac{l}{2} \cos \alpha = 0$$

da cui ricaviamo:

29) $$\operatorname{tg} \alpha = \frac{l}{2Pb} q.$$

La formula 29) ci mostra che nella bilancia <u>la tangente dell'angolo di deviazione è proporzionale al peso addizionale</u>. Il coefficiente di proporzionalità $\frac{l}{2Pb}$, si chiama <u>Coefficiente di Sensibilità</u>.

A parità di peso addizionale, vediamo quindi che la bilancia è tanto più sensibile quanto maggiore è questo coefficiente. Affinchè dunque una bilancia sia molto sensibile occorre che la lunghezza l del giogo sia grande, che il suo peso P sia debole e che la distanza h del suo centro di gravità dal fulcro sia piccola. Aumentando o diminuendo h, la sensibilità diminuisce o aumenta. Su questo principio si costruiscono bilancie la cui sensibilità è variabile, adoperando un peso che può scorrere lungo l'ago.

Es. II - Lunghezza utile d'una leva di secondo genere. Si abbia una leva di secondo genere con la quale si debba sollevare un certo peso R. Affinchè il peso sollevabile sia massimo è necessario che il braccio di leva MC sia il più piccolo possibile. Nella pratica però MC non può farsi minore di una certa lunghezza a. Inoltre teoricamente, quanto più è lunga la leva

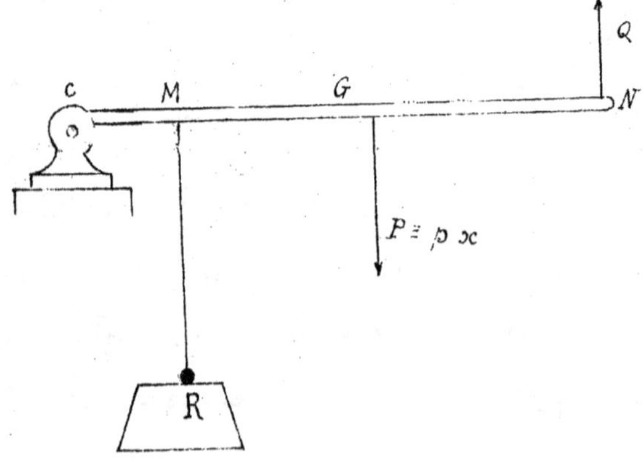

tanto minore dovrebbe essere lo sforzo Q necessario a sollevarlo. In pratica però bisogna tener conto del peso della leva stessa, il quale aumenta con la lunghezza. Calcoliamo quale deve essere la lunghezza x da darsi alla leva affinchè lo sforzo Q necessario a sollevare il peso R riesca minimo.

Chiamando con p il peso dell'asta per unità di lunghezza (per es. per metro lineare) il suo peso totale P sarà uguale a p x e dovremo immaginarlo applicato nel suo punto di mezzo G, essendo l'asta omogenea.

La leva CN sarà quindi sollecitata da tre forze verticali e cioè R applicata in M e diretta verso il basso, P = p x applicata in G e diretta anche essa verso il basso, Q applicata all'estremo N e diretta verso l'alto. Assumendo allora C come origine e CN come asse x, le coordinate X ed Y del centro di queste tre forze parallele saranno:

$$30)\qquad X = \frac{-Ra - P\frac{x}{2} + Qx}{-R - P - Q}.$$

$$31)\qquad Y = 0$$

Affinchè la leva sia in equilibrio occorre che il centro delle tre forze coincida col fulcro C, cioè con l'origine. Quindi dovrà essere:

$$32)\quad -Ra - P\cdot\frac{x}{2} + Qx = 0$$

cioè, sostituendo al posto di P il suo valore px

$$33)\quad Q = \frac{Ra}{x} + \frac{1}{2}px$$

Calcoliamo ora x in modo che Q sia minimo. Dovremo avere:

$$34)\quad \frac{dQ}{dx} = -\frac{Ra}{x^2} + \frac{1}{2}p = 0$$

da cui otteniamo

$$35)\quad x = \sqrt{\frac{2Ra}{p}}$$

e sostituendo nella 33)

$$36)\quad Q = \sqrt{2Rap}$$

La lunghezza x così calcolata si chiama <u>Lunghezza Utile</u>.

Supponiamo per es. che sia R = 400 Kg, CM = 0,20 m. e infine p peso dell'asta sia di 10 Kg per metro lineare. Avremo:

$$x = \sqrt{\frac{2 \times 400 \times 0{,}20}{10}} = 4. \qquad Q = \sqrt{2 \times 400 \times 0{,}20 \times 10} = 40$$

Cioè la lunghezza utile della leva sarà di 4 metri e la potenza necessaria per sollevare il peso R sarà di 40 Kg.

Es. III. Leva spezzata. Consideriamo ora una leva a bracci inclinati AFB, o leva spezzata (levier coudé) alle cui estremità siano applicate due forze $\hat{P}$ ed $\hat{R}$ perpendicolari ai bracci AF ed FB. Troviamo le sue condizioni di equilibrio.

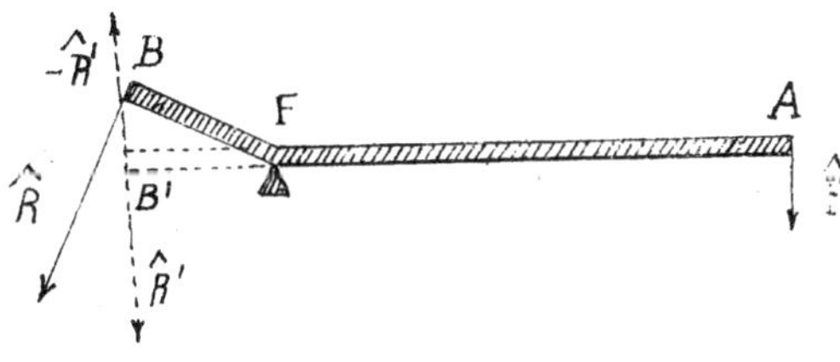

A tale scopo prolunghiamo il braccio FA in B' in modo che sia FB' = FB, e poi applichiamo in B' due forze uguali e contrarie $\hat{R}'$ e $-\hat{R}'$ perpendicolari al segmento B'FA e d'intensità uguale a quella di $\hat{R}$. È chiaro che l'equilibrio non sarà turbato.

Ciò posto, si vede immediatamente che le due forze $\widehat{R}$ e $-\widehat{R}'$ applicate in B e B', non possono produrre, per ragione di simmetria, alcuna rotazione del sistema intorno al fulcro F. Possiamo dunque sopprimerle senza alterare le condizioni di equilibrio.

Sopprimendole, ci restano le forze $\widehat{P}$ ed $\widehat{R}'$ applicate in A e in B'. Ma queste sono parallele ed i loro punti di applicazione sono allineati col fulcro F. Siamo dunque ricondotti al caso della leva rettilinea e quindi, per l'equilibrio, dovrà sussistere l'equazione:

$$37)\qquad \frac{\widehat{P}}{\widehat{R}'} = \frac{B'F}{FA}$$

Osservando ora che $\widehat{R}'$ ed $\widehat{R}$ hanno la stessa intensità e ricordando la definizione di Momento, ricaviamo immediatamente dalla 37) che per l'equilibrio della leva spezzata è necessario e sufficiente che la somma dei momenti della potenza $\widehat{P}$ e della resistenza $\widehat{R}$ rispetto al fulcro F sia uguale allo zero.

Es. IV. Dalla teoria della leva dedurre la legge di composizione di due forze applicate ad uno stesso punto materiale M.

Ammetteremo come postulato, fondato sopra le osservazioni più semplici, che due forze $\hat{P}$ e $\hat{Q}$ applicate ad uno stesso punto materiale M, hanno una risultante $\hat{R}$ la quale giace nel piano determinato dalle forze stesse, internamente all'angolo formato da $\hat{P}$ e da $\hat{Q}$. Ciò posto dimostriamo che la risultante $\hat{R}$ è data dalla somma vettoriale di $\hat{P}$ e $\hat{Q}$. Immaginiamo un sistema rigido piano (per es. un pezzo di lamiera) e supponiamo che ad un suo punto M siano applicate le due forze $\hat{P}$ e $\hat{Q}$. Prendiamo poi sopra la lamiera un punto F,

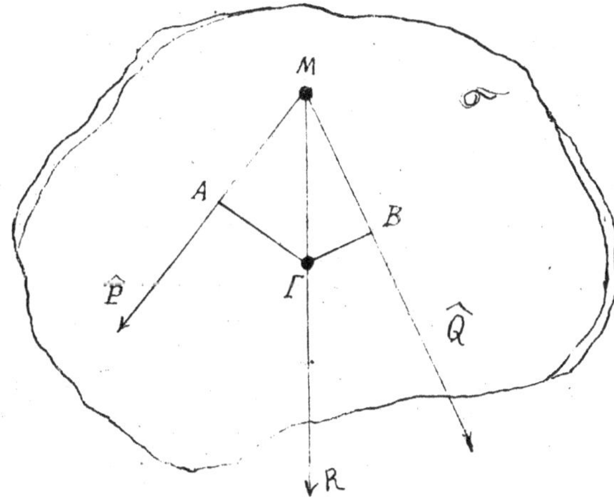

in modo tale che la somma dei momenti di $\widehat{P}$ e $\widehat{Q}$ rispetto ad F sia uguale allo zero, e quindi da F abbassiamo le perpendicolari su $\widehat{P}$ e $\widehat{Q}$, indicando con A e B i punti d'incontro.

È chiaro che senza alterare l'equilibrio possiamo immaginare che la forza $\widehat{P}$ sia applicata in A e la forza $\widehat{Q}$ in B. Ma in tal modo torniamo al caso della leva spezzata, e ne deduciamo che fissando il punto F il sistema resta in equilibrio, perchè la somma dei momenti di $\widehat{P}$ e $\widehat{Q}$ rispetto ad F per costruzione, è uguale allo zero. Ne segue che la risultante di $\widehat{P}$ e di $\widehat{Q}$ passa per F; ma essa passa anche per M; dunque è diretta secondo la retta MF. È facile poi dimostrare, con considerazioni di geometria elementare, che la diagonale del parallelogramma avente per lati $\widehat{P}$ e $\widehat{Q}$ passa pure per F. Ne deduciamo quindi che la risultante è diretta secondo la diagonale del parallelogramma costruito sopra le forze componenti.

Ed ora applichiamo al punto M

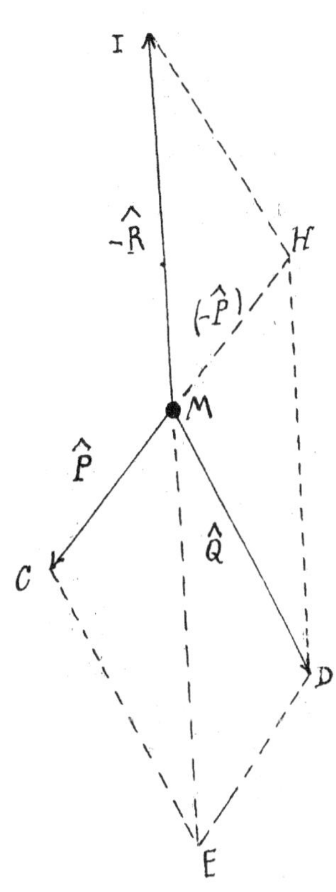

una forza uguale a $-\hat{R}$; per la definizione stessa di risultante M sarà in equilibrio sotto l'azione di $\hat{P}$ $\hat{Q}$ e $-\hat{R}$.

Ne segue che la risultante di $\hat{Q}$ e di $-\hat{R}$ è uguale a $-\hat{P}$. Partendo da M costruiamo allora un vettore H-M uguale a $-P$; e quindi uniamo H con D ed I. Poi completiamo il parallelogramma CEDM costruito su $\hat{P}$ e $\hat{Q}$.

Poichè MH è diretta secondo la diagonale del parallelogramma costruito su $\hat{Q}$ e $-\hat{R}$, se noi riusciamo a dimostrare che DH è parallela ad MI, ne seguirà che anche MD sarà parallela ad IH. Ma i due triangoli HMD ed MCE sono uguali (essendo HM = MC; MD = CE; l'angolo HMD = l'angolo MCE) dunque HD sarà uguale ad ME. Poichè poi (per l'uguaglianza degli stessi triangoli) l'angolo HDM è uguale all'angolo MEC, ne segue che HD è anche parallela ad ME e quindi è parallela ad MI, la quale, come abbiamo visto, giace sul prolungamento di ME.

Dunque sarà anche IH parallela ad MD e perciò il quadrilatero IHMD sarà un parallelogramma.

Ne segue che MI sarà uguale ad HD e poichè HD è uguale ad ME, così anche MI sarà uguale ad ME. Ma MI è uguale al modulo della risultante di $\hat{P}$ e di $\hat{Q}$, mentre ME è la diagonale del parallelogramma costruito su $\hat{P}$ e $\hat{Q}$, dunque la risultante di due forze è uguale in grandezza alla diagonale del parallelogramma costruito sulle forze stesse.

<u>Vediamo in tal modo, come dalla teoria della leva si possa dedurre la regola di composizione delle forze e quindi, da essa, tutti i teoremi della Statica.</u>

Questa dimostrazione è dovuta, nella sua parte essenziale, a Galileo Galilei.

3. Teoria dei Centri di Gravità

Una delle applicazioni più importanti della regola di composizione delle forze parallele è la teoria dei Centri di Gravità. Questa parte importantissima della Statica è stata fondata dallo stesso Archimede e costituisce uno dei suoi maggiori titoli di gloria. Sembra anzi, da una lettera di Archimede ad Erastotene (nato nel 276 a. G. C), che il grande geometra di Siracusa conoscesse, almeno nei primi elementi ed in forma geometrica, il calcolo infinitesimale, ed egli se ne servì nelle sue ricerche sopra l'area delle curve e sopra i centri di gravità.

Immaginiamo di avere un sistema di n punti pesanti, aventi per coordinate $x_1 y_1 z_1$ $x_2 y_2 z_2$ .... $x_n y_n z_n$. La terra attrae ciascuno di essi con una forza P_i che costituisce il <u>Peso</u> del punto. Con grandissima approssimazione tutte queste forze P_1 P_2 .... P_n sono parallele e cospiranti esse ammetteranno quindi una risultante P uguale alla loro somma ed applicata in un certo punto G che i Meccanici chiamano <u>Centro di gravità</u> o <u>Baricentro</u> (dal greco <u>βάρος</u> = peso) del Sistema.

Ricordando la teoria già esposta, le coordinate X Y Z del punto G saranno date dalle formule:

$$38)\quad X = \frac{\Sigma P_i x_i}{\Sigma P_i}\ ;\quad Y = \frac{\Sigma P_i y_i}{\Sigma P_i}\ ;\quad Z = \frac{\Sigma P_i z_i}{\Sigma P_i}$$

La conoscenza di questo punto è fondamentale nella ricerca dell'equilibrio dei corpi pesanti. È evidente infatti che affinchè un corpo rigido pesante poggiato sopra un piano orizzontale sia in equilibrio, è necessario e basta che la proiezione di G cada nell'interno della base (*Principio di Leonardo da Vinci*)

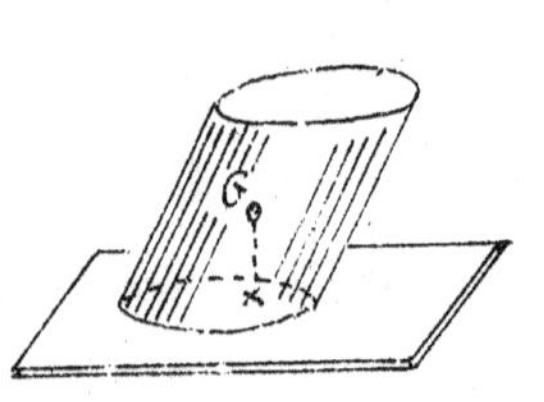

Se invece di un sistema di n punti abbiamo un corpo rigido continuo (per es. una calotta sferica, un cono ecc) potremo supporlo composto d'infiniti elementi a ciascuno dei quali sia applicata una forza infinitesima dp uguale al proprio peso. Applicando il metodo dei limiti, le sommatorie si muteranno in integrali (estesi a tutto il corpo) e noi avremo quindi le formule:

$$39) \quad X = \frac{\int x\,dp}{P}; \quad Y = \frac{\int y\,dp}{P}; \quad Z = \frac{\int z\,dp}{P}$$

dove P è il peso di tutto il sistema.

Sarebbe qui il luogo di ricercare il centro di gravità dei corpi più comuni, ma noi, per uniformità di trattazione, ci occuperemo di questo studio in uno dei prossimi fascicoli, in un Capitolo che sarà interamente dedicato alla Geometria delle Masse.

4. Teoria del Piano Inclinato

Dopo la morte di Archimede (212 a.G.C) il centro degli studi passò in Alessandria di Egitto, la quale, sotto il regno dei Tolomei, divenne il faro della coltura mondiale.

Erone, filosofo alessandrino, (120 a G.C) parlò del piano inclinato, degli argani ecc, in un suo libro intitolato l'Elevatore, che il Vailati chiamò il più antico manuale dell'Ingegnere. Quattro secoli dopo, le sue ricerche furono riassunte ed ampliate da Pappo nelle sue Collezioni Matematiche, sulle quali qui non possiamo trattenerci.

Nel medio evo si occupò del problema Giordano Nemorario, nato forse a Nemi in provincia di Roma (secolo XIII) nel suo libro De Ponderibus; ma la prima dimostrazione, veramente rigorosa, è dovuta a Simone Stevin di Bruges

(1548 - 1620) il quale la pubblicò a Leida in un libro intitolato "Mathematicorum Hypomn de Statica".

E di essa passiamo ora ad occuparci.

Si abbia un triangolo rettangolo ABC, posto in un piano verticale e col cateto AB orizzontale. Indichiamo con α l'angolo in B. Supponiamo le superfici liscie e assolutamente prive di attrito.

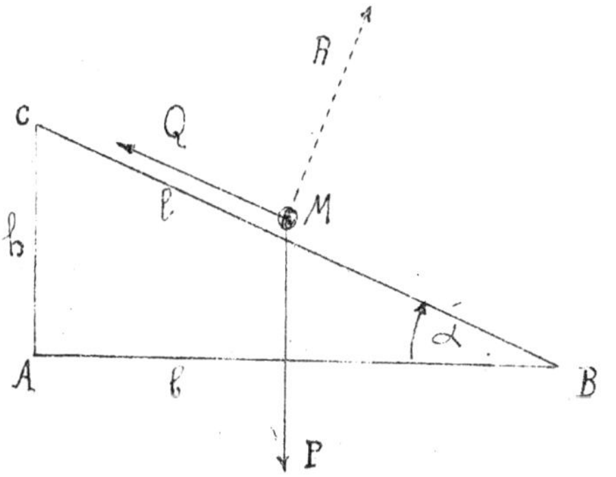

Chiameremo:

AB = b base del piano inclinato.
AC = h altezza del piano inclinato.
CB = l lunghezza del piano inclinato.

Immaginiamo ora di porre sull'ipotenusa CB un punto materiale M di peso P, ed applichiamo ad esso una forza parallela a CB e diretta verso C e d'intensità Q tale che M resti in equilibrio. La reazione che il piano esercita sul punto M sarà normale al piano stesso (non essendovi attrito) e noi indicheremo con R la sua grandezza. Ciò posto Stevin ha dimostrato il seguente teorema:

"Se M sta in equilibrio, le grandezze P, Q ed R delle tre forze ad esso applicate sono proporzionali alle lunghezze dei tre lati del triangolo ACB e precisamente si ha:

$$\frac{P}{l} = \frac{Q}{h} = \frac{R}{b} \tag{40}$$

Per dimostrare il teorema Stevin immagina un filo omogeneo, di peso p per unità di lunghezza, il quale poggi sopra il piano inclinato ed abbia riuniti gli estremi in modo da formare un circuito chiuso $ACBD$.

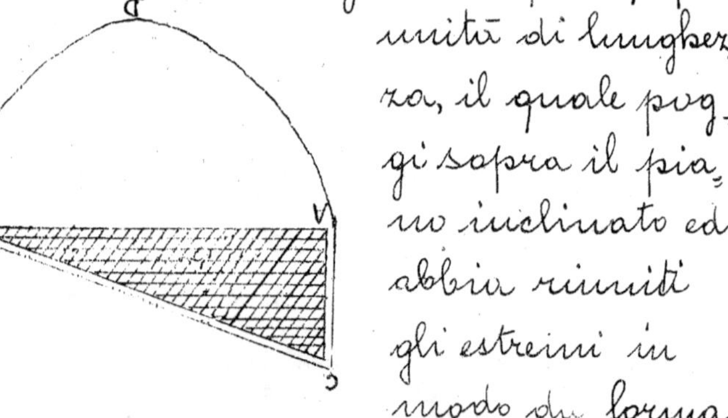

È chiaro che il filo stesso sarà in equilibrio, giacchè se esso scorresse per es. verso destra, trovandosi sempre nelle medesime condizioni, si avrebbe il moto perpetuo, che Stevin respinge come assurdo.

Di più il tratto pendente ADB, per simmetria, ha tensioni uguali agli estremi e può quindi essere tolto senza disturbare l'equilibrio.

Ciò posto, immaginiamo di raccogliere tutta la massa del tratto verticale CA in un sol punto materiale K il quale quindi avrà un certo peso $Q = ph$; e analogamente raccogliamo tutta la massa del tratto inclinato CB in un sol punto M che avrà quindi un peso $P = pl$. Il nostro sistema si ridurrà allora a due punti materiali M e K che si equilibrano per mezzo del filo imponderabile MCK che li collega.

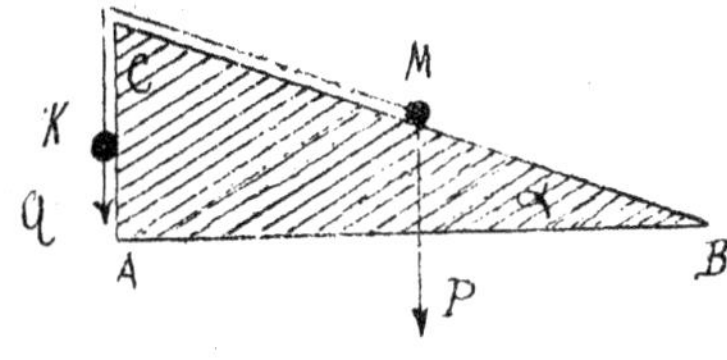

La forza necessaria per sostenere il punto M è allora uguale alla tensione del filo, cioè al peso Q. Ma come si è visto abbiamo $Q = ph$ e $P = pl$; sussiste dunque la proporzione:

$$41) \qquad \frac{P}{l} = \frac{Q}{h}$$

ed anche

$$42) \qquad Q = P\frac{h}{l} = P \operatorname{sen} \alpha$$

L'equazione 41) dimostra la prima parte del teorema di Stevin.

Per dimostrare ora l'altra parte immaginiamo un secondo piano inclinato, formato dal triangolo A' B' C' uguale al dato ABC e posto in modo che l'ipotenusa C'B' passi per M e sia normale a CB.

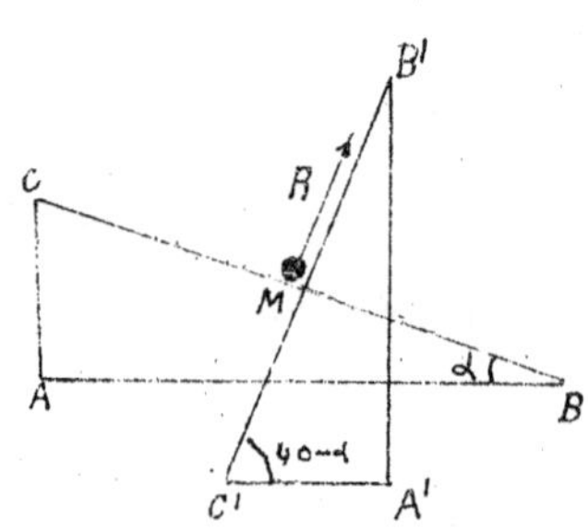

Il cateto C'A' risulterà allora orizzontale e B'A' verticale. Ora per calcolare la reazione che il piano inclinato BC esercita su M (o ciò che è lo stesso, la pressione che M esercita sul piano) basta che noi calcoliamo quale sarà la forza R che dobbiamo applicare ad M, normalmente a CB, affinchè M non graviti più sul piano CB.

Ora la forza R essendo normale a CB

sarà disposta lungo l'ipotenusa C'B'; affinchè dunque M non graviti più su CB occorre che R sia tale da mantenere M in equilibrio sul piano inclinato ausiliario C'B'.

Ma l'angolo che C'B' forma con l'orizzonte è uguale a 90 - α; avremo dunque per l'equazione 42)

$$43) \quad R = P \operatorname{sen}(90 - \alpha) = P \cos \alpha = P \frac{b}{l}$$

cioè

$$44) \qquad \frac{P}{l} = \frac{R}{b} \ ;$$

ciò che dimostra la seconda parte del teorema di Stevin.

Es. I. Dalla teoria della leva, dedurre il teorema del piano inclinato. Riprendiamo il punto M di peso P posto sul piano inclinato CB e legato al punto K di peso Q mediante il filo sottilissimo MCK. Supponiamo, per semplicità, che il segmento CM sia uguale a CK. Dobbiamo trovare il valore da dare a Q perchè M sia in equilibrio.

Innalziamo da M e K le perpendi-

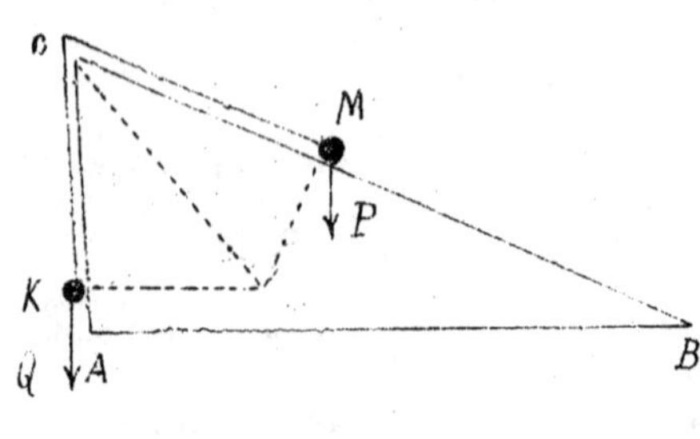

colari a CB e CA e sia F il loro punto d'incontro. Al piano inclinato e al filo possiamo allora sostituire la leva spezzata KFM portante ai due estremi i pesi P e K. Infatti è chiaro che, se facciamo ruotare la leva di un angolo infinitesimo intorno al fulcro F, il punto K si muoverà verticalmente ed il punto M si muoverà lungo il piano inclinato CB. Di più essendo uguali i due bracci FK ed FM (per l'eguaglianza dei triangoli rettangoli CFK e CFM) i punti K ed M si sposteranno di segmenti eguali come se fossero congiunti da un filo inestendibile. Ricordando allora quanto fu visto alla pag. 106, avremo:

45) $$Q \cdot KF = P \cdot FS$$

Ma si ha:

46) $$FS = FM \operatorname{sen} FMS = FM \operatorname{sen} \alpha = KF \operatorname{sen} \alpha$$

da cui deduciamo

$$47)\quad Q.KF = P.KF \operatorname{sen} \alpha$$

cioè

$$48)\quad Q = P \operatorname{sen} \alpha ;$$

come già avevamo ottenuto con la dimostrazione di Stevin.

Es. II. Coefficiente ed Angolo di Attrito -- Immaginiamo un punto materiale M posto sopra un piano orizzontale AB, il quale eserciti sul piano stesso una pressione normale uguale a P. Per es. supponiamo che il punto abbia il peso P. Se il piano AB fosse perfettamente levigato, qualunque forza F applicata ad M parallelamente ad AB basterebbe per muovere il punto M. Se invece, come avviene in pratica, il piano fosse un poco scabro, per muovere il punto M occorerà che la forza F sia superiore ad un certo limite L. Il rapporto $\frac{L}{P}$ s'indica, per consuetudine, con f e si chiama <u>Coefficiente d'Attrito.</u>

Nei Manuali d'Ingegneria vi sono apposite tabelle che ne danno il valore per ogni caso.

Se la forza applicata F ha un'intensità uguale ad L cioè a Pf il punto M resta ancora in equilibrio, se lo era precedentemente; però si dice che in tal caso, <u>è prossimo al moto</u>; intendendo con tale locuzione che, se si aumenta F di una quantità piccola a piacere, il punto si muove.

Ciò posto poniamo un punto M di peso P sopra un piano inclinato all'orizzonte di un angolo α, e sia f il coefficiente d'attrito. Vogliamo vedere quali valori possiamo dare ad α perchè M resti in equilibrio.

Sappiamo che la forza S con cui il punto M preme sul piano CB è data da $P\cos\alpha$. <u>Nello stato prossimo al moto</u> la resistenza d'attrito che s'opporrà alla discesa sarà quindi uguale a $Pf\cos\alpha$ e poichè essa è esattamente sufficiente a tenere in equilibrio M, per quanto abbiamo visto, dovrà pure essere uguale a $P\,\mathrm{sen}\,\alpha$. Concludendo dunque avremo:

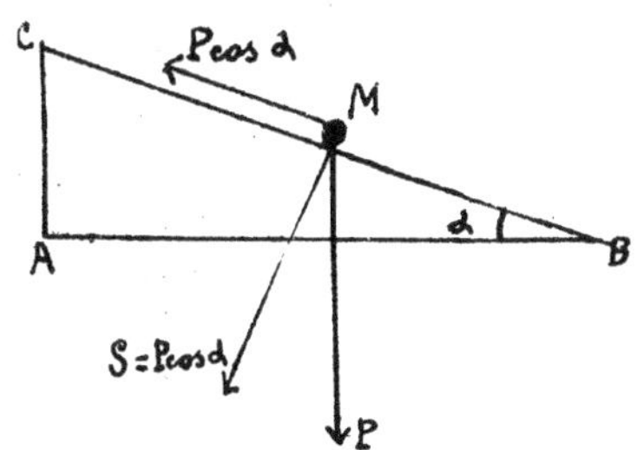

49) $P f \cos\alpha = P\,\mathrm{sen}\,\alpha$

da cui ricaviamo

50) $\mathrm{tg}\,\alpha = f$.

<u>Affinchè dunque un punto pesante M posto sopra un piano inclinato si trovi nello stato prossimo al moto occorre che la tangente dell'inclinazione sia uguale al coefficiente d'attrito.</u>

L'angolo α così calcolato si chiama in Meccanica col nome di <u>Angolo d'Attrito</u>.

Se l'inclinazione del piano fosse minore di α il punto M resterebbe in equilibrio senza essere prossimo al moto: se maggiore, il punto comincerà a discendere giacchè la resistenza d'attrito non è più sufficiente per trattenerlo.

5. Composizione delle Forze

La legge di composizione di due forze applicate ad uno stesso punto materiale era probabilmente ignota agli antichi. Giordano Nemorario nel sec. XIII ne aveva già una vaga idea, giacchè nel suo libro *De Ponderibus* parla di una "gravitas secundum situm„ cioè della componente del peso in una certa direzione.

Leonardo da Vinci (1451-1519), come risulta dai suoi manoscritti, conosceva praticamente la regola di composizione, ma fu *Simone Stevin* (1548-1620) il primo a darne una dimostrazione fondata sopra la teoria del piano inclinato.

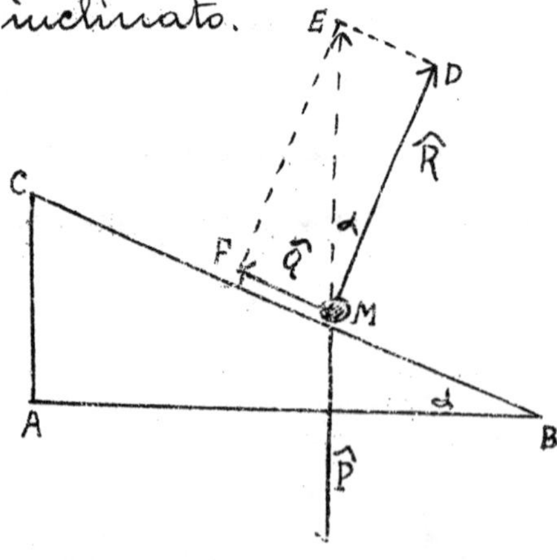

Riprendiamo a tale scopo il punto M in equilibrio sopra il piano inclinato BC sotto l'azione della forza $\hat{Q}$, parallela al piano, del proprio peso $\hat{P}$ e della reazione $\hat{R}$, normale al piano stesso. Poichè le tre forze $\hat{P}$, $\hat{Q}$ ed $\hat{R}$ si fanno equilibrio, ne segue allora, da quanto fu detto nel §1, che <u>la risultante di $\hat{Q}$ ed $\hat{R}$ è uguale a $-\hat{P}$</u>. Ciò posto completiamo il triangolo avente per lati $\hat{Q}$ ed $\hat{R}$ e tracciamo la sua diagonale rappresentata dal vettore E-M.

Consideriamo ora i due triangoli ABC ed MDE: è facile vedere che essi sono <u>simili</u> giacchè sono ambedue rettangoli e, per il teorema di Stevin dimostrato nel §4, i cateti dell'uno sono proporzionali ai cateti dell'altro. Ne segue che l'angolo DME sarà uguale ad α e quindi che il vettore E-M sarà diretto verticalmente, cioè avrà la stessa direzione e il senso contrario rispetto al vettore $\hat{P}$. Troviamone ora il modulo: a tale scopo ricordandoci che i moduli di $\hat{Q}$ ed $\hat{R}$ sono rispettivamente uguali a $\operatorname{sen}\alpha . \operatorname{mod}\hat{P}$ e $\cos\alpha . \operatorname{mod}\hat{P}$, avremo, applicando il teorema di Pitagora al triangolo rettangolo MDE,

$$1) \quad \operatorname{mod}(E-M) = \operatorname{mod}\hat{P}$$

Dunque il vettore E-M ha lo stesso modulo, la stessa direzione e il senso contrario a $\hat{P}$ e perciò si ha:

$$2) \qquad E - M = -\hat{P}$$

Ma, come abbiamo visto, il vettore $-\hat{P}$ è la risultante di $\hat{Q}$ e di $\hat{R}$ ed il vettore E-M è la loro somma: quindi concludendo abbiamo che <u>la risultante di due forze ortogonali applicate ad uno stesso punto materiale è uguale alla loro somma vettoriale.</u>

Passiamo ora al caso generale e supponiamo che ad M siano applicate due forze $\hat{U}$ e $\hat{V}$ comunque disposte. Cerchiamo la loro risultante $\hat{R}$. A tale scopo dopo aver completato il parallelogramma avente per lati $\hat{U}$ e $\hat{V}$ e disegnata la diagonale MC, abbassiamo da A e da B le perpendicolari sopra MC e siano I ed L i punti d'incontro. Conduciamo poi per M la perpendicolare DE alla MC e da A e

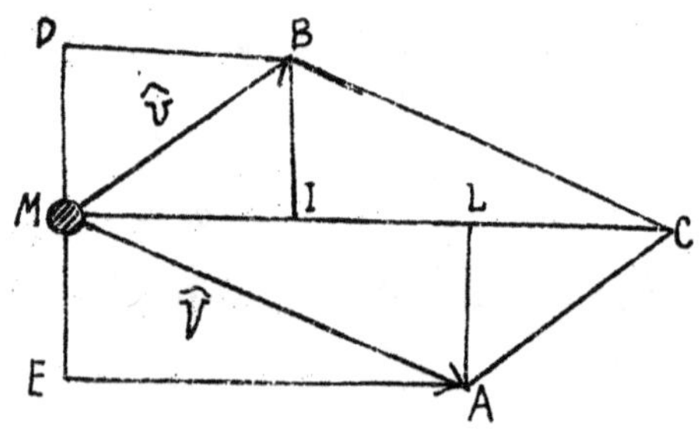

da B tiriamo le parallele alla MC.

Ciò posto i due triangoli rettangoli BIC ed MLA saranno uguali tra loro, avendo l'ipotenusa BC dell'uno uguale all'ipotenusa MA dell'altro ed essendo l'angolo acuto BCI dell'uno uguale all'angolo acuto LMA dell'altro, perchè alterni-interni. Sarà quindi BI eguale ad LA, e perciò nei due rettangoli IBDM e LMEA sarà il lato DM dell'uno uguale al lato ME dell'altro.

Ed ora, applicando il teorema dimostrato, potremo sostituire la forza $\hat{V}$ con le forze rappresentate dai due vettori D-M ed I-M: giacchè essi sono ortogonali ed hanno per somma vettoriale $\hat{V}$. Analogamente potremo sostituire la forza $\hat{V}$ con le forze rappresentate dai vettori E-M ed L-M. Ma i vettori E-M e D-M sono uguali e di segno contrario, come abbiamo già dimostrato; dunque le forze che esse rappresentano si equilibrano tra loro. Restano allora le due forze I-M ed L-M e poichè esse sono sovrapposte la loro risultante sarà uguale alla loro somma, cioè (essendo I-M = C-L) a C-M, vale a dire alla diagonale del parallelogramma costruito su $\widehat{V}$ e $\hat{V}$. Riepilogando dunque vediamo che <u>la risultante di due forze applicate ad uno stesso punto e comunque dirette è uguale alla loro somma vettoriale</u>.

È questo il celebre teorema di Stevin, posto più tardi dal Varignon (1655-1722) a base della "<u>Nouvelle Mecanique</u>."

È facile estendere il procedimento alla composizione di più forze applicate allo stesso punto, o decomporre una forza in tre altre dirette secondo gli assi x, y, z, ecc. adoperando le stesse regole che si hanno per la composizione di più vettori.

A cagione della sua grande importanza si cercarono più tardi altre dimostrazioni indipendenti dalla teoria del piano inclinato e della leva. Senza parlare di Newton (1642-1727) e dello stesso Varignon che si servirono delle leggi della Dinamica, D. Bernouilli e D'Alembert lo dimostrarono fondandosi principalmente sopra il postu-

iato che la risultante di due forze uguali ca=
da sopra la bisettrice dell'angolo interno e
sia funzione continua dell'angolo stesso.
Darboux recentemente ne ha dato una nuo=
va ed elegante dimostrazione fondandosi
sul postulato della continuità ed ammet=
tendo il principio associativo e commutativo.

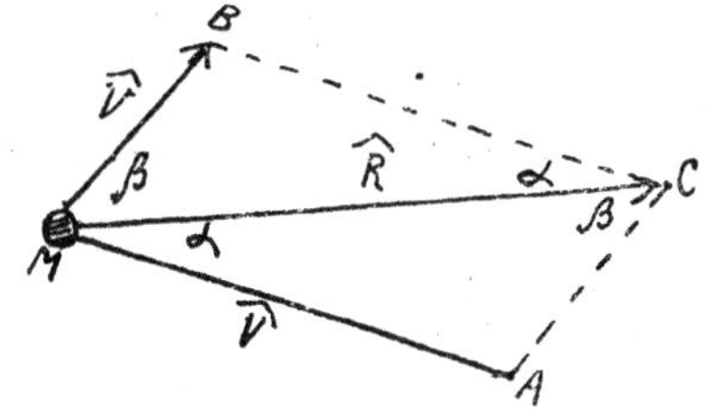

Esaminiamo ora alcune conse=
guenze di questo teorema. Descritto il parallelogram=
ma avente per lati $\hat{U}$ e $\hat{V}$, applichiamo al tri=
angolo MAC il noto teorema di proporziona=
lità tra i lati e i seni degli angoli opposti,
avremo immediatamente indicando, per
brevità con u, v, ed r le intensità delle tre
forze:

$$(3) \qquad \frac{u}{\operatorname{sen}\alpha} = \frac{v}{\operatorname{sen}\beta} = \frac{r}{\operatorname{sen}(\alpha+\beta)}$$

Cioè <u>ciascuna delle tre forze $\hat{U}$, $\hat{V}$ ed $\hat{R}$ ha
intensità proporzionale al seno dell'ango=</u>

lo formato dalle altre due:

D'altra parte applicando ancora al triangolo MBC il teorema del coseno otteniamo:

4) $r^2 = u^2 + v^2 - 2uv\cos MBC$ cioè

5) $r^2 = u^2 + v^2 + 2uv\cos(u,v)$

L'equazione 5) ci permette di calcolare l'intensità della risultante di due forze, conoscendo l'intensità delle componenti e l'angolo che esse formano.

Es. I - Equilibrio di un punto materiale, libero o vincolato. Immaginiamo di avere un punto materiale K a cui siano applicate più forze $\hat{P}_1, \hat{P}_2 \dots \hat{P}_n$. Supponiamo che K sia mobile liberamente nello spazio, e cerchiamo di determinare le condizioni affinchè esso resti in equilibrio.

A tale scopo componiamo tra loro le n forze $\hat{P}_1\ \hat{P}_2 \dots \hat{P}_n$ ed indichiamo con $\hat{R}$ la loro risultante. Potremo immaginare che il punto K sia sottomesso soltanto alla forza $\hat{R}$; ed allora, poichè esso non è sog=

getto ad alcun vincolo, affinchè resti in equilibrio è necessario e basta che si abbia

$$6)\quad \hat{R} = \hat{P}_1 + \hat{P}_2 + \dots \hat{P}_n = 0$$

<u>Cioè affinchè un punto materiale interamente libero sia in equilibrio è necessario e sufficiente che la somma vettoriale delle forze applicate sia eguale allo zero.</u>

Proiettando la 6) sopra i tre assi x, y, z ed indicando con X_i Y_i Z_i le componenti della forza $\hat{P}_i$ avremo allora le equazioni:

$$7)\quad \sum_1^n X_i = 0 \qquad \sum_1^n Y_i = 0 \qquad \sum_1^n Z_i = 0$$

Se le forze $\hat{P}_1$, $\hat{P}_2$ .... $\hat{P}_n$ dipendono dalla posizione del punto K (per es. se K fosse una particella di ferro attratta da più poli magnetici) le X_i Y_i Z_i sono funzioni delle coordinate $x\ y\ z$. Avremo allora tre equazioni con le tre incognite $x\ y\ z$ e quindi potremo, in generale, risolvere il problema.

Supponiamo ora che il punto K sia costretto a muoversi sopra una superficie σ, perfettamente levigata in modo che l'attrito sia trascurabile. Allora alle forze applicate $\hat{P}_1\ \hat{P}_2 \ldots \hat{P}_n$ dovremo aggiungere la reazione $\hat{S}$ della superficie, la quale sarà una certa forza d'intensità ignota e di direzione normale alla superficie stessa.

Ora indicando con $f(x, y, z) = 0$ l'equazione della superficie σ, i coseni che la normale a σ forma con i tre assi sono dati, come sappiamo dalla geometria, dalle formole seguenti:

$$8) \quad \cos\alpha = \frac{\frac{\partial f}{\partial x}}{\sqrt{\left(\frac{\partial f}{\partial x}\right)^2 + \left(\frac{\partial f}{\partial y}\right)^2 + \left(\frac{\partial f}{\partial z}\right)^2}} \qquad \cos\beta = \frac{\frac{\partial f}{\partial x}}{\sqrt{\left(\frac{\partial f}{\partial x}\right)^2 + \left(\frac{\partial f}{\partial y}\right)^2 + \left(\frac{\partial f}{\partial z}\right)^2}}$$

$$\cos\gamma = \frac{\frac{\partial f}{\partial z}}{\sqrt{\left(\frac{\partial f}{\partial x}\right)^2 + \left(\frac{\partial f}{\partial y}\right)^2 + \left(\frac{\partial f}{\partial z}\right)^2}} \quad ;$$

i tre coseni sono quindi funzioni note di x, y, z.

Le 7) divengono allora, indicando per brevità con λ l'intensità di $\hat{S}$,

$$8) \quad \lambda\cos\alpha + \sum_1^n X_i = 0 \qquad \lambda\cos\beta + \sum_1^n Y_i = 0 \qquad \lambda\cos\gamma + \sum_1^n Z_i = 0$$

Di più le coordinate del punto debbono soddisfare l'equazione:

$$9) \quad f(x, y, z) = 0$$

giacchè K, per ipotesi, è costretto a rimanere sopra la superficie σ.

Se immaginiamo quindi che le forze applicate siano funzioni della posizione del punto, avremo quattro equazioni -(8) e (9)- con quattro incognite (x, y, z, λ) e quindi potremo, in generale, risolvere il problema.

Se infine il punto K fosse costretto a muoversi sopra una curva c, considereremo la c come intersezione di due superfici σ_1 e σ_2. Alle forze applicate $\widehat{P_1}$ $\widehat{P_2}$ .... $\widehat{P_n}$ dovremo allora aggiungere le reazioni normali delle due superfici ecc.

Es. II - Cenni sopra la teoria delle travature.

L'applicazione, praticamente più importante, delle equazioni (7) ha luogo nella Teoria delle Travature.

Chiameremo Travatura un sistema di aste rigide, rettilinee, congiunte tra loro agli estremi: i punti di congiunzione, in cui concorrono più aste, si chiamano Nodi.

Supporremo che la travatura sia indeformabile e immagineremo che le forze che la sollecitano siano applicate soltanto ai Nodi. Come esempio di travature citeremo le comuni Incavallature o Capriate.

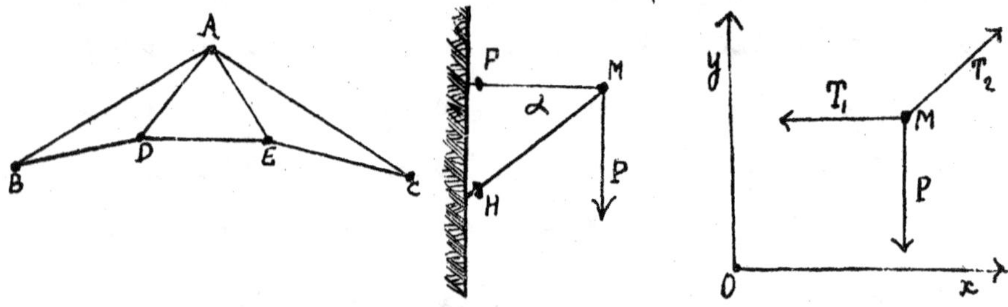

Ciò posto, la teoria delle travature si propone di ricercare le tensioni o pressioni a cui sono sottoposte le singole aste, conoscendo le forze esterne (per es. i pesi) che sono applicate ai nodi. Il principio fondamentale è il seguente: ogni nodo è in equilibrio sotto l'azione delle tensioni (o pressioni) delle aste che vi concorrono e delle forze esterne ad esso applicate. Ciò posto s'immaginano tolte le aste e sostituite con le loro azioni e si scrivono poi le equazioni di equilibrio di ogni sin golo nodo, considerato come un punto libero.

Per es. sia una travatura (mensola) formata di due aste FM ed MH, poste in un piano verticale, e le quali siano articolate in un estremo alle cerniere F ed H fissate ad una parete verticale e con l'altro estremo concorrano nel nodo M. Immaginiamo poi che FM sia orizzontale, HM formi un angolo α con l'orizzonte e che al nodo M venga applicato un certo peso P. Vogliamo calcolare la tensione T_1 a cui è sottoposta l'asta orizzontale (tirante) e la pressione T_2 a cui è sottoposta l'asta obliqua (puntone). A tal fine supponiamo tolte le aste e sostituite con le loro azioni: il nodo M sarà allora in equilibrio sotto l'azione delle forze T_1 T_2 e P. Preso come piano xy il piano verticale su cui giace il triangolo FMH, scelto l'asse y verticale e l'asse x orizzontale le 7) divengono:

$$10)\quad \Sigma X_i = -T_1 + T_2 \cos\alpha = 0$$

$$11)\quad \Sigma Y_i = T_2 \operatorname{sen}\alpha - P = 0$$

mentre la terza equazione $\Sigma Z_i = 0$ si riduce ad una identità. Abbiamo allora risolvendo:

$$12) \qquad T_2 = \frac{P}{\operatorname{sen}\alpha}$$

$$13) \qquad T_1 = T_2 \cos\alpha = P \operatorname{cotg} \alpha$$

Conoscendo quindi il peso P e l'angolo α la 12) e la 13) ci danno immediatamente T_1 e T_2.

In generale però gl'ingegneri fanno uso, per brevità, dell'equazione vettoriale (6) servendosi di procedimenti grafici, secondo le norme suggerite dalla Statica Grafica.

Es. III - Applicazione al piano inclinato.

Immaginiamo di avere un punto materiale M posto sopra un piano inclinato all'orizzonte dell'angolo α. Indichiamo con P il peso del punto ed applichiamo ad esso una forza $\hat{Q}$ che formi un angolo ϑ col piano stesso. Vogliamo trovare l'intensità da darsi a $\hat{Q}$ affinchè M resti in equilibrio. A tale scopo osserviamo che il punto M sarà

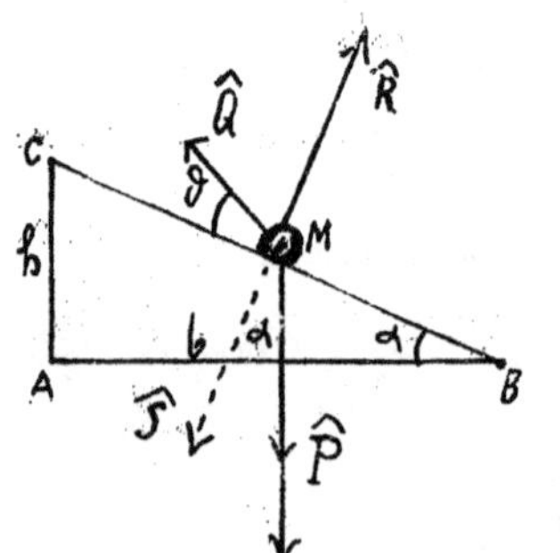

sollecitato dalla forza $\hat{Q}$, dal proprio peso P e dalla reazione normale del piano $\hat{R}$. Se M è in equilibrio questre tre forze $\hat{P}$ $\hat{Q}$ ed $\hat{R}$ dovranno equilibrarsi tra loro, e quindi la risultante di $\hat{P}$ e $\hat{Q}$ sarà uguale a $-\hat{R}$ cioè ad $\hat{S}$.

Indicando allora per brevità con P e Q l'intensità di $\hat{P}$ e $\hat{Q}$ abbiamo da 3)

$$14) \qquad \frac{Q}{\operatorname{sen} \alpha} = \frac{P}{\operatorname{sen}\left(\frac{\pi}{2} + \theta\right)}$$

da cui ricaviamo

$$15) \qquad Q = P \frac{\operatorname{sen} \alpha}{\cos \theta}$$

Come caso particolare se $\hat{Q}$ è diretta da M verso C si ha $\theta = 0$ e quindi ne risulta $Q = P \operatorname{sen} \alpha$, come già avevamo dimostrato. Se invece $\hat{Q}$ fosse parallela ad AB si avrebbe $\theta = -\alpha$ e quindi la 15) ci darebbe

$$16) \qquad Q = P \operatorname{tg} \alpha = P \frac{h}{b}$$

cioè

$$17) \qquad \frac{Q}{P} = \frac{h}{b}$$

vale a dire quando nel piano inclinato la potenza è parallela alla base essa sta al peso del punto materiale come l'altezza sta alla base

Es. IV – Angolo utile ed intensità minima della forza necessaria a porre in movimento un punto pesante sopra un piano orizzontale con attrito.

Immaginiamo di avere un punto

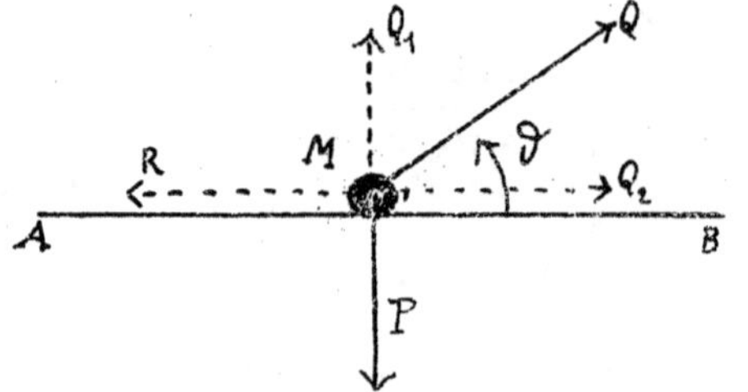

materiale M di peso P posto sopra un piano orizzontale AB e sia f il coefficiente d'attrito. Applichiamo ad M una forza la quale faccia un angolo ϑ col piano AB, e di intensità Q tale che M si trovi nello stato prossimo al moto. Vogliamo determinare l'angolo ϑ in modo che Q risulti minima. A tal fine decomponiamo la forza stessa in due componenti, una normale e l'altra giacente sopra AB. Dalla regola di composizione le loro intensità Q_1 e Q_2 risulteranno uguali rispettivamente a $Q \operatorname{sen} \vartheta$ e $Q \cos \vartheta$.

Ciò posto, la pressione che M esercita sul piano AB sarà uguale a $P - Q_1$ cioè a $P - Q \operatorname{sen} \vartheta$ e quindi, nello stato prossimo al moto, la resistenza d'attrito avrà un'intensità R uguale ad $f(P - Q \operatorname{sen} \vartheta)$. Allora nello stato prossimo al moto avremo:

$$18) \qquad Q_2 = f(P - Q \operatorname{sen} \vartheta)$$

cioè

$$19) \qquad Q \cos \vartheta = f(P - Q \operatorname{sen} \vartheta)$$

da cui ricaviamo risolvendo rispetto a Q:

$$20) \qquad Q = \frac{fP}{\cos \vartheta + f \operatorname{sen} \vartheta}$$

L'intensità Q della forza da applicarsi è quindi funzione dell'angolo ϑ: affinchè essa sia minima, la sua derivata rispetto a ϑ dovrà essere uguale a zero. La 20) ci dà allora:

$$21) \qquad -\operatorname{sen} \vartheta + f \cos \vartheta = 0$$

cioè:

$$22) \qquad \operatorname{tg} \vartheta = f.$$

La derivata seconda risulta poi positiva, ciò che assicura l'esistenza del minimo.
La 20) può ora scriversi sotto la forma

$$23)\quad Q = \frac{f P / \cos\vartheta}{1 + f \operatorname{tg}\vartheta} = \frac{f P \sec\vartheta}{1 + f \operatorname{tg}\vartheta}$$

Ma dalla 22) abbiamo

$$24)\quad \sec\vartheta = \sqrt{1 + \operatorname{tg}^2\vartheta} = \sqrt{1 + f^2}$$

e quindi la 23) diviene

$$25)\quad Q = \frac{f P \sqrt{1 + f^2}}{1 + f^2} = \frac{f P}{\sqrt{1 + f^2}}$$

Cioè affinchè la forza da applicarsi ad M per porlo nello stato prossimo al moto riesca minima, essa deve fare con AB un angolo uguale all'angolo d'attrito e la sua intensità è allora uguale ad $\frac{f P}{\sqrt{1+f^2}}$.

Così per es. se si avesse $f = 1$ la forza necessaria a porre M nello stato prossimo al moto deve essere uguale, almeno, al suo peso diviso per $\sqrt{2}$: e l'angolo più vantaggioso sarebbe 45°.

6. Sistemi di Forze - Coppie

Abbandonando per un momento l'ordine storico, parleremo di una teoria che può considerarsi come l'estensione naturale della regola del parallelogramma. Essa è fondata in gran parte sui lavori del Poinsot, il quale studiò profondamente la teoria delle coppie nei suoi "Elementi di Statica" (1804).

Cominciamo dal premettere alcune definizioni.

Abbiamo già visto a pag 38 come si definisce il Momento $\widehat{M}_i$ di una $\widehat{F}_i$ rispetto ad un punto O. Ciò posto immaginiamo di avere un sistema S di forze $\widehat{F}_1, \widehat{F}_2 \dots \widehat{F}_n$ applicate ai punti $P_1\ P_2 \dots P_n$. Sia $\widehat{R}$ la loro somma vettoriale ed $\widehat{M}$ il momento del sistema rispetto ad un punto O che chiameremo col nome di Centro di Riduzione.

Avremo allora:

$$1) \qquad \widehat{R} = \widehat{F}_1 + \widehat{F}_2 + \dots \widehat{F}_n = \sum_1^n \widehat{F}_i$$

2) $\widehat{M} = \widehat{M}_1 + \widehat{M}_2 + \dots \widehat{M}_n = \sum_1^n \widehat{M}_i = \sum_1^n (P_i - O) \wedge \widehat{F}_i$

La proiezione dei due vettori $\widehat{R}$ ed $\widehat{M}$ sopra gli assi x, y, z uscenti da O si chiameranno coordinate del sistema S. Un sistema di forze ha dunque sei coordinate. Poichè il prodotto vettoriale gode della proprietà distributiva è chiaro che se noi componiamo tra loro o decomponiamo alcune delle forze $\widehat{F}_1\ \widehat{F}_2 \dots \widehat{F}$, tenendo fisso il punto O, non varierà $\widehat{M}$ ed evidentemente nemmeno $\widehat{R}$. Non si alterano dunque le coordinate di un sistema di forze sottoponendo queste forze ad operazioni di composizione e decomposizione. Se facciamo muovere il punto O, il vettore $\widehat{R}$ resta inalterato, mentre $\widehat{M}$ varia come apparisce dalla 2). Però io dico che il prodotto interno $\widehat{M} \times \widehat{R}$ resta inalterato.

Infatti preso un nuovo centro di riduzione O' abbiamo

3) $\widehat{M}' = \sum_1^n (P_i - O') \wedge \widehat{F}_i$

e quindi

$$4) \qquad \hat{M}' \times R = \left[\sum_1^n (P_i - O') \wedge \hat{F}_i \right] \times \hat{R} = \left[\sum_1^n (P_i - O + O - O') \wedge \hat{F}_i \right] \times \hat{R} =$$

$$= \left[\Sigma (P_i - O) \wedge \hat{F}_i \right] \times \hat{R} + \left[(O - O') \wedge \sum_1^n \hat{F}_i \right] \times \hat{R} =$$

$$= \quad \hat{M} \times \hat{R} + \left[(O - O') \wedge \hat{R} \right] \times \hat{R}.$$

Ora il prodotto esterno $(O-O') \wedge \hat{R}$ è un vettore $\hat{V}$ certamente normale ad $\hat{R}$: dunque il suo prodotto interno per $\hat{R}$ sarà uguale a zero. Quindi l'ultimo termine si annulla e noi avremo semplicemente

$$5) \qquad \hat{M}' \times \hat{R} = \hat{M} \times \hat{R}$$

cioè il prodotto interno $\hat{M} \times \hat{R}$ non varia se invece di prendere per centro di riduzione il punto O, noi scegliamo un altro punto O'. Per questa ragione esso si chiama <u>Invariante del sistema</u> e s'indica, in generale, con la lettera I.

Fra i sistemi di forze hanno particolare importanza le <u>Coppie</u>, cioè i sistemi composti di due sole forze uguali, parallele e di senso opposto, $\hat{F}$ e $-\hat{F}$. Vedemmo già nella teoria delle forze parallele come una coppia non possa ridursi ad una sola forza, perchè il denominatore delle formole della pag. 98 diverrebbe uguale a zero.

La distanza d che interce-de tra le due forze parallele, si chiama Braccio della cop-pia. Determiniamo ora il momento $\widehat{M}_c$ di una coppia rispetto al centro di riduzio-ne O. Avremo per definizione:

$$6) \quad \widehat{M}_c = (A-O)\wedge\widehat{F} + (B-O)\wedge(-\widehat{F}) =$$

$$= [(A-O)-(B-O)]\wedge\widehat{F} = (A-B)\wedge\widehat{F}$$

Cioè il momento di una coppia è indipen-dente dal centro O: esso ha lo stesso valore ri-spetto a tutti i punti dello spazio. Si ha poi facilmente

$$7) \quad \text{Mod}\ \widehat{M}_c = \text{mod}\,(A-B)\,.\,\text{mod}\,\widehat{F}\,\text{sen}\,\vartheta = d\,.\,\text{mod}\,\widehat{F}$$

Cioè il momento di una coppia è un vettore normale al piano della coppia stessa ed u-guale in modulo all'intensità comune del-le due forze moltiplicata per il braccio d.

Chiameremo poi col nome di Diname il sistema composto di una coppia e di una forza normale al piano della coppia: cioè l'insieme di una forza $\hat{F}$ e di una coppia il cui momento $\hat{M}_c$ abbia la stessa direzione di $\hat{F}$. Ciò posto dimostriamo i seguenti teoremi:

Teor. I. Un sistema qualsiasi di forze può sempre ridursi a due forze.

Sia il sistema S formato dalle forze $\hat{F}_1\ \hat{F}_2 \dots \hat{F}_n$ applicate ai punti $P_1\ P_2 \dots P_n$. Prendiamo tre punti non allineati A B C e congiungiamo il punto P_1 con A, B, e C. Potremo allora decomporre la forza $\hat{F}_1$ in tre forze passanti per A B C. Procedendo analogamente per le forze $\hat{F}_2, \hat{F}_3 \dots \hat{F}_n$ verremo a sostituire il sistema dato S con 3 n forze di cui n passino per A, n per B ed

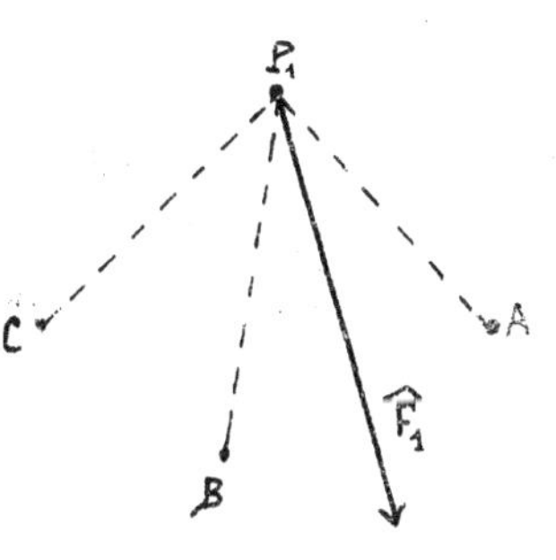

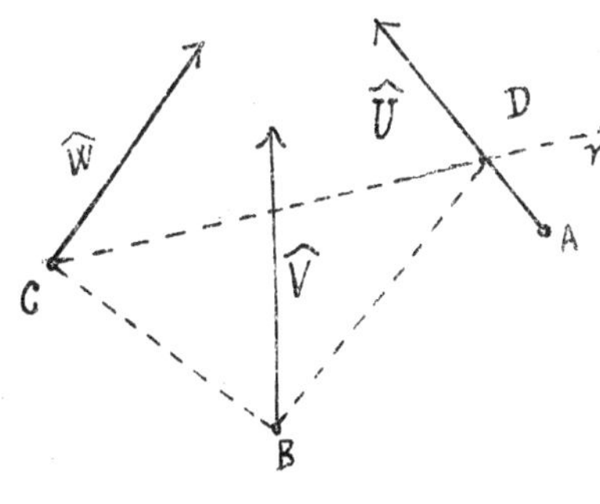

n per C. Componendo le forze passanti per A, poi quelle passanti per B ed infine quelle passanti per C avremo tre sole forze $\hat{U}$ $\hat{V}$ e $\hat{W}$ in generale sghembe tra loro.

Ciò posto, per il punto C conduciamo una retta r che si appoggi sopra le linee d'azione delle forze $\hat{V}$ e $\hat{U}$ e sia D il punto in cui essa incontra la forza $\hat{U}$. Potremo immaginare che $\hat{U}$ sia applicata in D, e poi considerando che $\hat{V}$ giace nel piano del triangolo CBD la decomporremo in due forze $\hat{V}_1$ e $\hat{V}_2$ secondo BC e BD. Il nostro sistema S si riduce allora a quattro forze e cioè $\hat{V}_1$ e $\hat{W}$ applicate in C e $\hat{V}_2$ ed $\hat{U}$ applicate in D. Componendole avremo una forza $\hat{\Phi}$ applicata in C ed una forza $\hat{\Psi}$ applicata in D. Il sistema S si riduce dunque alle due forze $\hat{\Phi}$ e $\hat{\Psi}$ come dovevamo dimostrare.

Teor. II: <u>Un sistema qualsiasi di coppie può sempre ridursi ad una sola coppia.</u>

Supponiamo di avere n coppie e cioè la coppia C_1 composta delle forze $\hat{F}_1$ e $-\hat{F}_1$, la coppia C_2 composta di $\hat{F}_2$ e $-\hat{F}_2$, la coppia C_3 composta di $\hat{F}_n$ e $-\hat{F}_n$. Componendo queste $2n$ forze ci ridurremo a due sole forze $\hat{\Phi}$ e $\hat{\Psi}$. Ma sappiamo che componendo un sistema di forze la loro somma vettoriale $\hat{R}$ resta inalterata. Ora la somma vettoriale delle $2n$ forze $\hat{F}_1, -\hat{F}_1, \hat{F}_2, -\hat{F}_2, \dots \hat{F}_n, -\hat{F}_n$ è uguale al loro zero. Dunque sarà $\hat{\Phi} + \hat{\Psi} = 0$, cioè $\hat{\Phi} = -\hat{\Psi}$ e quindi il sistema risultante costituisce ancora una coppia.

Teor. III: Un sistema qualsiasi di forze può sempre ridursi ad una coppia e ad una forza.

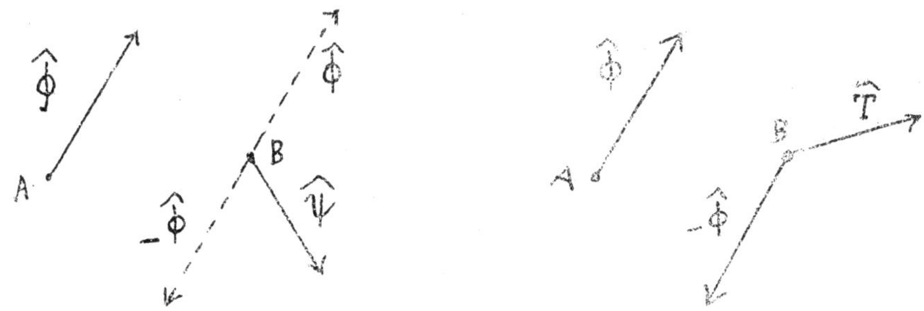

Sia il sistema S composto dalle forze $\hat{F}_1, \hat{F}_2 \dots \hat{F}_n$. Riduciamole a due forze $\hat{\Phi}$ e $\hat{\Psi}$ e siano A e B i loro punti d'applicazione. Poi applichiamo in B due forze uguali e contrarie $\widehat{\Phi}$ e $-\widehat{\Phi}$ ciò che non altera in nulla il sistema e quindi componiamo la forza $\widehat{\Phi}$ e la forza $\widehat{\Psi}$ applicate ambedue in B, ottenendo la forza $\widehat{T}$. Il nostro sistema si ridurrà allora alla forza $\widehat{T}$ e alla coppia $\widehat{\Phi}$ e $-\widehat{\Phi}$.

Teor. IV. Un sistema qualsiasi di forze può sempre ridursi ad una Dinamе.

Immaginiamo d'aver ridotto il nostro sistema S alla forza $\widehat{T}$ applicata in B e alla coppia $\widehat{\Phi}$ e $-\widehat{\Phi}$. Sia $\widehat{M}_c$ il momento della coppia.

Ciò posto prendiamo una quantità scalare λ determinata dall'equazione.

$$8)\qquad \lambda = \frac{\widehat{M}_c \times \widehat{T}}{(\operatorname{mod} T)^2}$$

ed indichiamo con $\widehat{K}$ il vettore $\lambda\widehat{T} - \widehat{M}_c$.
Avremo allora in virtù della 8)

$$9)\quad 0 = \lambda(\operatorname{mod} T)^2 - \widehat{M}_c \times \widehat{T} = (\lambda\widehat{T} - \widehat{M}_c) \times \widehat{T} = \widehat{K} \times \widehat{T}$$

Poichè quindi il prodotto interno

dei due vettori $\widehat{K}$ e $\widehat{T}$ è uguale allo zero, essi saranno normali tra loro:

Ed ora prendiamo un punto O tale che si abbia

$$10) \qquad (B-O)\wedge\widehat{T} = \widehat{K}$$

ciò che è certamente possibile perchè i due vettori $\widehat{T}$ e $\widehat{K}$ sono ortogonali, come abbiamo già visto.

Allora scegliendo come centro di riduzione il punto O e ricordando che il momento $\widehat{M}$ del sistema rispetto ad O è uguale a quello della forza $\widehat{T}$ applicata in B più quello della coppia avremo:

$$11) \quad \widehat{M} = (B-O)\wedge\widehat{T} + \widehat{M}_c = \widehat{K} + \widehat{M}_c\,,$$

ed essendo $\widehat{K} = \lambda\widehat{T} - \widehat{M}_c$ la 11) diviene

$$12) \quad \widehat{M} = \lambda\widehat{T}.$$

Quindi i due vettori $\widehat{M}$ e $\widehat{T}$ essendo λ una quantità scalare avranno la stessa direzione. Cioè <u>il momento del sistema rispetto ad O è un vettore parallelo a T.</u>

Ciò posto applichiamo in O due forze uguali e contrarie $\hat{T}$ e $-\hat{T}$. Il nostro sistema si riduce allora ad una forza $\hat{T}$ applicata in O, alla coppia $\hat{\Phi}$ e $-\hat{\Phi}$ e alla coppia formata dalla forza $\hat{T}$ applicata in B e $-\hat{T}$ applicata in O. Componendo queste due coppie il nostro sistema ridotto alla forza $\hat{T}$ applicata in O e ad una coppia di momento $\hat{M}$. Ma $\hat{M}$ è parallelo a $\hat{T}$ dunque il piano della coppia sarà normale a $\hat{T}$. In definitiva quindi avremo ridotto il sistema ad una forza $\hat{T}$ passante per O e ad una coppia normale alla forza stessa, cioè ad una Diname.

Teor. V. <u>Dato un sistema qualsiasi di forze esiste sempre una retta</u> a (<u>detta Asse Centrale del Sistema</u>) <u>tale che, prendendo per centro di riduzione uno qualunque dei suoi punti, il sistema si riduce ad una Diname. Questa retta è parallela alla somma vettoriale delle forze, $\hat{R}$.</u>

Scelto il punto O come è stato visto nel

Teor. IV, facciamo passare per O una retta parallela ad $\hat{R}$ e prendiamo un suo punto qualsiasi O' come centro di riduzione. Avremo allora, poichè i vettori O'-O ed $\hat{R}$ hanno la stessa direzione:

$$13) \qquad O'-O = \lambda \hat{R}$$

dove λ è una quantità scalare.

Ciò posto, dico che il momento $\hat{M}'$ del sistema rispetto al punto O' è uguale al momento $\hat{M}$ del sistema rispetto al punto O.

Infatti, indicando con $\hat{F}_i$ le forze e con P_i i loro punti di applicazione, abbiamo:

$$14) \quad \hat{M}' = \sum_1^n (P_i - O') \wedge \hat{F}_i = \sum_1^n \left[(P_i - O) + (O - O') \right] \wedge \hat{F}_i =$$

$$= \sum_1^n (P_i - O) \wedge \hat{F}_i + (O - O') \wedge \sum_1^n \hat{F}_i =$$

$$= \hat{M} + \lambda \hat{R} \wedge \hat{R} = \hat{M}$$

Ma $\hat{M}$ è parallelo ad $\hat{R}$ dunque anche $\hat{M}'$ sarà parallelo ad $\hat{R}$. Se dunque scegliamo come centro di riduzione il punto O' ed operiamo come vedemmo nel teorema IV il nostro sistema di forze si ridurà ad una Diname. Ora O' è un punto preso a piacere sulla retta passante per O e parallela ad $\hat{R}$. Dunque questa proprietà vale per tutti i suoi punti

c. d. d.

Es. I - Trovare le condizioni di equilibrio di un corpo rigido, a cui siano applicate n forze $\hat{F}_1$ $\hat{F}_2$ .... $\hat{F}_n$.

Scelto un centro di riduzione O a piacere (per es. l'origine) il nostro sistema si ridurrà ad una forza $\hat{R} = \sum_1^n \hat{F}_i$ passante per O e ad una coppia di momento $\hat{M}$ eguale al momento delle forze rispetto ad O. È chiaro che se $\hat{R}$ ed $\hat{M}$ sono simultaneamente uguali a zero il corpo rigido sarà in equilibrio essendo nulle la forza e la coppia. Esaminiamo ora se questa condizione certamente sufficiente sia anche necessaria. Supponiamo per es. che sia $\hat{M} = 0$ ed $\hat{R}$ diverso da zero; allora il corpo si troverà sollecitato da una forza $\hat{R}$ applicata nel punto O, e poichè nulla le si oppone è chiaro che esso non può rimanere in equilibrio. Analogamente si dica se $\widehat{R}$ è uguale allo zero ed $\widehat{M}$ è differente da zero. Supponiamo infine che tanto $\widehat{M}$ quanto $\widehat{R}$ siano simultaneamente diversi da zero e vediamo se il corpo può restare in equilibrio. Ammettiamo per un momento che la cosa sia possibile, e rendiamo fisso un punto P del corpo situato sulla linea d'azione della forza $\widehat{R}$. La $\widehat{R}$ allora sarà distrutta dalla reazione del punto P e quindi il corpo, restando sottomesso soltanto alla coppia $\widehat{M}$, non potrà rimanere in equilibrio. Dunque l'equilibrio sarebbe perduto col rendere fisso un punto del corpo, ciò che mostra che la nostra ipotesi era assurda. Concludendo quindi vediamo che <u>affinchè un corpo rigido sia in equilibrio è necessario e sufficiente che si abbia $\widehat{R}=0$ ed $\widehat{M}=0$.</u>

Si dimostra poi facilmente che

se queste condizioni sono verificate prendendo per centro di riduzione il punto O, lo saranno anche se prendiamo per centro di riduzione un altro punto qualsiasi O'.
Infatti essendo $\widehat{R}=0$ il nostro sistema di forze $\widehat{F}_1\ \widehat{F}_2 \dots \widehat{F}_n$ si ridurrà ad una coppia. Ma il momento di una coppia è lo stesso rispetto a tutti i punti dello spazio: dunque se esso era zero rispetto al punto O lo sarà anche rispetto al punto O'.

Proiettando ora sui tre assi x, y, z uscenti da O, le due equazioni vettoriali $\widehat{R}=0$ ed $\widehat{M}=0$ diventano:

$$15)\quad \sum_1^n X_i=0 \qquad \sum_1^n Y_i=0 \qquad \sum_1^n Z_i=0$$

$$16)\quad L=0 \qquad M=0 \qquad N=0$$

dove con L M ed N abbiamo indicato i momenti del sistema rispetto agli assi. Le 15) sono l'equazioni dell'equilibrio di un corpo rigido, sotto forma scalare.
Esaminiamo ora il caso particolare di un sistema rigido piano (situato per es. nel piano x, y) e sottomesso a forze giacen-

ti in questo piano. Allora l'equazione $\sum_1^n Z_i = 0$ diviene un'identità. E così pure sono identicamente soddisfatte l'equazioni $L = 0$ ed $M = 0$; giacchè le forze giacendo tutte sul piano xy incontreranno gli assi stessi o saranno loro parallele; e quindi i momenti rispetto agli assi x ed y sono certamente nulli. Resta l'ultima equazione $N = 0$; ma ora, essendo l'asse z perpendicolare al piano su cui si trovano tutte le forze cioè al piano xy, il momento rispetto all'asse z sarà uguale al momento rispetto all'origine, N_o. Quindi, in questo caso, le 15) e 16) si riducono a

$$17) \quad \sum_1^n X_i = 0 \qquad \sum_1^n Y_i = 0 \qquad N_o = 0$$

Es. II. Sistemi non rigidi. Supponiamo ora che i punti $P_1\ P_2 \ldots P_n$ a cui sono applicate le forze $\widehat{F}_1 . \widehat{F}_2 \ldots \widehat{F}_n$ non siano rigidamente connessi tra di loro. Supponiamo che il sistema sia in equilibrio. Allora è chiaro che rendendo rigidi i legami che uniscono gli n punti, l'equilibrio sarà a maggior ragione conservato e quindi dovranno essere verificate le equazioni $\hat{R}=0$, $\hat{M}=0$.

Esaminiamo ora il caso contrario: supponiamo cioè che siano verificate l'equazioni $\hat{R}=0$ ed $\hat{M}=0$ e vediamo se il sistema sarà in equilibrio. È chiaro che la risposta è negativa: basta pensare per es. a due punti P_1 e P_2 collegati da un filo elastico. Se noi applichiamo a P_1 ed a P_2 due forze uguali e contrarie, in modo da allungare il filo elastico che li unisce, i due punti si porranno in movimento allontanandosi l'uno dall'altro. Eppure, in questo caso, trattandosi di due forze uguali e contrarie aventi la stessa linea d'azione si ha $\hat{R}=0$ ed $\hat{M}=0$.

<u>Ne concludiamo dunque che nel caso di sistemi non rigidi le 15) e 16) sono necessarie, ma non sufficienti per l'equilibrio.</u>

Es. III: Una scala AB pesante omogenea è appoggiata ad una parete verticale. Supponiamo nullo l'attrito e immaginiamo quindi che la scala sia sostenuta da una fune disposta come in figura. Vogliamo determinare la tensione a cui sarà sottoposta la fune stessa.

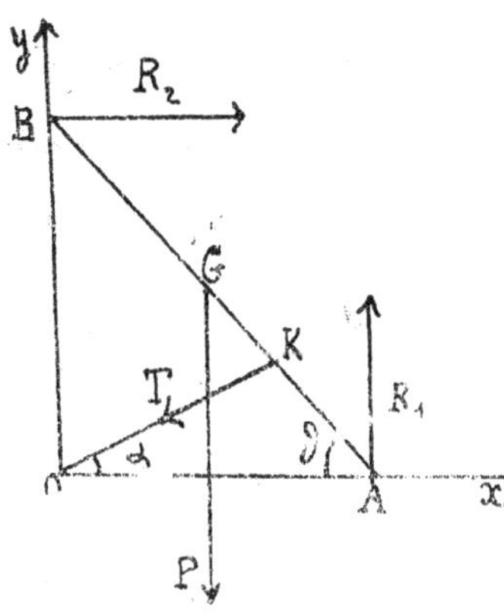

Immaginiamo la scala ridotta ad un'asta omogenea AB di lunghezza l e di peso P e posta in un piano verticale π. Prendiamo le intersezioni del piano π col pavimento e con la parete come assi x ed y; e supponiamo che la fune unisca l'origine con un punto K della scala. Sia α l'angolo KOA e ϑ l'angolo BAO. Le forze che agiscono sopra l'asta AB sono allora quattro e cioè:

1) La reazione del pavimento R_1 applicata in A.

2) La reazione della parete R_2 appli=

cata in B,

3) La tensione della fune T applicata in K.

4) Il peso proprio P che possiamo considerare applicato nel centro di gravità dell'asta AB cioè nel suo punto di mezzo G.

Per l'equilibrio applichiamo le equazioni 17). Avremo allora:

18) $\sum_{1}^{4} X_i = R_2 - T\cos\alpha = 0$

19) $\sum_{1}^{4} Y_i = R_1 - T\,\text{sen}\,\alpha - P = 0$

20) $N_0 = R_1 l\cos\vartheta - R_2 l\,\text{sen}\,\vartheta - P\frac{l}{2}\cos\vartheta = 0$

Ricavando R_1 ed R_2 dalla 19) e 18) avremo:

21) $R_1 = P + T\,\text{sen}\,\alpha$

22) $R_2 = T\cos\alpha$

e sostituendo nella 20) dopo averla divisa per l, otteniamo:

23) $P\cos\vartheta + T\,\text{sen}\,\alpha\cos\vartheta - \frac{P}{2}\cos\vartheta - T\cos\alpha\,\text{sen}\,\vartheta = 0$

cioè portando nel secondo membro i termini contenenti T

24) $T(\text{sen}\,\vartheta\cos\alpha - \text{sen}\,\alpha\cos\vartheta) = \frac{P}{2}\cos\vartheta$

e quindi infine:

$$25) \qquad T = \frac{P\cos\vartheta}{2\,\mathrm{sen}(\vartheta-\alpha)}$$

Le 21) e 22) ci danno le reazioni del pavimento e della parete e la 25) la tensione della fune.

Vediamo come varia T quando facciamo variare l'angolo α. Se $\alpha = 0$, cioè se il punto K ove è applicata la fune coincide con A, si ha semplicemente:

$$26) \quad T = \frac{P\cos\vartheta}{2\,\mathrm{sen}\,\vartheta} = \frac{P\,\mathrm{cotg}\,\vartheta}{2}$$

e in questo caso, poichè il denominatore ha il massimo valore ammissibile, la tensione T riesce <u>minima</u>. Man mano che si fa aumentare l'angolo α, il denominatore $2\,\mathrm{sen}(\vartheta-\alpha)$ diminuisce e quindi la tensione della fune <u>va crescendo</u>. Se il punto d'attacco della fune K viene a coincidere con G si ha allora $\alpha = \vartheta$ (poichè il punto medio dell'ipotenusa di un triangolo rettangolo è equidistante dai tre vertici e quindi in tal caso, il triangolo OKA diviene isoscele) e allora secondo la 25) T diviene infinita. Ciò significa semplicemente che se $\vartheta = \alpha$ le tre equazioni 18) 19) e 20) sono incompatibili e allora l'equilibrio è impossibile. Infatti se immaginiamo che la scala si muova slittando sul pavimento il punto G, dovendo restare sempre equidistante dai tre vertici A, B ed O, descriverà un arco di cerchio avente per centro O. La fune perciò non potrà in nessun modo impedire la caduta, giacchè mentre la scala si muove il punto G resta equidistante da O. Se infine supponiamo che K si trovi tra G e B sarà $\alpha > \vartheta$ e quindi dalla 25) T risulterà negativa. La tensione cioè si trasforma in pressione e quindi per sostenere la scala è necessario allora sostituire la fune con un puntone.

Man mano che K si avvicina a B la pressione a cui è sottomesso il puntone va diminuendo; e infine quando K coincide con B si ha semplicemente:

$$27)\quad T = \frac{P\cos\vartheta}{2\,\mathrm{sen}(\vartheta-90)} = -\frac{P}{2}$$

mentre la 21) diviene:

$$28)\quad R_1 = P + T = \frac{P}{2}$$

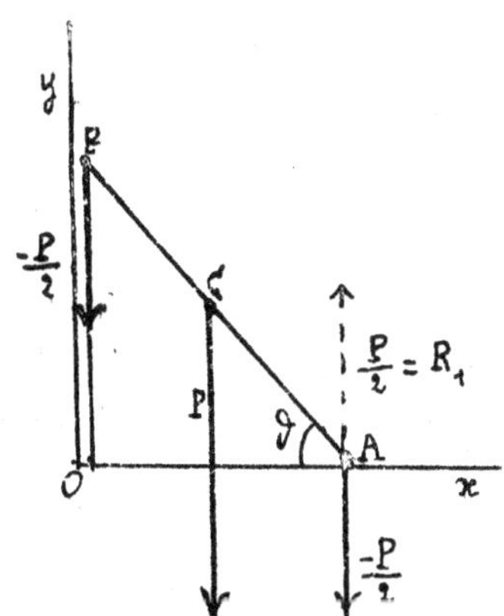

Infatti, in tal caso, secondo quanto abbiamo visto nella teoria delle forze parallele, il peso P della scala si scarica metà sul pavimento in A, e metà sul punto OB.

Es. IV - Trovare le condizioni di equilibrio di una scala appoggiata, tenendo conto dell'attrito col pavimento.

Supponiamo la scala posta in un piano verticale come nel caso precedente e sia l la sua lunghezza ed f il coefficiente d'attrito col pavimento. Trascurando per semplicità

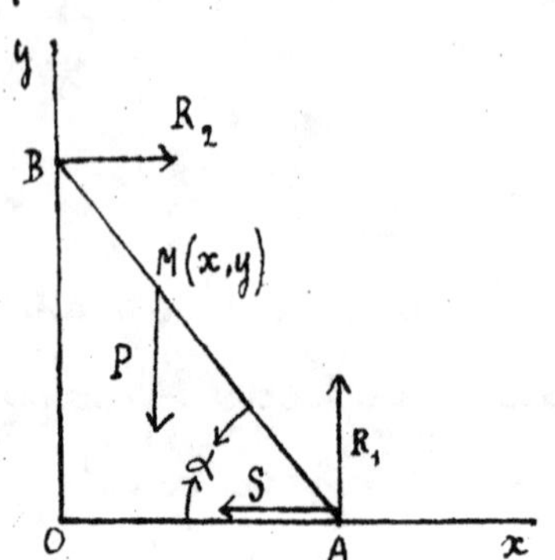

il peso della scala, che supporremo leggierissima, immaginiamo che su di essa vi sia un uomo M di peso P.

Vogliamo vedere sotto quali condizioni la scala è in equilibrio.

Indicando con R_1 ed R_2 le reazioni normali del pavimento e della parete, con S la resistenza d'attrito che s'oppone al moto, con x y le coordinate dell'uomo, ed applicando l'equazioni dell'equilibrio dei sistemi rigidi piani, abbiamo:

28) $\sum_1^n X_i = -S + R_2 = 0$

29) $\sum_1^n Y_i = R_1 - P = 0$

30) $N_o = R_1 l \cos\alpha - Px - R_2 l \operatorname{sen}\alpha = 0$

Dalla 28) e dalla 29) otteniamo subito:

31) $R_2 = S$

32) $R_1 = P$

e quindi sostituendo nella 30) abbiamo:

33) $Pl\cos\alpha - Px - Sl\,\mathrm{sen}\,\alpha = 0$

Risolvendo quest'ultima equazione rispetto ad S si ha:

$$34)\quad S = P\,\frac{l\cos\alpha - x}{l\,\mathrm{sen}\,\alpha}$$

Ma affinchè la scala sia in equilibrio dev'essere, come vedemmo parlando dell'attrito,

$$35)\quad S \leqq R_1 f$$

cioè in virtù della 32)

$$36\quad S \leqq Pf$$

La 34) diviene allora, dividendo ambo i membri per P,

$$37)\quad f \geqq \frac{l\cos\alpha - x}{l\,\mathrm{sen}\,\alpha}$$

che è la condizione cercata.

Quando l'uomo M comincia a salire sulla scala trovandosi in A, si ha $x = l\cos\alpha$: il secondo membro della 37) è allora uguale a zero e l'ineguaglianza è certamente verificata. La scala è dunque in equilibrio. Man mano che l'uomo sale, la x diminuisce e quindi il secondo membro della 37) aumenta e, ad un certo punto, esso può divenire maggiore del primo. Allora l'equilibrio è distrutto e la scala cade. Vediamo quale valore dobbiamo dare all'angolo α affinchè la scala continui a mantenersi in equilibrio anche quando l'uomo è arrivato in B.

Se l'uomo è in B si ha $x = 0$ e la 37) diviene:

$$38) \quad f \geqq \cot g\, \alpha$$

cioè:

$$39 \quad f \operatorname{tang} \alpha \geqq 1$$

e quindi si ha:

$$40) \quad \operatorname{tang} \alpha \geqq \frac{1}{f}$$

Se per es. il cofficiente di attrito f è uguale ad 1 (caso di un pavimento molto scabro) dovremo avere $\operatorname{tang} \alpha \geqq 1$ e quindi, affinchè la scala si mantenga in equilibrio, dovunque si trovi l'uomo M, l'angolo α deve essere maggiore o almeno uguale a 45°

---

7. Principio di Torricelli per l'equilibrio dei Sistemi Pesanti

Riprendiamo ora la nostra trattazione seguendo l'ordine storico che avevamo momentaneamente abbandonato. Dopo Stevin il maggiore contributo alla Statica fu portato da Torricelli, l'illustre discepolo di Galileo, il quale nel suo trattato "De motu gravium naturaliter descendentium" (1644) enunciò un principio d'importanza fondamentale.

Immaginiamo di avere un sistema di punti $P_1 P_2 \dots P_n$ comunque collegati tra loro e sottoposti soltanto al loro peso e alle reazioni dei vincoli. Per brevità, chiameremo tali sistemi col nome di Sistemi Pesanti.

Supporremo ancora che i vincoli siano perfettamente lisci e privi di attrito; cioè per es. se il punto P_1 si trova sopra una superficie S_1 supporremo che la reazione R della superficie sia normale alla superficie stessa.

Chiamiamo ora con G il centro di gravità del sistema $P_1 . P_2 ... P_n$ e sia Z la sua <u>Quota</u>, cioè la sua altezza sopra un piano orizzontale qualsiasi; e diamo poi al sistema uno spostamento virtuale a piacere: allora anche G si sposterà e la sua quota diverrà $Z + \delta Z$.

Ciò posto, il principio di Torricelli, in linguaggio moderno, può enunciarsi così:

" <u>Affinchè un Sistema Pesante sia in equilibrio è necessario e sufficiente che la quota del centro di gravità resti inalterata per tutti gli spostamenti virtuali invertibili, e che essa aumenti o resti inalterata per gli spostamenti virtuali non invertibili.</u> "

Tradotto in formole il principio ci dà quindi:

$$1) \qquad \delta Z \geqq 0$$

dove il segno superiore vale per gli spostamenti invertibili.

Non possediamo ancora una dimostrazione del teorema di Torricelli, completamente generale, rigorosa ed indipendente dal teorema dei lavori virtuali di cui si parlerà tra breve: cioè non sappiamo ancora ricondurlo, in modo del tutto generale, ai principi della leva, del piano inclinato, e della composizione delle forze.

La grandissima maggioranza dei trattati di Meccanica lo dimostra come caso particolare del principio dei lavori virtuali: ma occorre osservare che anche di quest'ultimo principio non possediamo ancora una dimostrazione interamente soddisfacente, e quindi dal punto di vista logico il vantaggio è illusorio.

Nel presente corso abbiamo creduto più utile di seguire la via opposta: dimostreremo cioè, per quanto è possibile, il teorema di Torricelli e da esso poi dedurremo il grande principio dei lavori virtuali. Cominciamo ad osservare che se il sistema è composto di un solo punto pesante P il teorema di Torricelli è evidente. Infatti se P si trova per es. poggiato sopra una superficie S senza attrito, affinchè esso sia in equilibrio occorre e basta che il piano tangente ad S, nel punto dove si trova P, sia orizzontale (onde la reazione di S si opponga al peso). Così se P è poggiato sopra un piano, affinchè sia in equilibrio, occorre e basta che il piano sia orizzontale.

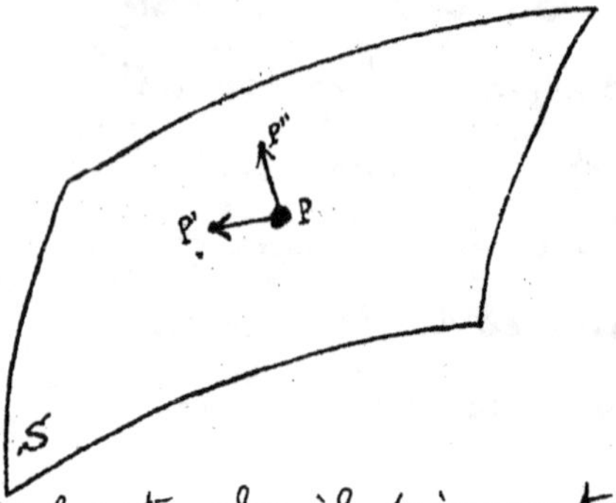

Allora se diamo a P uno spostamento virtuale invertibile (cioè lungo il piano tangente, che è orizzontale) portandolo in P' la sua quota non varia. Se invece gli diamo uno spostamento non invertibile, sollevandolo per es. dalla superficie e portandolo in P'' la sua quota aumenta.

Analogamente si dica se P è vincolato ad una curva C ecc.

Passiamo ora al caso di un corpo rigido pesante, e supponiamo dapprima che esso possa muoversi intorno ad un punto fisso O. Gli spostamenti virtuali sono allora tutti invertibili.

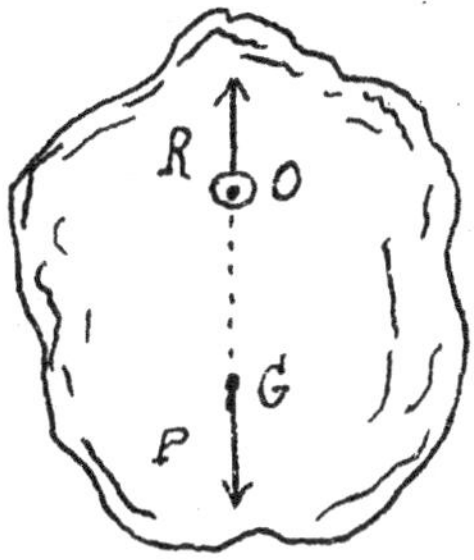

In questo caso si vede immediatamente che, affinchè il corpo sia in equilibrio, è necessario e basta che il centro di gravità G si trovi lungo la verticale passante per O (onde il peso P del corpo e la reazione R del punto fisso O [illegible] equilibrarsi). Allora, se diamo al corpo uno spostamento virtuale, G si muove lungo il piano tangente ad una sfera avente per centro O, cioè normalmente ad OG. Ma OG è verticale, dunque lo spostamento di G sarà orizzontale e perciò l'incremento δZ della sua quota è uguale allo zero.

In modo analogo possiamo ragionare se il corpo può ruotare intorno ad un asse fisso o se esso è poggiato sopra una superficie. ecc.

Passiamo ora al caso di un sistema qualsiasi di punti pesanti collegati tra loro da fili flessibili e sottomessi a vincoli (superfici o curve).

La dimostrazione può farsi in generale, ma noi per maggior semplicità supporremo il sistema composto di due soli punti A_1 ed A_2 costretti a muoversi sopra le curve C_1 e C_2 e collegati tra loro da un filo flessibile ed inestendibile il quale parta da A_1, scorra nell'anello fisso O e vada a terminare al punto A_2.

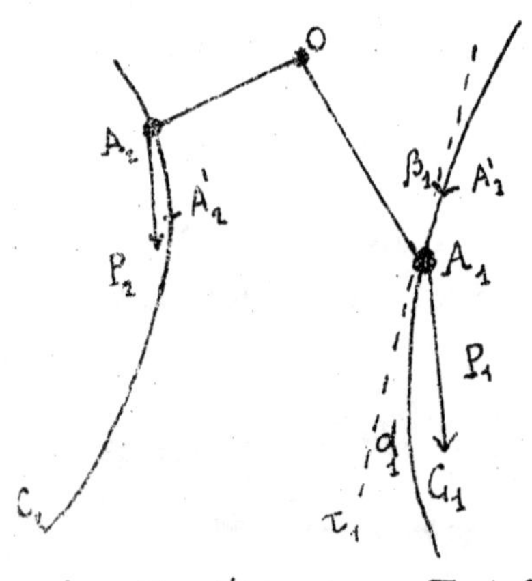

Il punto A_1 è allora sottomesso a tre forze e cioè:

1) Al proprio peso P_1.

2) Alla reazione R_1 della curva C_1 su cui si trova.

3) Alla tensione T del filo che lo collega con A_2

Chiamando con $\hat{F}_1$ la somma vettoriale delle tre forze, per l'equilibrio di A_1 deve essere, come sappiamo, $\hat{F}_1 = 0$. Proiettando quindi sulla tangente τ_1 ed essendo la R_1 normale a τ_1 abbiamo:

$$2) \quad P_1 \cos\alpha_1 - T\cos\beta_1 = 0$$

cioè

$$3) \quad P_1 \cos\alpha_1 = T\cos\beta_1$$

dove con α_1 e β_1 abbiamo indicati gli angoli che il peso e la tensione fanno con la tangente τ_1.

Analogamente per l'equilibrio di A_2 avremo:

$$4) \quad P_2 \cos\alpha_2 = T\cos\beta_2$$

Ciò posto, diamo al sistema uno spostamento virtuale portando per es. A_1 in A_1' ed A_2 in A_2'. Chiamando con ds_1 l'arco infinitesimale A_1A_1', la distanza A_1O diminuirà di $ds_1 \cos\beta_1$ quando A_1 va in A_1'. Analogamente quando A_2 va in A_2' la distanza A_2O diminuisce di $ds_2\cos\beta_2$, e poichè il filo resta sempre teso essendo lo spostamento invertibile avremo:

5) $ds_1 \cos\beta_1 + ds_2 \cos\beta_2 = 0$

In questo spostamento virtuale la quota di A_1 aumenta di $dz_1 = ds_1 \cos\alpha_1$ e quella di A_2 di $dz_2 = ds_2 \cos\alpha_2$. Quindi l'incremento dZ della quota del baricentro sarà:

$$6)\quad dZ = \frac{P_1\, dz_1 + P_2\, dz_2}{P_1 + P_2} = \frac{P_1 \cos\alpha_1\, ds_1 + P_2 \cos\alpha_2\, ds_2}{P_1 + P_2}$$

Ora, moltiplicando la 3) e la 4) per ds_1 e ds_2 e sommando avremo:

$$7)\quad P_1 \cos\alpha_1\, ds_1 + P_2 \cos\alpha_2\, ds_2 = T(\cos\beta_1\, ds_1 + \cos\beta_2\, ds_2)$$

Cioè in virtù della 5)

$$8)\quad P_1 \cos\alpha_1\, ds_1 + P_2 \cos\alpha_2\, ds_2 = 0$$

La frazione

$$\frac{P_1 \cos\alpha_1\, ds_1 + P_2 \cos\alpha_2\, ds_2}{P_1 + P_2}$$

è allora uguale allo zero e quindi la 6) dà

$$9)\qquad dZ = 0$$

Cioè <u>se il sistema è in equilibrio essendo i vincoli invertibili, per ogni spostamento virtuale il centro di gravità non varia di livello.</u>

Dimostriamo ora la reciproca.

Supponiamo che il centro di gravità non

vari di livello per ogni spostamento, cioè che si abbia:

$$10)\quad dZ = \frac{P_1 \cos\alpha_1\, ds_1 + P_2 \cos\alpha_2\, ds_2}{P_1 + P_2} = 0$$

e facciamo vedere che il sistema è in equilibrio. Infatti supponiamo che non lo sia ed immaginiamo, se è possibile, che il sistema cominci a muoversi per es. alzandosi il punto A_1 ed abbassandosi A_2.

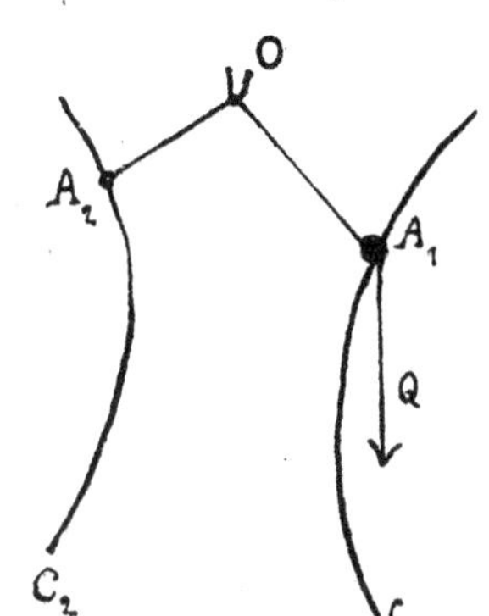

Applichiamo allora ad A_1 una forza Q verticale e diretta verso il basso, e tale da mantenere in equililibrio il sistema.

Potremo allora considerarlo ancora come un sistema pesante composto del punto A_1 di peso $P_1 + Q$ e del punto A_2 di peso P_2. Poichè esso è in equilibrio, in virtù di quanto abbiamo dimostrato avremo:

$$(11)\quad \frac{(P_1 + Q)\cos\alpha_1\, ds_1 + P_2 \cos\alpha_2\, ds_2}{P_1 + Q + P_2} = 0$$

Il numeratore della 11) è quindi uguale allo zero; ma lo è anche il numeratore della 10); quindi facendo la differenza dei due numeratori otterremo:

$$12) \qquad Q \cos \alpha_1 \, ds_1 = 0$$

Ora ds_1 è certamente differente da zero, ed anche $\cos \alpha_1$, perchè il punto A_1 si trova in posizione affatto generale. Dunque sarà $Q = 0$. In altre parole se la 10) è verificata non occorre aggiungere alcuna forza per mantenere in equilibrio il sistema: cioè esso si trova già equilibrato.

Per brevità noi abbiamo dato la dimostrazione per il caso di due soli punti, ma essa si estende facilmente ad un sistema di n punti comunque collegati con fili flessibili.

Casi particolari. Studiamo ora alcuni casi particolari più importanti:

1. Supponiamo che i vincoli siano tali che la quota del centro di gravità si

mantenga sempre <u>costante</u>, qualunque sia la posizione del sistema. Derivando l'equazione Z = costante, abbiamo $\delta Z = 0$. <u>Il sistema è dunque in equilibrio in tutte le posizioni</u>. L'equilibrio si chiama allora <u>indifferente</u>.

L'esempio più semplice è quello di una sfera omogenea pesante poggiata sopra un piano orizzontale.

2 - Supponiamo che Z sia <u>massima</u>. Si ha allora $dZ = 0$ e quindi il sistema è in equilibrio. Se noi spostiamo il sistema da questa posizione, dandogli per es. un piccolo urto onde portarlo in una posizione vicina, si dimostra, (ed è facile l'intuirlo giacchè il centro di gravità non può risalire da se stesso) che il sistema continua ad allontanarsi dalla posizione iniziale di equilibrio. L'equilibrio si chiama allora <u>instabile</u>. Come esempio, immaginiamo un cono omogeneo retto regolare poggiato <u>col vertice</u> sopra un piano orizzontale e con

l'asse verticale. Esso è in equilibrio, ma basta un urto anche lievissimo perchè l'equilibrio sia perduto.

3. Supponiamo infine che, nella posizione considerata, Z sia minima. Si ha allora $dZ=0$ e quindi il sistema è in equilibrio. Se noi spostiamo lievemente il sistema dalla posizione occupata si dimostra (ed anche qui s'intuisce facilmente, giacchè il centro di gravità tende a discendere) che esso tende a ritornarvi. L'equilibrio si chiama allora Stabile.

Come esempio consideriamo un cono omogeneo retto regolare poggiato con la base sopra un piano orizzontale.

Es. I - Si abbia una parete verticale liscia MN; una sbarra orizzontale, parallela alla parete, la cui traccia è O, è posta ad una distanza da essa $OO'=a$. Un'altra sbarra pesante omogenea AB è appoggiata con un'estremità alla parete e con un suo punto intermedio alla sbarra O. Si vuole determinare il valore da darsi all'angolo O'AB = ϑ affinchè la sbarra AB sia in equilibrio

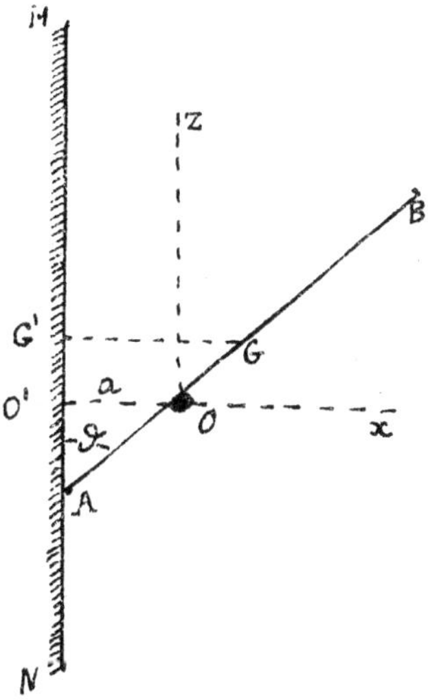

Essendo la sbarra AB omogenea il suo centro di gravità sarà il punto di mezzo G. È facile vedere intanto che, affinchè la sbarra sia in equilibrio, essa deve stare in un piano verticale. Assumiamo O come origine, l'asse z verticale e il piano in cui è contenuta la sbarra come zx; sia l la lunghezza della sbarra AB. La condizione necessaria e sufficiente a finchè AB sia in equilibrio è $dZ = 0$; ossia il centro di gravità non deve variare di quota per ogni spostamento virtuale

Ora abbiamo dalla figura:

13) $Z = O'G' = AG' - AO' = \frac{l}{2}\cos\vartheta - a\,\mathrm{cotg}\,\vartheta$

Poichè l'unico parametro variabile è ϑ; dando al sistema uno spostamento virtuale, l'angolo ϑ aumenterà di $d\vartheta$; e quindi, dovendo dZ essere sempre uguale allo zero, dovrà essere uguale a zero la derivata di Z rispetto a ϑ. Avremo dunque:

14) $\frac{dZ}{d\vartheta} = \frac{d}{d\vartheta}\left(\frac{l}{2}\cos\vartheta - a\,\mathrm{cotg}\,\vartheta\right) = -\frac{l}{2}\,\mathrm{sen}\,\vartheta + \frac{a}{\mathrm{sen}^2\vartheta} = 0$

da cui ricaviamo:

15) $\frac{l}{2}\,\mathrm{sen}\,\vartheta = \frac{a}{\mathrm{sen}^2\vartheta}$ $\qquad \mathrm{sen}^3\vartheta = \frac{2a}{l}$

e quindi

16) $\mathrm{sen}\,\vartheta = \sqrt[3]{\frac{2a}{l}}$

Così l'angolo ϑ resta determinato e quindi il problema è risoluto.

Nella discussione della soluzione abbiamo poi tre casi, e cioè:

1° Se $2a < l$ il radicando è minore dell'unità e quindi ϑ sarà minore di 90°.

2° - Se $2a = l$ il radicando è uguale all'unità e quindi l'angolo ϑ sarà uguale a 90°: in questo caso, per l'equilibrio, la sbarra AB deve essere orizzontale appoggiata in O nel suo punto di mezzo.

3° - Se infine $2a > l$ si avrebbe $\operatorname{sen}\vartheta > 1$, cioè l'angolo ϑ diverrebbe immaginario. Non esiste allora alcuna posizione di equilibrio.

Supponiamo che abbia luogo il primo caso, che sia cioè $2a < l$, e vediamo se l'equilibrio è stabile o instabile.

Derivando la 14) otteniamo:

$$15)\quad \frac{d^2 Z}{d^2 \vartheta} = -\frac{l}{2}\cos\vartheta - \frac{2a}{\operatorname{sen}^3\vartheta}\cos\vartheta.$$

Essendo acuto l'angolo ϑ, la derivata seconda $\frac{d^2 Z}{d\vartheta^2}$ sarà allora negativa (poichè $\operatorname{sen}\vartheta$ e $\cos\vartheta$ sono positivi). Poichè dunque $\frac{dZ}{d\vartheta}$ è uguale allo zero, e $\frac{d^2 Z}{d\vartheta^2}$ è negativa, la quota Z del baricentro sarà massima. L'equilibrio è dunque instabile.

Es. II - Un'asta omogenea pesante AB è appoggiata con l'estremo A nell'interno di un vaso semisferico, e con un suo punto intermedio M lungo l'orlo orizzontale del vaso. Si domanda quale valore deve avere l'angolo ϑ perchè l'asta sia in equilibrio supponendo nullo l'attrito.

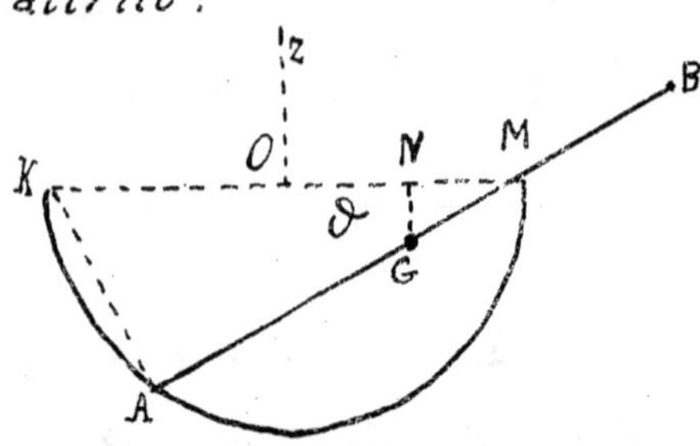

Sia l la lunghezza della sbarra AB ed r il raggio della sfera. Come nell'esercizio precedente vediamo intanto che, affinchè l'equilibrio abbia luogo, la sbarra deve essere contenuta in un piano verticale. Prendendo come origine il centro O e come piano xy il piano orizzontale passante per O, su cui si trova l'orlo del vaso, la quota Z del baricentro sarà data dal segmento NG. Abbiamo dunque, indicando con ϑ l'angolo KMA,

$$16) \qquad Z = NG = MG \operatorname{sen} \vartheta$$

Ma si ha

17) $MG = MA - AG = MA - \frac{l}{2}$

D'altra parte essendo retto l'ango=lo KAM (perchè iscritto in mezzo cerchio) a=vremo:

18) $MA = MK \cos\vartheta = 2r\cos\vartheta$

e quindi dalla 17) otteniamo:

19) $MG = 2r\cos\vartheta - \frac{l}{2}.$

La 16) ci dà allora:

20) $Z = 2r\cos\vartheta \operatorname{sen}\vartheta - \frac{l}{2}\operatorname{sen}\vartheta$

Per l'equilibrio dovrà essere, come abbia=mo visto dal teorema di Torricelli, $\frac{dZ}{d\vartheta} = 0$; abbiamo dunque derivando:

21) $\frac{dZ}{d\vartheta} = 2r\cos^2\vartheta - 2r\operatorname{sen}^2\vartheta - \frac{l}{2}\cos\vartheta = 0$

Vediamo allora quale valore deve avere l'angolo incognito ϑ perchè la 21) sia sod=disfatta.

Posto $\cos\vartheta = x$, avremo:

22) $\cos^2\vartheta = x^2$

22bis) $\operatorname{sen}^2\vartheta = 1 - x^2$

e la 21) diviene

23) $4rx^2 - \frac{l}{2}x - 2r = 0$

Dividendo tutto per r e ponendo, per brevi=tà $\frac{l}{2r} = c$ abbiamo:

24) $\qquad 4x^2 - cx - 2 = 0.$

Risolvendo questa semplicissima equazione di 2° grado otteniamo infine:

25) $\qquad x = \dfrac{c + \sqrt{c^2+32}}{8}$

Poichè l'angolo ϑ è certamente acuto e c è positiva, è chiaro che dobbiamo <u>prendere il radicale col segno positivo</u>. Essendo la c una costante nota, la 25) ci fa conoscere immediatamente l'angolo ϑ e quindi il problema è risoluto.

Nella discussione della soluzione si presentano poi tre casi e cioè:

<u>1° caso</u> - $c < 2$ cioè $l < 4r$. La 25) ci dà allora $x < 1$ e quindi l'angolo ϑ <u>è acuto</u>.

<u>2° caso</u> - $c = 2$ cioè $l = 4r$. La 25) ci dà allora $x = 1$ e quindi l'angolo ϑ è uguale allo zero, cioè la sbarra AB, per essere in equilibrio, deve stare <u>in posizione orizzontale</u>.

<u>3° caso</u> - $c > 2$ cioè $l > 4r$. La 25) dà allora $x > 1$ e quindi, poichè il coseno non può mai superare l'unità, l'angolo ϑ è

immaginario. Se dunque la lunghezza della sbarra AB è maggiore di quattro volte il raggio della sfera, non vi è alcuna posizione di equilibrio.

Es. III - Ponte levatoio - Si abbia un ponte levatoio, nel quale, per diminuire lo sforzo necessario a sollevarlo, si è fissata una fune all'estremità libera E; questa fune passa per la gola di una carrucola H posta all'estremità della colonna BH e quindi, con l'altro estremo, è fissata ad un peso Q scorrente sopra la curva γ.

Dobbiamo determinare l'equazione della curva γ, in modo che il ponte sia in equilibrio in ogni posizione. Affinchè ciò abbia luogo occorre che il sistema formato da Q e dalla parte mobile del ponte BE sia in equilibrio indifferente. Allora l'unico sforzo necessario a sollevare od abbassare il ponte sarà quello richiesto per vincere la resistenza degli attriti. Per risolvere il nostro problema, scegliamo B come origine, BC come asse delle x, BH come asse Z.

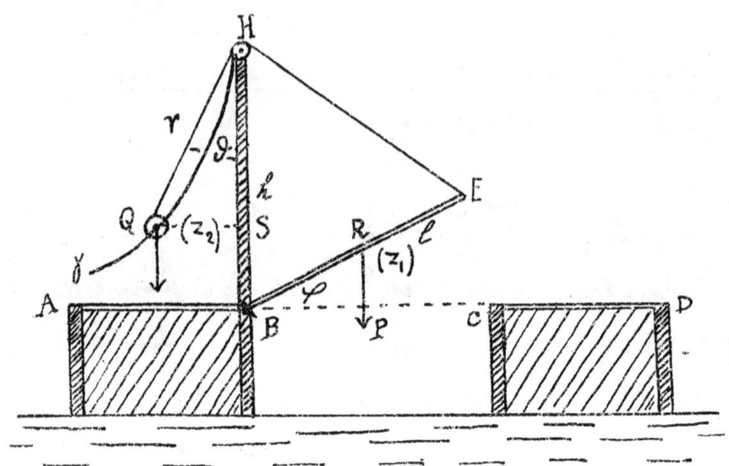

Il centro di gravità della parte mobile BE è il suo punto di mezzo R, dove noi possiamo supporre applicato il suo peso P. Sia BE = l; BH = h; QH = r ed indichiamo con φ e ϑ gli angoli EBC e QHB. Chiamiamo ancora con z_1 e z_2 le quote di R e di Q. Indicando con Z la quota del centro di gravità del sistema formato dal ponte BE e dal contrappeso Q, avremo:

$$26)\qquad Z = \frac{Pz_1 + Qz_2}{P+Q}$$

Ciò posto, affinchè il sistema sia in equilibrio <u>indifferente</u>, secondo il teorema di Tor=

ricelli dovrà essere Z costante, e quindi anche il numeratore della frazione in 26) sarà costante.

Avremo allora, scegliendo φ come variabile indipendente,

$$27) \qquad \frac{d}{d\varphi}\left(Pz_1 + Qz_2\right) = 0$$

Ma si ha dalla figura:

$$28) \qquad z_1 = \frac{l}{2}\operatorname{sen}\varphi$$

$$29) \qquad z_2 = BS = BH - SH = h - r\cos\vartheta$$

Sostituendo questi valori di z_1 e z_2 nella 27) e derivando otteniamo:

$$30) \qquad P\frac{l}{2}\cos\varphi - Q\frac{dr}{d\varphi}\cos\vartheta + Qr\operatorname{sen}\vartheta\frac{d\vartheta}{d\varphi} = 0$$

Ma si ha dal calcolo:

$$31) \qquad \frac{d\vartheta}{d\varphi} = \frac{d\vartheta}{dr}\;\frac{dr}{d\varphi}$$

Sostituendo questo valore di $\frac{d\vartheta}{d\varphi}$ nella 30) e mettendo in evidenza i termini contenenti il prodotto $Q\frac{dr}{d\varphi}$, essa diviene:

$$32) \qquad P\frac{l}{2}\cos\varphi + Q\frac{dr}{d\varphi}\left[r\operatorname{sen}\vartheta\frac{d\vartheta}{dr} - \cos\vartheta\right] = 0$$

Chiamiamo ora con f la lunghezza del la fune; avremo dalla figura:

$$33)\quad f = EH + HQ = EH + r$$

ed essendo dal triangolo HBE

$$34)\quad EH = \sqrt{b^2 + l^2 - 2bl \cos HBE} =$$
$$= \sqrt{b^2 + l^2 - 2bl \operatorname{sen} \varphi}$$

la 33) diviene:

$$35)\quad f = \sqrt{b^2 + l^2 - 2bl \operatorname{sen} \varphi} + r$$

Ora la fune è di lunghezza costante: la derivata di f rispetto a φ sarà dunque uguale allo zero.

Avremo quindi derivando:

$$36)\quad \frac{dr}{d\varphi} - \frac{bl \cos \varphi}{\sqrt{b^2 + l^2 - 2bl \cos \varphi}} = 0$$

Ed essendo per la 35) il radicale uguale ad $f - r$ la 36) diviene

$$37)\quad \frac{dr}{d\varphi} = \frac{bl \cos \varphi}{f - r}$$

La 32) è l'equazione dedotta dal teorema di Torricelli: essa ci dice che il sistema è in equilibrio indifferente; la 37) è invece l'equazione dei vincoli, la quale ci esprime che il punto E e il contrappeso Q sono legati da una fune di lunghezza costante, passante per H. Scrivendo ambedue queste equazioni noi abbiamo completamente espresso il problema.

Veniamo ora alla soluzione, cioè alla determinazione della curva γ. Poichè γ è riferita a coordinate polari r e ϑ, per risolvere il problema ci occorrerà di trovare un'equazione contenente soltanto le variabili r e ϑ. Invece abbiamo due equazioni, e cioè la 32) e la 37), contenenti le tre variabili r, ϑ e φ. Dunque dovremo eliminare la φ tra queste due equazioni.

Ora l'eliminazione è estremamente facile. Basta prendere il valore di $\frac{dr}{d\varphi}$ dato dalla 37) e sostituirlo nella 32). Dividendo tutto per $l \cos\varphi$ e liberando dai denominatori otterremo infine:

38) $P(f-r)\,dr + 2Qb\,(r \operatorname{sen}\vartheta \cdot d\vartheta - \cos\vartheta\, dr) = 0$

equazione la quale contiene soltanto le variabili r e ϑ, essendo P, Q, b, f quantità costanti.

Ora la 38) è un'equazione differenziale esatta. Integrando quindi abbiamo.

$$39) \quad P\left(fr - \frac{r^2}{2}\right) - 2Qbr\cos\vartheta = C$$

dove C è la costante arbitraria. Di solito, per ragioni costruttive, gl'ingegneri fanno passare la curva γ per H; allora l'equazione 39) deve essere soddisfatta da $r = 0$ e quindi la costante C deve essere nulla.

La 39) diviene allora

$$40) \quad P\left(fr - \frac{r^2}{2}\right) = 2Qbr\cos\vartheta$$

da cui dividendo per r otteniamo:

$$41) \quad P\left(f - \frac{r}{2}\right) = 2Qb\cos\vartheta$$

e risolvendo rispetto ad r

$$42) \quad r = 2\left(f - \frac{2Qb\cos\vartheta}{P}\right)$$

Per calcolare poi la lunghezza della fune f basta pensare che quando il ponte è chiuso (cioè quando E si trova in C) il contrappeso Q si trova in H. La f è dunque uguale ad HC cioè, dal teorema di Pitagora, a $\sqrt{b^2+l^2}$

Per completare ora il nostro studio ci manca di conoscere il valore da darsi al contrappeso Q. A tale scopo osserviamo che, quando il ponte si chiude, Q va in H, r tende a zero, e la retta QH tende alla tangente alla curva f, nel punto H. L'angolo ϑ tende quindi all'angolo λ che la tangente a f nel punto H forma con la BH. Ponendo allora nella 42) $r = 0$, $\vartheta = \lambda$, abbiamo:

$$43) \quad Q = \frac{f P}{2 b \cos \lambda} = \frac{P\sqrt{b^2 + l^2}}{2 b \cos \lambda}$$

La 43) ci mostra che Q sarà tanto minore, quanto maggiore è il valore che diamo a cos λ. In generale la curva f si costruisce in modo che essa sia tangente a BH nel punto H, come appunto è disegnata nella figura. Allora si ha $\lambda = 0$ e quindi cos λ assume il valore massimo, cioè diviene uguale ad uno.

Per esigenze costruttive, la colonna BH si fa poi di un'altezza b uguale alla lunghezza del ponte l. Si ha allora

$$f = \sqrt{b^2 + b^2} = b\sqrt{2}$$

La 43) diviene allora ponendo

$\cos\lambda = 1$:

$$44) \qquad Q = \frac{P}{\sqrt{2}}$$

e la 42) si riduce a

$$45) \qquad r = 2\sqrt{2}\, l\,(1 - \cos\vartheta)$$

Queste due ultime equazioni 44) e 45) sono quelle adoperate più spesso per il calcolo del ponte levatoio. Come ci mostra la 44), il valore da darsi al contrappeso Q è notevolmente elevato, cioè uguale a circa sette decimi del peso del ponte: ed è appunto questo inconveniente che rende il ponte levatoio poco usato in pratica.

8. Principio dei Lavori Virtuali

Siamo ora giunti, con la nostra trattazione, alla fine del secolo XVIII. L'anno che precedette la Rivoluzione Francese segna un'epoca memorabile nella Statica; ed anzi possiamo dire, senza esagerazioni, che in esso ebbe luogo una vera Rivoluzione nella Meccanica Razionale.

In quell'anno memorando (1788) Lagrange pubblicava il suo trattato di "Meccanica Analitica„ in cui svolgeva tutta la Statica (ed in conseguenza anche la Dinamica), partendo da un solo principio, con un metodo uniforme e generale. Mentre, prima di lui, ciascun problema di Meccanica veniva trattato con un metodo differente (applicando per es. ora il teorema della composizione delle forze, ora quello della leva ecc), Lagrange ci ha mostrato che tutti potevano essere studiati con un mezzo unico, semplice e valido in ogni caso.

Qualsiasi problema può così porsi immediatamente in equazione, seguendo sempre le stesse regole; e la questione è ridotta a risolvere l'equazioni a cui esso dà origine, cioè al campo analitico: donde il nome di "Meccanica Analitica" dato da Lagrange al suo lavoro.

"Abbiamo già molti trattati di "Meccanica, scrive Lagrange nell'introdu"zione della sua grande opera, ma il pia"no di questo è interamente nuovo. Io mi "sono proposto di ridurre la Meccanica e "l'arte di risolvere i problemi che vi si rife"riscono, a formule generali, il cui sempli"ce sviluppo darà tutte l'equazioni neces"sarie per la soluzione di ciascun proble"ma. Coloro che amano l'Analisi vedran"no con piacere che la Meccanica divenga "un suo capitolo, e mi saranno riconoscen"ti d'aver allargato così il campo di que"sta scienza." (Lagrange - Mec. An. T. I).

Il principio fondamentale, che

Lagrange pose a base della sua opera, è il principio dei Lavori virtuali, e noi passeremo ora a studiarlo. Questo principio in forma assai imperfetta e rudimentale, era noto fino dai tempi di Aristotele, il quale anzi l'impiegò per la teoria dell'equilibrio della leva. Galileo riconobbe che esso è verificato nella leva, nel piano inclinato, nella vite ecc. Giovanni Bernoulli (1717) lo enunciò in termini precisi, ma soltanto Lagrange ebbe l'idea genialissima di porlo come base di tutta la Meccanica (1788).

In linguaggio moderno il principio può essere enunciato così:

"Affinchè un sistema materiale "sia in equilibrio, è necessario e sufficiente "che il lavoro delle forze applicate sia ugua"le a zero per tutti gli spostamenti virtua"li invertibili; sia uguale a zero o negativo "per tutti gli spostamenti virtuali, non "invertibili".

Indicando quindi con δL il lavoro eseguito dalle forze per uno spostamento virtuale generico, il principio tradotto in formole ci dà:

$$1) \qquad \delta L \leqq 0$$

dove il segno di eguaglianza vale per il caso di spostamenti invertibili.

Nella prima edizione della sua Meccanica Analitica, Lagrange non ne diede alcuna dimostrazione; nella seconda edizione (1811) lo dimostrò facendo vedere che tutte le forze applicate potevano essere sostituite da un unico peso motore.

Il suo ragionamento però prova solo la sufficienza ma non la necessità che la 1) si verifichi affinchè il sistema sia in equilibrio.

La migliore dimostrazione fin ad ora conosciuta è quella di Fourier e Cournot: essa è analoga a quella che abbiamo data per il teorema di Torricelli. Si comincia a dimostrare la 1) per il caso di un solo punto materiale, poi di un si=

stema di punti comunque collegati da fili flessibili. Si passa quindi al caso di un corpo rigido mobile intorno ad un punto fisso, od intorno ad un asse fisso o posto in contatto con altri corpi ecc.

Nessuna dimostrazione però è pienamente generale, come già avevamo avvertito

Noi dimostreremo il teorema partendo dal principio di Torricelli, che già abbiamo studiato nel capitolo precedente.

Immaginiamo dunque di avere

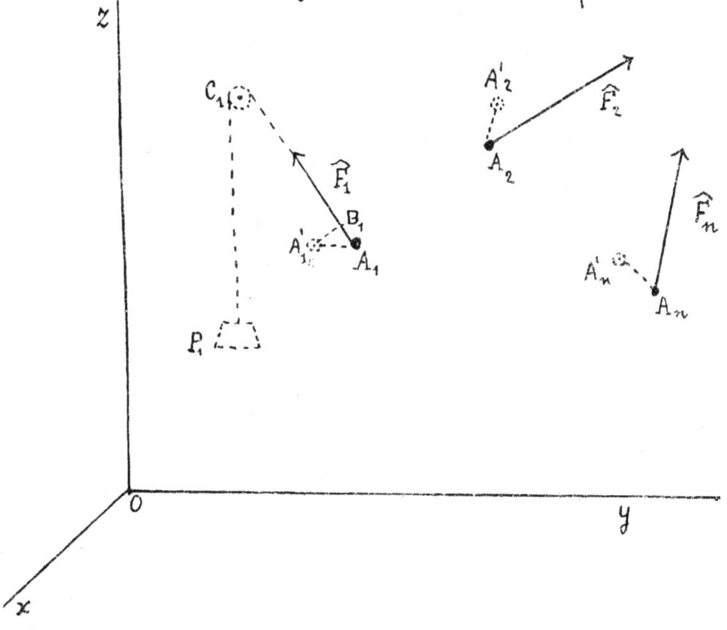

un sistema di punti materiali A_1 A_2 .. A_n comunque collegati tra loro e sottomessi alle forze $\hat{F}_1$ $\hat{F}_2$ ... $\hat{F}_n$. Diamo al sistema uno spostamento virtuale qualsiasi, portando per es. il punto A_1 in A'_1, il punto A_2 in A'_2 ecc. Il lavoro effettuato dalla forza $\hat{F}_1$ sarà $\hat{F}_1 \times (A'_1 - A_1)$ e quindi il lavoro totale sarà:

$$2) \quad \delta L = \sum_1^n \hat{F}_i \times (A'_i - A_i)$$

Ciò posto prendiamo un'origine O qualsiasi e da essa facciamo partire gli assi cartesiani $x\,y\,z$, tenendo l'asse z verticale diretto verso l'alto. Immaginiamo poi di porre sulla linea d'azione della forza $\hat{F}_1$ una piccola carrucola fissa C_1 e quindi colleghiamo il punto A_1 con un filo flessibile f_1 il quale passi per la gola della carrucola C_1 e porti poi un peso pendente P_1 d'intensità uguale a quella della forza $\hat{F}_1$. È chiaro allora che noi potremo togliere la forza $\hat{F}_1$ sostituendola con il peso P_1. Analogamente toglieremo le forze $\hat{F}_2$ $\hat{F}_3$ ... $\hat{F}_n$ supplendole con i pesi P_2 P_3 ... P_n.

Lo studio dell'equilibrio del sistema $A_1\ A_2 \dots A_n$ si riduce allora a quello dell'equilibrio dei pesi $P_1\ P_2 \dots P_n$: siamo tornati dunque al caso dei sistemi pesanti per cui vale il teorema di Torricelli. Ciò posto quando A_1 va in A'_1 la quota di P_1 diminuisce di una quantità dz_1 uguale ad $A_1 B_1$ cioè alla proiezione dello spostamento $A'_1 - A_1$ sulla linea d'azione della forza $\hat{F}_1$. Ma il lavoro dL_1 fatto dalla $\hat{F}_1$ quando A_1 va in A'_1 è uguale all'intensità della forza $\hat{F}_1$ moltiplicata per la proiezione di $A'_1 - A$ sulla forza stessa; e quindi, essendo l'intensità di $\hat{F}_1$ uguale a P_1 avremo:

$$3)\quad \delta L_1 = -P_1\, dz_1$$

Analogamente per gli altri punti $A_2\ A_3 \dots$ $\dots A_n$ avremo:

$$4)\quad \delta L_2 = -P_2\, dz_2$$

- - - - - - - - - -

$$5)\quad \delta L_n = -P_n\, dz_n$$

Sommando membro a membro tutte queste equazioni ed indicando con δL il lavoro virtuale totale ($\delta L = \delta L_1 + \delta L_2 + \dots \delta L_n$) si ha

$$6)\quad \delta L = -(P_1 \, dz_1 + P_2 \, dz_2 \dots + P_n \, dz_n)$$

Sia ora G il centro di gravità del sistema formato dai pesi $P_1 \, P_2 \dots P_n$ e sia Z la sua quota. Avremo dalla teoria dei centri di gravità:

$$7)\quad Z = \frac{\sum_1^n P_i z_i}{\sum_1^n P_i} = \frac{\sum_1^n P_i z_i}{\Pi}$$

dove con Π abbiamo indicato il peso totale.

Differenziando e paragonando con la 6) si ha allora:

$$8)\quad \delta L = -\Pi \, dZ$$

Ma il teorema di Torricelli ci dice che per l'equilibrio del sistema è necessario e sufficiente che dZ sia zero per tutti gli spostamenti invertibili e sia nulla o positiva per gli spostamenti non invertibili. Ne deduciamo allora che, per l'equilibrio è necessario e sufficiente che il lavoro virtuale δL formato dalle forze $\widehat{F}_1 \, \widehat{F}_2 \dots \widehat{F}_n$ sia nullo per gli spostamenti invertibili e sia nullo o negativo per gli spostamenti non invertibili.

Questa deduzione del principio dei

lavori virtuali dal teorema di Torricelli è dovuto a Lagrange.

Applicazioni - Equazioni per l'equilibrio dei Sistemi Olonomi -

Cominciamo a porre la 1) sotto una forma più comoda per il calcolo. Siano $x_1\ y_1\ z_1$ le coordinate di A_1 ed $x_1+\delta x_1$, $y_1+\delta y_1$, $z_1+\delta z_1$ le coordinate della sua nuova posizione A'_1. Le componenti dello spostamento $A'_1 - A_1$ saranno $\delta x_1\ \delta y_1\ \delta z_1$. Indichiamo ancora con $X_1\ Y_1\ Z_1$ le componenti della forza $\hat{F}_1$ agente sul punto A_1 ed analogamente siano $x_2\ y_2\ z_2$ le coordinate di A_2 ecc.

Allora, per quanto vedemmo nell'introduzione, il prodotto interno $\hat{F}_1 \times (A'_1 - A_1)$ sarà dato da

$$X_1\,\delta x_1 + Y_1\,\delta y_1 + Z_1\,\delta z_1 .$$

La 2) quindi diviene:

$$9)\qquad \delta L = \sum_1^n \left\{ X_i\,\delta x_i + Y_i\,\delta y_i + Z_i\,\delta z_i \right\}$$

e perciò la 1) si riduce alla forma:

$$10)\qquad \sum_1^n \left\{ X_i\,\delta x_i + Y_i\,\delta y_i + Z_i\,\delta z_i \right\} \overline{\overline{\leq}}\ 0$$

La 10) è conosciuta col nome di formula fondamentale della Statica.

Supponiamo ora che i vincoli siano bilaterali e che il sistema sia olonomo con K gradi di libertà. Allora le coordinate dei suoi punti saranno esprimibili in funzione di K parametri $q_1 \; q_2 \; q_K$
Avremo quindi:

$$11) \quad \begin{aligned} x_i &= x_i(q_1 \, q_2 \cdots q_K) \\ y_i &= y_i(q_1 \, q_2 \cdots q_K) \\ z_i &= z_i(q_1 \, q_2 \cdots q_K) \end{aligned}$$

Differenziando le 11) con le regole del calcolo, otteniamo:

$$12) \quad \begin{aligned} \delta x_i &= \frac{\partial x_i}{\partial q_1}\delta q_1 + \frac{\partial y_i}{\partial q_2}\delta q_2 + \cdots \frac{\partial x_i}{\partial q_K}\delta q_K \\ \delta y_i &= \frac{\partial y_i}{\partial q_1}\delta q_1 + \frac{\partial y_i}{\partial q_2}\delta q_2 + \cdots \frac{\partial y_i}{\partial q_K}\delta q_K \\ \delta z_i &= \frac{\partial z_i}{\partial q_1}\delta q_1 + \frac{\partial z_i}{\partial q_2}\delta q_2 + \cdots \frac{\partial z_i}{\partial q_K}\delta q_K \end{aligned}$$

Sostituiamo i valori di $\delta x_i \; \delta y_i \; \delta z_i$ dati dalle 12) nella 10) conservando nella 10) soltanto il segno di uguaglianza giacchè gli spostamenti virtuali, per ipotesi, sono tutti invertibili. Per brevità poi poniamo:

$$13)\qquad Q_h = \sum_{i=1}^{i=n} X_i \frac{\partial x_i}{\partial q_h} + Y_i \frac{\partial y_i}{\partial q_K} + Z_i \frac{\partial z_i}{\partial q_h}$$

dove abbiamo dato a Q l'indice h per indicare che nel secondo membro le derivate sono fatte rispetto a q_h.

La 10) assume allora la forma semplicissima:

$$14)\qquad Q_1\,\delta q_1 + Q_2\,\delta q_2 + \dots Q_K\,\delta q_K = 0$$

Ora, affinchè il sistema sia in equilibrio è necessario e basta che la 14) sia verificata per <u>tutti</u> gli spostamenti virtuali, cioè qualunque siano i valori che noi diamo a $\delta q_1 \quad \delta q_2 \dots \delta q_K$. Prendiamo allora $\delta q_2 = \delta q_3 = \dots \delta q_K = 0$ e sia invece δq_1 differente da zero. La 14) diverrà allora

$$15)\qquad Q_1\,\delta q_1 = 0$$

e poichè δq_1 <u>non</u> è nulla, sarà

$$16)\qquad Q_1 = 0$$

Con ragionamento analogo si vede che anche le altre Q debbono essere nulle.

La 14) dà quindi origine alle equazioni.

17) $Q_1 = 0 \qquad Q_2 = 0 \; \ldots\ldots \; Q_K = 0$

Le 17) sono le <u>equazioni di Lagrange per l'equilibrio dei sistemi olonomi.</u> Abbiamo così K equazioni contenenti le K incognite $q_1 \; q_2 \ldots q_K$. Risolvendole otteniamo $q_1 \; q_2 \ldots q_K$ e quindi, per mezzo delle 11), otterremo le $x_i \; y_i \; z_i$, cioè sapremo la posizione in cui debbono trovarsi i punti del sistema affinchè esso sia in equilibrio.

Es. I. Dal teorema dei lavori virtuali dedurre la teoria della leva, del piano inclinato e della composizione delle forze.

A. Leva. Sia AB una leva (che per generalità supporremo curvilinea piana) sia F il fulcro e P e Q la Potenza e la resistenza. Il sistema è allora ad un solo grado di libertà con vincoli olonomi bilaterali. Per l'equilibrio avremo quindi una sola equazione. $Q_1 = 0$. Potremmo ottenerla seguendo il metodo generale per i sistemi olonomi, ma è più semplice ope=

rare direttamente nel modo seguente. Diamo alla leva uno spostamento virtuale ruotandola per es. di un angolo infinitesimo $\delta\theta$ intorno al fulcro F. La leva si porta allora nella nuova posizione A'F'B'

Il punto A andrà in A' descrivendo un arco infinitesimo di raggio FA e di lunghezza $FA \cdot \delta\theta$. Poichè esso è infinitesimo, noi potremo confonderlo con la tangente in A e quindi potremo supporre che lo spostamento avvenga normalmente al raggio FA. Sia α l'angolo formato dalla forza P con lo spostamento A'-A. Il lavoro virtuale δL_1 compiuto da P è allora uguale a $P \cdot \mathrm{mod}(A'-A)\cos\alpha$

Da F abbassiamo ora la perpendicolare sulla linea d'azione della forza

P e sia M il suo piede, e p il segmento FM. L'angolo MFA risulterà pure uguale ad α giacchè FM è perpendicolare alla forza P ed FA allo spostamento $A'-A$.

Avremo allora dalla trigonometria elementare dal triangolo rettangolo FAM:

$$18)\ \mathrm{mod}\,(A'-A)\cos\alpha = d\theta \cdot FA\cos\alpha =$$
$$= d\theta \cdot FM = p\, d\theta$$

E quindi il lavoro compiuto da P sarà uguale a $Pp\,\delta\theta$. Analogamente si trova che il lavoro δL_2 compiuto da R è uguale a $-Rr\,\delta\theta$. Poichè quindi per l'equilibrio, il lavoro virtuale totale deve essere zero avremo:

$$19)\qquad Pp\,\delta\theta - Rr\,\delta\theta = 0$$

e dividendo tutto per $\delta\theta$ troviamo

$$20)\qquad Pp - Rr = 0$$

La 20) ci dice che per l'equilibrio della leva è necessario e basta che il momento della Potenza e della Resistenza rispetto al fulcro sia uguale a zero.

c. d. d.

B. Piano inclinato. Si abbia un punto K di peso P posto sul piano inclinato, e supponiamo che ad esso sia applicata una forza Q onde mantenerlo in equilibrio. Diamo a K uno spostamento virtuale portandolo in K' sul piano stesso

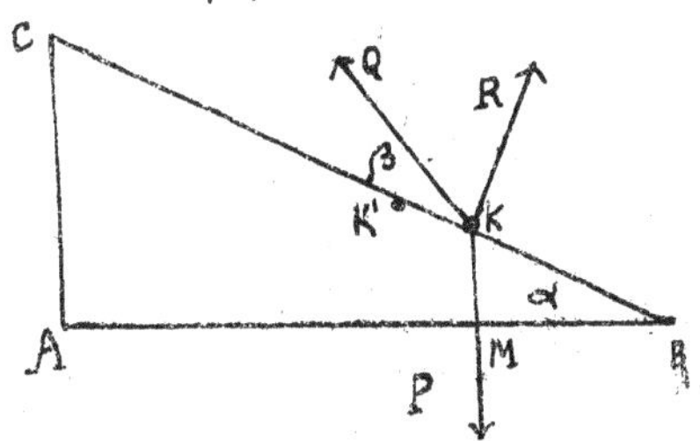

Sia s il modulo di K' - K.

Allora:

1) Il lavoro compiuto dal peso P sarà:

$$Ps \cdot \cos MKK' = Ps \cos(90+\alpha) = -Ps \cdot \operatorname{sen}\alpha$$

2) Il lavoro compiuto da Q sarà:

$$Q s \cos\beta.$$

3) Il lavoro compiuto dalla reazione R del piano sarà zero, poichè R è normale al piano; giacchè noi supponiamo che non vi sia attrito.

Il lavoro virtuale totale è quindi uguale a $Q s \cos\beta - Ps \operatorname{sen}\alpha$. Poichè per l'equilibrio esso deve annullarsi, avremo dividendo per s.

21) $$Q \cos\beta = P \operatorname{sen}\alpha$$

da cui ricaviamo:

22) $$Q = \frac{P \operatorname{sen}\alpha}{\cos\beta}$$

c. d. d.

C. Composizione delle forze. Supponiamo di avere un punto materiale K a cui siano applicate le due forze $\widehat{U}$ e $\widehat{V}$ e sia $\widehat{R}$ la loro risultante. Per la definizione stessa di risultante, K sarà in equilibrio se ad esso fossero applicate le tre forze $\widehat{U}$ $\widehat{V}$ e $-\widehat{R}$. Diamo allora a K uno spostamento virtuale qualsiasi portandolo in K'. Il lavoro virtuale delle forze sarà zero e noi avremo

23) $$\widehat{U} \times (K'-K) + \widehat{V} \times (K'-K) - \widehat{R} \times (K'-K) = 0$$

cioè, raccogliendo a fattore comune K'-K,

24) $$(\widehat{U} + \widehat{V} - \widehat{R}) \times (K'-K) = 0$$

Ma lo spostamento K'-K non è nullo e di più, essendo arbitrario, non sarà in generale normale al vettore $\widehat{U} + \widehat{V} - \widehat{R}$. Dunque affinchè sia verificata la 24) occorre che si abbia $\hat{U} + \hat{V} - \hat{R} = 0$ cioè

25) $$\hat{R} = \hat{U} + \hat{V}$$

Dunque la risultante è uguale alla somma vettoriale delle due forze componenti $\hat{U}$ e $\hat{V}$.

c. d. d.

Es. II. - Dal principio dei Lavori virtuali, dedurre il teorema di Torricelli.

Noi abbiamo dimostrato il teorema di Torricelli e dedotto da esso il principio dei lavori virtuali. Supponiamo invece che si sia dimostrato direttamente il principio dei lavori virtuali (per es. con il ragionamento di Fourier) e vediamo come se ne possa dedurre il teorema di Torricelli. In tal modo saremo sicuri che il principio dei lavori virtuali (cioè l'equazione 1ª di questo capitolo) racchiude in sè tutti gli altri principi della Statica, giacchè abbiamo dedotto da essa la teoria della leva, del piano inclinato, della composizione delle forze e dell'equilibrio dei sistemi pesanti.

Immaginiamo dunque di avere un sistema di punti A_1 A_2.... A_n di coordinate x_1 y_1 z_1; x_2 y_2 z_2... x_n y_n z_n.

Supponiamo che i punti siano comunque collegati tra loro e sottoposti soltanto ai loro pesi p_1 p_2 ... p_n. Prendiamo un origine O e tre assi cartesiani x y z essendo l'asse z diretto verticalmente verso l'alto. Allora la forza $\hat{F}_i$ applicata al punto A_i si ridurrà al proprio peso P_i e quindi le sue componenti saranno $X_i = 0$ $Y_i = 0$ $Z_i = -P_i$. L'equazione 10) diviene allora

$$26) \qquad -\sum_1^n P_i \, dz_i \gtreqless 0$$

Indicando poi con Z la quota del baricentro e con Π il peso totale del sistema si ha:

$$27) \qquad Z = \frac{\sum_1^n P_i z_i}{\Pi}$$

cioè

$$28) \qquad \Pi Z = \sum_1^n P_i z_i$$

Differenziando la 28) e paragonando con 26) si ha allora:

$$29)\qquad \Pi\, dZ = \sum_{1}^{n} P_i\, dz_i \geqq 0$$

da cui ricaviamo, come condizione necessaria e sufficiente per l'equilibrio dei Sistemi Pesanti:

$$30)\qquad dZ \geqq 0$$

c. d. d.

Es. III - Torchio idraulico - Il torchio idraulico è composto di due cilindri — di diametro diverso, dove scorrono due stantuffi A e B. I cilindri sono pieni di acqua. Sia applicata in A una forza P (potenza) la quale tenda a far abbassare il piccolo stantuffo:

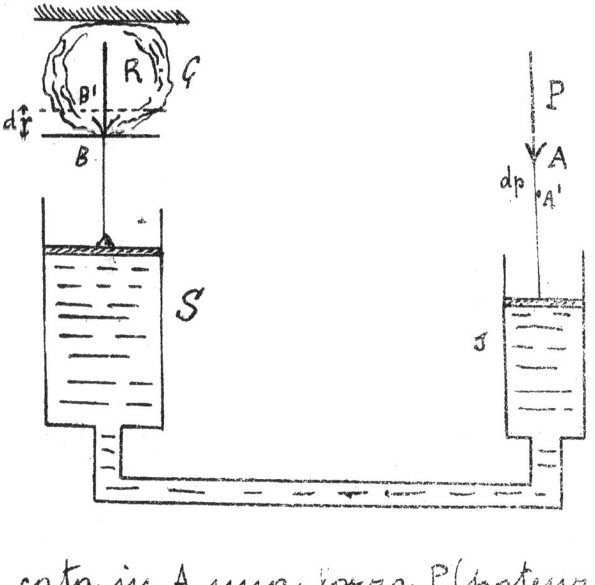

allora B si alzerà, mentre il corpo G sottoposto alla compressione, eserciterà sul piatto B una certa reazione R. Vediamo in quale rapporto stanno P ed R.

Diamo a tale scopo al sistema uno spostamento virtuale per es. abbassando A in A', e sia il segmento infinitesimo AA' = dp. Allora B si alzerà in B' e poniamo BB' = dr. Il lavoro virtuale fatto da P sarà quindi Pdp e quello fatto da R sarà - Rdr. Poichè gli spostamenti sono invertibili, avremo come condizione di equilibrio:

31) $P\,dp - R\,dr = 0$

cioè

32) $P\,dp = R\,dr.$

Chiamiamo ora con S e s le sezioni dei due cilindri. Nell'abbassarsi il disco dello stantuffo piccolo caccierà un volume di acqua uguale ad s dp: quest'acqua andrà nel cilindro grande ed il volume da essa occupato sarà S dr.

Si ha quindi:

33) $s\,dp = S\,dr.$

Dividendo allora membro a membro la 32) per la 33) si ha

$$\frac{P}{s} = \frac{R}{S} \tag{34}$$

<u>Cioè nel torchio idraulico la Potenza sta alla Resistenza, come la sezione del cilindro su cui agisce la prima sta alla sezione del cilindro su cui agisce la seconda.</u>

Es. IV - Torchio a vite - La teoria della vite e del torchio può essere studiata servendosi del piano inclinato; ma è più semplice fare uso del teorema dei lavori virtuali, come ora vedremo. Nell'estremo A della manovella venga applicata la Potenza P: nel

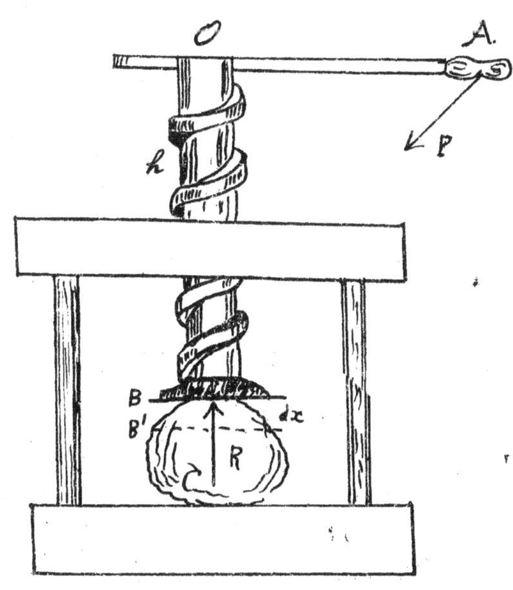

centro del piatto B sarà applicata la resistenza R del corpo C da comprimere.

Diamo alla manovella una rotazione infinitesima $d\vartheta$: A si sposterà su di un cerchio di centro O e di raggio a, percorrendo un arco infinitesimo di lunghezza $a\,d\theta$. Poichè lo spostamento avviene nel senso e nella direzione di P, il lavoro virtuale compiuto dalla Potenza sarà $P\,a\,d\vartheta$. Il piatto B per lo spostamento di A si sarà abbassato in B'; posto $BB' = dx$, il lavoro virtuale compiuto da R sarà $-R\,dx$. Avremo quindi come condizione di equilibrio del sistema

$$35)\qquad P\,a\,d\theta - R\,dx = 0$$

Calcoliamo ora dx. Posto h il passo della vite, se faccio ruotare la manovella di un angolo uguale a 2π la vite avanza di h. Perciò se la manovella ruota di un angolo unitario la vite avanzerà di $\frac{h}{2\pi}$; e se essa ruota di un angolo $d\theta$, avanzerà di $\frac{h}{2\pi}\,d\theta$. Si ha dunque $dx = \frac{h}{2\pi}\,d\theta$.

Sostituendo questo valore nella 35)

e dividendo tutto per $d\theta$ otteniamo:

$$36) \qquad Pa - \frac{Rh}{2\pi} = 0$$

da cui ricaviamo

$$37) \qquad \frac{P}{R} = \frac{h}{2\pi a}$$

<u>Cioè la Potenza sta alla Resistenza come il passo della vite sta alla circonferenza descritta dalla manovella in un giro intero.</u>

Supposto per es: $h = 1$ cm ed $a = 1$ m, si avrebbe

$$38) \qquad \frac{P}{R} = \frac{0,01}{2 \times 3,14} = \frac{1}{628}$$

Vale a dire in questo caso il piatto B comprimerebbe il corpo C con una forza 628 volte maggiore di quella applicata nella manovella A. In pratica, occorre tener conto degli attriti che nel torchio sono spesso molto notevoli; ma ciò appartiene alla Meccanica Applicata.

Es. IV- Argano differenziale. L'argano differenziale, usato molto spesso per la sua semplicità e comodità, è composto di due cilindri coassiali, uno dei quali ha un diametro D, l'altro minore un diametro d. Al cilindro di diametro D è avvolta una fune che poi scende, passa per la gola di una puleggia mobile B portante un peso R, poi risale e si avvolge <u>in senso contrario</u> sul cilindro di diametro d.

Diamo al sistema uno sposta-

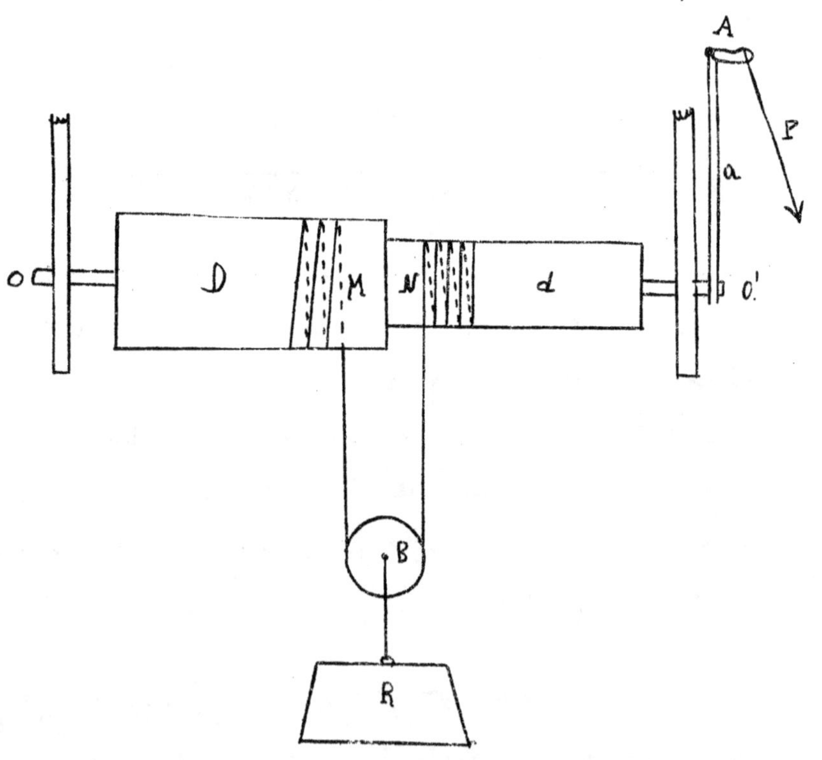

mento virtuale arbitrario, facendo ruotare per es. la manovella O'A di un angolo infinitesimo ω. L'arco descritto da A sarà uguale ad $a\,\omega$ ed il lavoro virtuale fatto dalla Potenza sarà $P\,a\,\omega$.

Se si fa ruotare la manovella, la fune si avvolge sul cilindro grande per una lunghezza uguale al raggio moltiplicato per l'angolo di cui ha ruotato la manovella, cioè $\frac{D}{2}\,\omega$.

Analogamente dal cilindro piccolo si svolge un tratto di fune uguale a $\frac{d}{2}\,\omega$. Perciò, ruotando la manovella di un angolo ω, la lunghezza totale del tratto di fune pendente M B N diminuisce di $\left(\frac{D}{2}-\frac{d}{2}\right)\omega$, e quindi il punto B s'innalza di $\left(\frac{D}{4}-\frac{d}{4}\right)\omega$, cioè della metà di questo tratto. Il lavoro virtuale compiuto dalla Resistenza R è perciò uguale a $-R\,\omega\left(\frac{D}{4}-\frac{d}{4}\right)$. Per l'equilibrio, il lavoro virtuale totale deve essere uguale a zero, essendo i vincoli bilaterali; avremo quindi:

$$39)\quad P\,a\,\omega - R\,\omega\left(\frac{D}{4}-\frac{d}{4}\right)=0$$

Da cui dividendo tutto per u ricaviamo

$$40) \quad \frac{P}{R} = \frac{D-d}{4a}$$

Cioè nell'argano differenziale la Potenza sta alla Resistenza come la differenza dei due diametri sta al quadruplo della lunghezza della manovella.

Se per es. si avesse $a = m.\,1{,}20$; $D = 0{,}40$; $d = 0{,}30$ la 40) ci darebbe

$$41) \quad \frac{P}{R} = \frac{0{,}10}{4{,}80} = \frac{1}{48}$$

Cioè in questo caso la Resistenza sarebbe 48 volte maggiore della Potenza.

9 - Campi di Forze. Potenziale

Immaginiamo di avere un punto materiale P sottoposto ad una forza $\vec{F}$, la quale dipenda dalla posizione del punto P. Per fissare le idee, supponiamo per es. che P sia un pallino di ferro attratto da una calamita posta in vicinanza. È chiaro che la forza che agisce sul punto dipende dal luogo che esso occupa. Noi diremo allora che P si trova in un <u>campo di forze</u>. Poichè la forza $\hat{F}$ dipende dalla posizione di P, anche le sue componenti X, Y, Z, dipenderanno dalle coordinate del punto cioè da x, y, z. Avremo quindi:

$$1) \begin{cases} X = X\,(x, y, z) \\ Y = Y\,(x, y, z) \\ Z = Z\,(x, y, z) \end{cases}$$

Ciò posto diamo al punto P uno spostamento qualsiasi dP di componenti dx, dy, dz, e calcoliamo il lavoro compiuto dalla forza $\hat{F}$, il quale come sappiamo è dato dal prodotto interno $\hat{F} \times dP$.

Avremo per quanto è stato detto nell'introduzione:

$$2)\quad \hat{F} \times dP = X\,dx + Y\,dy + Z\,dz.$$

Se al posto di X, Y, Z, sostituiamo i loro valori dati dalle 1) il secondo membro della 2) si trasforma in un'espressione a differenziali totali nelle tre variabili

x, y, z. Ora può avvenire, ed avviene anzi nella maggior parte dei problemi naturali, che questa espressione sia un differenziale esatto di una certa funzione V di x, y, z.

La V si chiama allora funzione delle forze, mentre chiameremo <u>Potenziale</u> (od <u>Energia Potenziale</u>) una funzione V uguale e di segno contrario alla V. Diremo ancora che la forza $\hat{F}$ è il <u>Gradiente</u> di V e scriveremo

$$2) \quad V \doteq \mathrm{Pot}\,\hat{F} \qquad \hat{F} = \mathrm{Grad}\, V.$$

<u>Occorre però osservare che molti autori chiamano Potenziale la funzione V, e riservano il nome di Energia Potenziale alla V.</u> Una perfetta uniformità di nomenclatura, non si è ancora ottenuta in questo campo.

Con le nostre definizioni avremo:

$$3) \quad \hat{F} \times dP = X\,dx + Y\,dy + Z\,dz = -\,dV$$

Cerchiamo ora il luogo geometrico dei punti dello spazio in cui V è uguale ad una costante C. L'equazione

$$1) \qquad V(x, y, z) = C$$

rappresenta una superficie S come sappiamo dalla Geometria Analitica: il luogo cercato è dunque <u>una superficie</u>.

Assegnando a C un nuovo valore C_1 avremo un'altra superficie S_1 e così di seguito. Tutte queste superfici si chiamano <u>Superfici equipotenziali o superfici di livello</u>.

Esaminiamo ora le proprietà della funzione V, e cioè le sue relazioni con la forza $\hat{F}$ e con il lavoro compiuto da $\hat{F}$, quando il punto P si muove nel campo di forze. Cominciamo dalle prime.

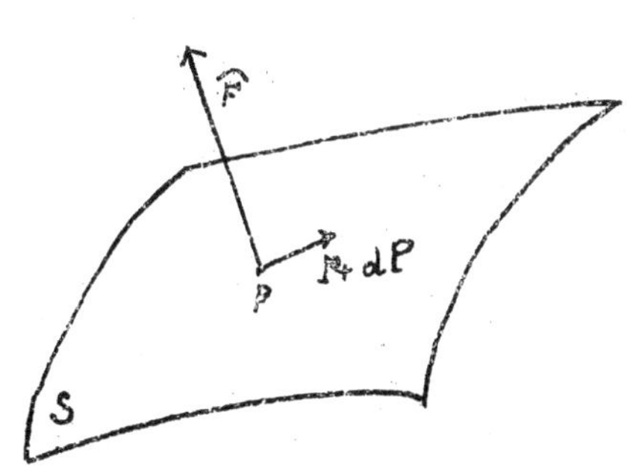

Immaginiamo disegnata una superficie equipotenziale S e facciamo muovere il punto P sopra la S, portandolo nella posizione infinitamente prossima P+dP. Poichè V è costante sopra S, il suo differenziale sarà uguale allo zero e quindi la 3) ci dà

$$5) \qquad \hat{F} \times dP = 0$$

cioè il vettore $\hat{F}$ sarà normale allo spostamento dP. Ma lo spostamento dP, giacendo sopra la superficie S ed essendo infinitesimo, si troverà lungo una tangente ad S. Quindi $\hat{F}$ è normale a tutte le tangenti ad S passanti per P, e cioè è normale alla superficie S.

Riepilogando dunque, <u>in ogni punto del campo, la forza $\hat{F}$ è normale alla superficie equipotenziale passante per quel punto.</u>

Ciò posto, chiameremo <u>linee di Forza</u> quelle linee tangenti in ogni punto alla direzione della forza. Ne segue che <u>le linee di Forza tagliano ortogonalmente tutte le superfici equipotenziali.</u>

Immaginiamo ora una superficie equipotenziale qualsiasi in cui V assume il valore C, e preso su di essa in punto P muoviamoci normalmente alla superficie nel senso della forza, di un segmento infinitesimo PP' di modulo dn. Per P' passerà una

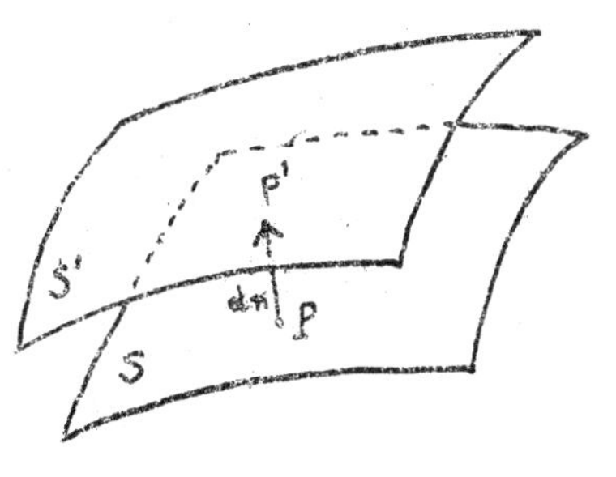

superficie equipotenziale infinitamente prossima S' in cui V assumerà il valore C + dC. Poichè la forza $\hat{F}$ è normale ad S ed ha il senso del vettore P'P il prodotto interno $\hat{F} \times dP$ sarà positivo ed uguale a dn. mod $\hat{F}$. D'altra parte poichè su S il potenziale V è uguale a C e su S' a C + dC, quando noi passiamo da P a P + dP l'incremento dV del potenziale sarà uguale a dC.

La 3) allora diviene:

$$6) \quad dn . \text{mod } \hat{F} = - dC$$

e quindi:

$$7) \quad \text{mod}. \hat{F} = - \frac{dC}{dn}$$

Dove poichè mod F e dn (che è il modulo di P' - P) sono positivi, il C risul terà negativo.

La 7) ci mostra allora che in ogni punto del campo, l'intensità della forza agente è inversamente proporzionale alla distanza dn tra due superfici equipotenziali infinitamente prossime. Di più, essendo dC negativo, noi vediamo che muovendoci in direzione della forza, il potenziale V va decrescendo. Fin ad ora abbiamo fatto muovere il punto P lungo una superficie equipotenziale o normalmente ad essa: facciamolo ora muovere in una direzione qualsiasi r, spostandolo di un segmento infinitesimo dr e chiamiamo con F_r la componente della forza $\hat{F}$ secondo la direzione r. Ricordando la definizione di prodotto interno, avremo:

8) $\hat{F} \times dP = dr\, F_r$

e quindi la 3) ci dà

9) $F_r = - \frac{dV}{dr}$

Cioè in un campo di forze, la derivata del Potenziale in una direzione qualsiasi, è uguale alla componente della forza secondo quella direzione, col segno cambiato.

In particolare, se ci muoviamo parallelamente agli assi x, y, z avremo:

$$10)\quad X = -\frac{\partial V}{\partial x} \qquad Y = -\frac{\partial V}{\partial y} \qquad Z = -\frac{\partial V}{\partial z}$$

Queste ultime equazioni, del resto, possono dimostrarsi facilmente dalla 3). Ricordando che V, è funzione di x, y, z, eseguiamo il suo differenziale totale dV con le regole del calcolo, e introduciamolo nella 3). Avremo:

$$11)\quad X dx + Y dy + Z dz = -\left[\frac{\partial V}{\partial x} dx + \frac{\partial V}{\partial y} dy + \frac{\partial V}{\partial z} dz\right]$$

Da cui eguagliando i coefficienti di dx, dy, dz si ricavano immediatamente le 10).

Passiamo ora a studiare le relazioni che passano tra il Potenziale e il Lavoro.

Se noi spostiamo il punto P,

nel campo di forze, di un segmento infinitesimo dP il lavoro compiuto dalla forza agente sarà, come sappiamo, $\hat{F} \times dP$.

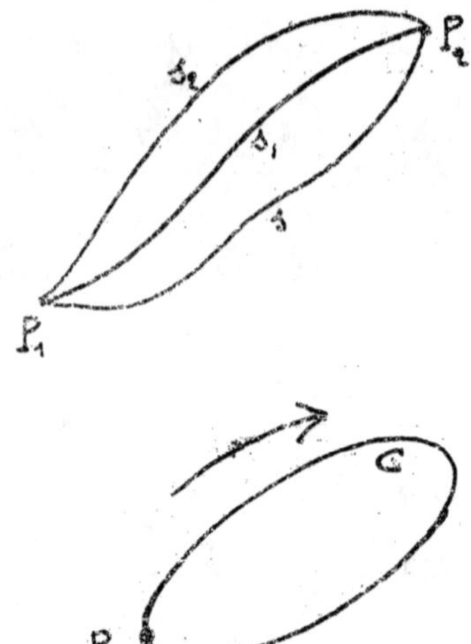

Portiamolo ora dalla posizione P_1 alla posizione P_2 lungo una curva qualsiasi s. Il lavoro totale eseguito dalle forze del campo sarà:

$$12) \quad \mathcal{L} = \int_{P_1}^{P_2} \hat{F} \times dP$$

dove l'integrale va esteso al cammino s.

Ma poichè, secondo la 3), il prodotto $\hat{F} \times dP$ è uguale a $-dV$, la 12) diviene:

$$13) \quad \mathcal{L} = -\int_{P_1}^{P_2} dV = V(P_1) - V(P_2)$$

<u>Cioè il lavoro compiuto sarà uguale al potenziale nel punto iniziale P_1 meno il potenziale nel punto finale P_2.</u>

Quindi se V è una funzione univoca, il <u>lavoro L dipende soltanto dagli estremi P_1 e P_2 e non dal cammino percorso.</u>

In altre parole, facendo muovere il punto P da P_1 a P_2 lungo le curve s_1, s_2 ecc si ottiene <u>sempre lo stesso lavoro.</u>

In particolare supponiamo di far percorrere a P un cammino chiuso e riconducendolo alla posizione di partenza. Allora P_1 coincide con P_2, e quindi essendo V univoca, la 13) ci mostra che il lavoro totale è uguale allo zero.

Es. I - Trovare il potenziale della Gravità e studiare le sue proprietà

Sappiamo dall'esperienza che ogni punto materiale è soggetto al proprio peso, cioè è sollecitato da una forza diretta verso il basso la quale si mantiene <u>sensibilmente costante</u>, almeno se noi ci limitiamo a muovere il punto in un ambiente ristretto.

Prendiamo allora un origine O qualsiasi, da cui faremo partire i tre assi ortogonali x, y, z, essendo l'asse z diretto verticalmente verso l'alto. Le componenti del peso secondo questi tre assi saranno allora:

$$14) \quad X = 0 \qquad Y = 0 \qquad Z = -P$$

Quindi il trinomio $X\,dx + Y\,dy + Z\,dz$ si riduce nel nostro caso a $-P\,dz$ che è un differenziale esatto essendo P costante. Ne deduciamo che in questo caso esiste il potenziale e quindi dalla 3) otteniamo:

$$15) \qquad -P\,dz = -dV$$

da cui integrando si ha:

$$16) \qquad V = Pz + \text{cost.}$$

La 16) ci dà appunto il potenziale della gravità relativamente ad un punto materiale di peso P. Se uguagliamo V ad una costante, ne deduciamo $z =$ costante, che è l'equazione d'un piano orizzontale. Dunque nel caso della gravità, le superficie equipotenziali sono i piani orizzontali.

Prendiamo ora il punto materiale e portiamolo da una posizione A di quota z_1 ad un'altra posizione B di quota z_2: tenendo presente il valore di V la 13) ci dice che il lavoro compiuto dalla gravità sarà uguale a $P(z_1 - z_2)$, qualunque sia il cammino che abbiamo percorso andando da A a B. In particolare se il punto materiale, dopo aver percorso un cammino qualsiasi, torna alla posizione di partenza, il lavoro sarà uguale allo zero.

10. Teoria delle Funicolari

Termineremo la Statica Generale con lo studio dell'equilibrio delle curve funicolari.

Immaginiamo di avere un filo flessibile ed inestendibile che supporremo, per semplicità, fissato agli estremi M ed N e posto in un campo di forze (per es. soggetto al proprio peso, alla pressione del vento, all'attrazione di un magnete ecc). Vogliamo trovare la figura che il filo assume quando esso è in equilibrio, e la tensione che ha in ogni suo punto.

A tale scopo, scegliamo tre assi coordinati x, y, z, uscenti da un punto qualsiasi A, e prendiamo sul filo un punto arbitrario Q come origine degli archi che conteremo per esempio andando verso destra. Se noi riusciamo a trovare le coordinate x, y, z di un punto qualsiasi del filo e la tensione in funzione dell'arco s, avremo risoluto il problema.

Per procurarci l'equazioni necessarie, immagineremo il filo come formato di tante asticelle rigide PP', ognuna di lunghezza infinitesima, articola te tra loro agli estremi. Per l'equilibrio del filo è necessario e basta che ogni asticella si trovi in riposo.

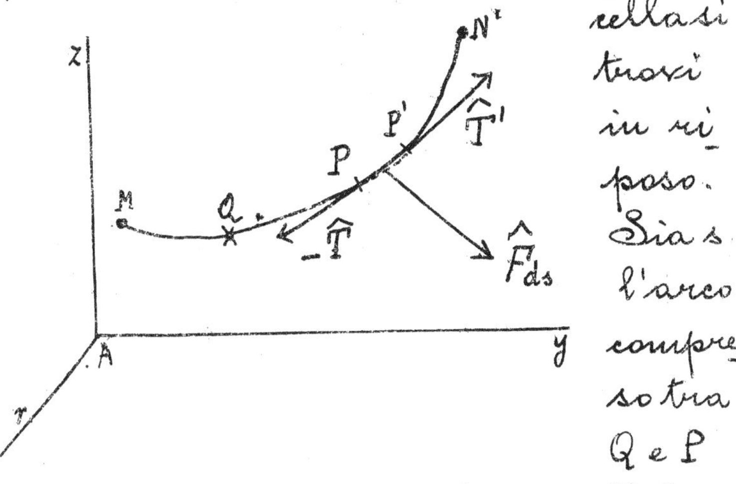

Sia s l'arco compreso tra Q e P ed $s + ds$ l'arco compreso tra Q e P'. La lunghezza del tratto PP' è allora uguale a ds. Vediamo ora quali sono le forze che agiscono sull'asticella PP'. Intanto nel punto P è applicata la forza $-\hat{T}$, cioè la tensione del tratto precedente MP, diretta in senso contrario a quello con cui contiamo gli archi: nel punto P' è poi applicata la tensione $\hat{T}'$ del tratto seguente P'N; ed infine su PP' agisce la forza del campo (per es. il proprio peso ecc) la quale, in generale, essendo infinitesima dello stesso ordine di PP' potrà essere rappresentata con $\hat{F}\,ds$.

In conclusione dunque l'asticella infinitesima PP' deve essere in equilibrio sotto l'azione delle tre forze $\hat{T}'$; $-\hat{T}$ ed $\hat{F}\,ds$. Avremo dunque, per quanto fu detto alla pag. 153, e pensando che essendo PP' infinitesima la forza $\hat{F}\,ds$ può immaginarsi applicata in un suo punto qualunque per es. in P.

$$1)\qquad \hat{R} = \hat{F}\,ds + \hat{T}' - \hat{T} = 0$$

$$2)\qquad \hat{M} = (P'-A)_\wedge \hat{T}' - (P-A)_\wedge \hat{T} + (P-A)_\wedge \hat{F}\,ds = 0$$

Ora $\hat{T}'$ è la tensione in P', cioè quando l'arco assume il valore $s+ds$, mentre $\hat{T}$ è la tensione in P cioè quando l'arco è uguale ad s. Ricordando dunque la definizione di differenziale, vediamo che $\hat{T}' - \hat{T}$ è precisamente uguale a $d\hat{T}$.

La 1) dunque diviene, dividendo per ds:

$$3)\qquad \frac{d\hat{T}}{ds} + \hat{F} = 0$$

e per la stessa ragione la 2) si semplifica in:

$$4) \quad \frac{d}{ds}\left[(P-A)\wedge\widehat{T}\right]+(P-A)\wedge\widehat{F}=0$$

Ciò posto, io dico che la 4) si riduce ad un'identità. Infatti, eseguendo il differenziale, e ricordando che A è un punto fisso, si ha:

$$5) \quad \frac{d}{ds}\left[(P-A)\wedge\widehat{T}\right]=(P-A)\wedge\frac{d\widehat{T}}{ds}+\frac{dP}{ds}\wedge\widehat{T}.$$

Ma alla pagina 27 abbiamo visto che la derivata di un punto P rispetto all'arco s, cioè $\frac{dP}{ds}$, è un vettore unitario diretto secondo la tangente. Ma anche la tensione $\widehat{T}$ è diretta secondo la tangente, dunque il prodotto esterno $\frac{dP}{ds}\wedge\widehat{T}$ è uguale allo zero.

La 5) perciò diviene:

$$6) \quad \frac{d}{ds}\left[(P-A)\wedge\widehat{T}\right]=(P-A)\wedge\frac{d\widehat{T}}{ds}$$

e quindi la 4) si riduce a

$$7) \quad (P-A)\wedge\frac{d\widehat{T}}{ds}+(P-A)\wedge\widehat{F}=0$$

cioè, ponendo a fattore comune il vettore $P-A$,

$$8) \quad (P-A)_{\wedge}\left[\frac{d\widehat{T}}{ds}+\widehat{F}\right]=0$$

Ma per la 3) la quantità tra parentesi quadra è uguale allo zero, e quindi in un'ultima conclusione la 4) ci dà $0=0$, cioè si riduce ad una identità.

Ci resta dunque ad esaminare soltanto la 3). Chiamiamo a tale scopo con τ l'intensità della tensione e ricordiamo che i coseni che la tangente forma con gli assi sono $\frac{dx}{ds}$, $\frac{dy}{ds}$, $\frac{dz}{ds}$; avremo allora proiettando la 3) sopra i tre assi cartesiani e moltiplicando per ds:

$$9) \quad \begin{cases} d\left(\tau \frac{dx}{ds}\right)+X\,ds=0 \\ d\left(\tau \frac{dy}{ds}\right)+Y\,ds=0 \\ d\left(\tau \frac{dz}{ds}\right)+Z\,ds=0 \end{cases}$$

dove con $X\,ds$, $Y\,ds$, $Z\,ds$ abbiamo indicato

le componenti della forza infinitesima $\hat{F} ds$ che agisce sul tratto elementare PP'.

Le 9) sono l'equazioni generali per l'equilibrio dei fili flessibili.

D'altra parte la geometria ci dà la nota equazione:

$$10) \quad \left(\frac{dx}{ds}\right)^2 + \left(\frac{dy}{ds}\right)^2 + \left(\frac{dz}{ds}\right)^2 = 1$$

In totale abbiamo dunque quattro equazioni [cioè le 9) e la 10)] che legano le quattro funzioni incognite x, y, z, τ con l'arco s. Il problema è dunque ricondotto all'integrazione di queste equazioni cioè al campo analitico.

Equazioni intrinseche delle funicolari. Per la soluzione dei problemi è spesso utile servirsi di altre equazioni che ricaveremo ancora dall'equazione fondamentale 3)

Per ricavare le 9) noi abbiamo proiettato la 3) sopra gli assi cartesiani;

proiettiamola ora sopra la tangente $\overline{T}$, la normale principale $\overline{N}$ e la binormale $\overline{B}$.

A tale scopo ricordiamo che la tensione $\widehat{T}$ è diretta secondo la tangente ed ha per modulo τ.

Si ha dunque:

$$11) \qquad \widehat{T} = \tau \overline{T}$$

da cui ricaviamo

$$12) \qquad \frac{d\widehat{T}}{ds} = \frac{d\tau}{ds}\overline{T} + \tau \frac{d\overline{T}}{ds}$$

cioè, ricordando l'equazione 48) della pagina 29,

$$13) \qquad \frac{d\widehat{T}}{ds} = \frac{d\tau}{ds}\overline{T} + \frac{\tau}{\rho}\overline{N}$$

da cui risulta che il vettore $\frac{d\widehat{T}}{ds}$ è la somma di due vettori, uno diretto secondo la tangente ed uguale a $\frac{d\tau}{ds}$, l'altro diretto secondo la normale principale ed uguale a $\frac{\tau}{\rho}$.

Proiettando allora la 3) sulla tangente, sulla normale principale e sulla binormale otteniamo:

14) $$\frac{dT}{ds} + F_t = 0$$

15) $$\frac{T}{\rho} + F_n = 0$$

16) $$F_b = 0$$

dove con F_t, F_n, F_b abbiamo chiamato le componenti di $\vec{F}$ secondo $\bar{T}$, $\bar{N}$ e $\bar{B}$

Le 14) 15) 16) <u>sono l'equazioni intrinseche delle funicolari</u>

Dedurremo da esse alcune conseguenze importanti

Intanto la 16) ci dice <u>che la componente di $\vec{F}$ secondo la binormale $\bar{B}$ è uguale allo zero</u>: cioè, quando il filo è in equilibrio, <u>la forza $\vec{F}ds$</u> agente in ogni punto <u>giace nel piano osculatore</u> alla curva per il punto considerato.

Vediamo quali conclusioni possono dedursi da questo fatto.

1 - Supponiamo per esempio che la <u>forza $\vec{F}$ sia centrale</u>, cioè passi sempre per un punto fisso K. Allora

il piano osculatore passerà sempre per K, <u>e quindi la curva, lungo cui si dispone il filo, giace tutta in un piano passante per K.</u>

Se il punto K fosse all'infinito, cioè se la forza $\vec{F}$ si mantenesse sempre parallela ad una direzione r, la curva giacerebbe in un piano parallelo ad r.

2. Supponiamo di avere un filo teso sopra una superficie S e, poggetto in ogni punto, (esclusi gli estremi) soltanto alla reazione normale $\widehat{R}$ della superficie stessa. Si ha allora $\widehat{F} = \widehat{R}$. La $\widehat{R}$ quindi dovrà giacere costantemente nel piano osculatore alla curva descritta dal filo, e quindi questo piano sarà sempre normale alla superficie stessa. Ora sappiamo dalla geometria che, se descriviamo sopra una superficie una curva tale che il suo piano osculatore sia sempre normale alla superficie stessa, la

curva è una geodetica. Dunque un filo teso sopra una superficie, e soggetto solo alla sua reazione, si dispone lungo una geodetica.

Per esempio, un filo teso sopra una sfera si dispone lungo un cerchio massimo.

Dalla 15) poi possiamo dedurre un'altra conseguenza importante. Supponiamo che la forza $\hat{F}$ sia sempre normale alla curva. Si ha allora $F_T = 0$ e quindi la 14) si riduce a $\frac{d\tau}{ds} = 0$ che integrata da: τ = costante. Cioè, se la forza è sempre normale al filo, la tensione si mantiene d'intensità costante.

Es. I_ Catenaria omogenea

Immaginiamo di avere un filo omogeneo, pesante sospeso agli estremi. Vogliamo trovare la curva lungo cui si dispone il filo quando esso è in equilibrio.

Cominciamo ad osservare che la forza che sollecita ogni suo elemento, cioè il proprio peso mantiene sempre la direzione costante, cioè verticale. Quindi, per quanto abbiamo visto poco fa, tutta la curva si troverà sopra un piano verticale che prenderemo come piano $x\,y$. La z sarà allora costantemente nulla, e per la nostra ricerca basteranno quindi le due prime equazioni 9) e l'equazione 10).

Scegliamo l'asse y verticale passante per il punto più basso della curva, prendiamo come origine un punto qualunque O dell'asse y e da esso facciamo partire l'asse x orizzontale.

Chiamando con p il peso dell'unità di lunghezza del filo (<u>peso unitario</u>), la forza che sollecita l'elemento $p\,p'$ di lunghezza ds sarà $p\,ds$ e le sue componenti secondo gli assi saranno $X\,ds = 0$ ed $Y\,ds = -p\,ds$.

Le due prime equazioni 9) divengono allora:

$$17) \quad d\left(\tau \frac{dx}{ds}\right) = 0$$

$$18) \quad d\left(\tau \frac{dy}{ds}\right) - p\,ds = 0$$

mentre la 10) da, essendo z sempre uguale a zero,

$$19) \quad \left(\frac{dx}{ds}\right)^2 + \left(\frac{dy}{ds}\right)^2 = 1$$

Dalla 17) ricaviamo integrando:

$$20) \quad \tau \frac{dx}{ds} = q = \text{costante}$$

Ora τ è l'intensità della tensione che è diretta secondo la tangente, $\frac{dx}{ds}$ è il coseno dell'angolo che la tangente forma con l'asse delle x, dunque la 20) ci dice che la <u>componente orizzontale della tensione è costante</u>.

Dalla 18) poi abbiamo:

$$21) \quad p = \frac{d}{ds}\left(\tau \frac{dy}{ds}\right) = \frac{d}{ds}\left(\tau \frac{dy}{dx} \cdot \frac{dx}{ds}\right) = q \frac{d}{ds}\left(\frac{dy}{dx}\right)$$

Cioè, ponendo per brevità $\frac{dy}{dx} = y'$,

$$22) \qquad p = q\frac{dy'}{ds}$$

Infine la 19) ci dà

$$23) \qquad ds = \sqrt{dx^2 + dy^2} = dx\sqrt{1 + y'^2}$$

Sostituendo questo valore di ds nella 22) essa diviene:

$$24) \qquad \frac{p}{q}\,dx = \frac{dy'}{\sqrt{1 + y'^2}}$$

la quale integrando ci dà:

$$25) \qquad \frac{p}{q}x + C = \log\left[y' + \sqrt{1 + y'^2}\right]$$

Ora l'asse y passa per il punto più basso della curva: dunque per $x = 0$ deve aversi $\frac{dy}{dx} = y' = 0$.

Sostituendo questi valori nella 25) si ha $C = \log 1 = 0$; e quindi essa diviene:

$$26) \qquad \frac{p}{q}x = \log\left[y' + \sqrt{1 + y'^2}\right]$$

da cui ricaviamo:

$$27) \qquad e^{\frac{p}{q}x} = y' + \sqrt{1 + y'^2}$$

Osserviamo ora che il prodotto $\left[\sqrt{1 + y'^2} + y'\right]\left[\sqrt{1 + y'^2} - y'\right]$ è uguale all'unità, come si verifica immediatamente.

Abbiamo dunque:

$$28)\quad \sqrt{1+y'^2}-y' = \frac{1}{\sqrt{1+y'^2}+y'} = e^{-\frac{p}{q}x}$$

Facendo ora la semisomma delle 27) e 28) otteniamo:

$$29)\quad \sqrt{1+y'^2} = \frac{1}{2}\left[e^{\frac{p}{q}x}+e^{-\frac{p}{q}x}\right]$$

e facendo la semidifferenza si ha:

$$30)\quad y' = \frac{1}{2}\left[e^{\frac{p}{q}x}-e^{-\frac{p}{q}x}\right]$$

Per avere l'equazione della curva, non resta altro che integrare la 30); eseguendo l'integrazione si ha immediatamente

$$31)\quad y = \frac{q}{p}\,\frac{e^{\frac{p}{q}x}+e^{-\frac{p}{q}x}}{2} + \text{cost}$$

Ciò posto noi avevamo fissato la posizione dell'asse y, ma non avevamo scelta ancora l'origine. Scegliamola in modo che la *costante arbitraria che compose nella 30) sia uguale a zero*. Allora, per $x=0$, la y diviene uguale alla quantità $\frac{q}{p}$; cioè l'ordinata del punto più basso della catenaria, corrispondente all'origine, è uguale a $\frac{q}{p}$.

A noi interessa anche il valore della tensione in ogni punto. Per ottenerlo ricaviamo dalla 20)

32) $$\tau = q \frac{ds}{dx}$$

cioè, ricordando il valore di ds dato dalla 23)

34) $$\tau = q\sqrt{1+y'^2}$$

la quale, secondo la 29) diviene

35) $$\tau = \frac{1}{2} q \left[e^{\frac{p}{q}x} + e^{-\frac{p}{q}x} \right]$$

Cioè paragonando con la 30), dove la costante è stata presa uguale a zero, si ha semplicemente:

36) $$\tau = p y$$

La 36) ci mostra che <u>nella catenaria l'intensità della tensione è proporzionale all'ordinata.</u>

Per avere infine la lunghezza dell'arco s, ricaviamo dalle 23) e 29)

37) $$ds = \sqrt{1+y'^2}\, dx = \frac{e^{\frac{p}{q}x} + e^{-\frac{p}{q}x}}{2}$$

ed integrando

$$38)\quad s = \frac{q}{p}\,\frac{e^{\frac{p}{q}x} - e^{-\frac{p}{q}x}}{2} + \text{cost.}$$

Se contiamo gli archi dal punto più basso della curva, per $x=0$ si ha $s=0$ e allora la costante arbitraria è nulla.

In conclusione scegliendo l'asse y verticale passante per il punto più basso e prendendo l'origine in modo tale che l'ordinata di questo punto sia uguale a $\frac{q}{p}$, le equazioni relative alla Catenaria sono:

$$39)\quad \begin{cases} y = \dfrac{q}{p}\,\dfrac{e^{\frac{p}{q}x} + e^{-\frac{p}{q}x}}{2} \\[2ex] \tau = p\,y \\[2ex] s = \dfrac{q}{p}\,\dfrac{e^{\frac{p}{q}x} - e^{-\frac{p}{q}x}}{2} \end{cases}$$

dove gli archi vengono contati dal punto più basso della curva.

Es. II. Curva dei ponti sospesi o catenaria parabolica. Esaminiamo ora un secondo caso particolare di gran de importanza.

Si voglia determinare, in un ponte sospeso la forma assunta dal canapo che lo sostiene e la tensione che esso ha in ogni punto.

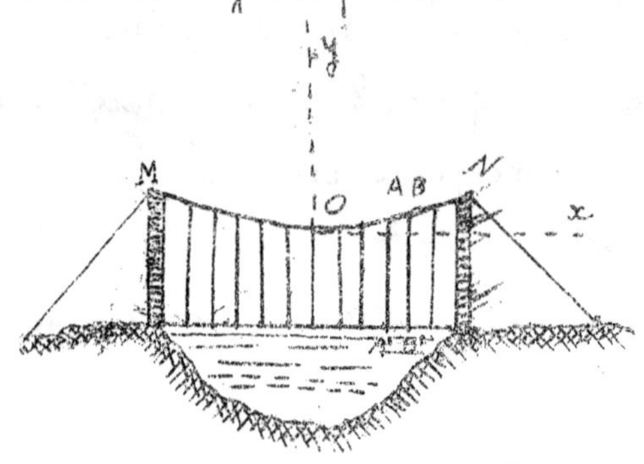

Osserviamo anzitutto che, essendo in numero finito i tiranti che uniscono il canapo al piano del ponte, la forma assunta dal canapo sarà in realtà una poligonale.

Però se i tiranti sono molto vicini potremo confondere la poligonale con una curva, e sempre con questa ipotesi, potremo supporre che su ogni tratto infinitesimo A B del canapo si scarichi il peso del tratto sottostante A' B' del ponte. La forza agente su ogni elemento della fune sarà quindi sempre verticale e perciò la fune stessa si disporrà in un piano verticale.

Prendiamo allora come origine il punto più basso O della curva, l'asse x orizzontale e l'asse y verticale.

Indichiamo con p il peso del ponte per unità di lunghezza (per es. per m.l); allora la forza $\bar{F}ds$ che agisce sul tratto elementare AB è uguale al peso del tratto di ponte sottostante A'B' cioè a $p\,dx$ e le sue componenti secondo gli assi sono $X\,ds = 0 \quad Y\,ds = -p\,dx$.

Le prime due equazioni 9) ci danno allora

$$40) \quad d\left(T\frac{dx}{ds}\right) = 0$$

$$41) \quad \frac{d}{dx}\left(T\frac{dy}{ds}\right) = p$$

Dalla 40) ricaviamo subito:

$$42) \quad T\frac{dx}{ds} = q = \text{costante}$$

che ci dice che, anche qui, <u>la componente orizzontale della tensione è costante</u>; inoltre la 41) diviene:

$$41) \quad \frac{d}{dx}\left(T\frac{dy}{ds}\right) = \frac{d}{dx}\left(T\frac{dx}{ds}\frac{dy}{dx}\right) = q\frac{d}{dx}\left(\frac{dy}{dx}\right) = p$$

cioè riducendo:

$$42)\qquad \frac{d^2y}{dx^2} = \frac{p}{q}$$

Integrando la 42) si ottiene

$$43)\qquad \frac{dy}{dx} = \frac{p}{q}x + cost$$

dove la costante additiva deve essere nulla perchè l'origine è il punto più basso della curva, e quindi per $x = 0$ anche $\frac{dy}{dx}$ deve essere zero.

Integrando ancora si ha:

$$44)\qquad y = \frac{p}{2q}x^2$$

dove non abbiamo aggiunto alcuna costante perchè la curva passa per l'origine e quindi ad $x = 0$ corrisponde $y = 0$.

La 44) è l'equazione di una parabola con l'asse verticale: la curva dei ponti sospesi è dunque <u>una parabola</u>. Per questa ragione essa viene spesso chiamata col nome di <u>Catenaria parabolica</u>

Troviamo ora la tensione T

La 42) ci dà:

$$45)\qquad T = q\frac{ds}{dx}$$

cioè, ricordando la nota espressione di $\frac{ds}{dx}$

data dalla geometria

$$46) \qquad \tau = q\sqrt{1+\left(\frac{dy}{dx}\right)^2}$$

Sostituendo ora nella 46) il valore di $\frac{dy}{dx}$ dato dalla 43) abbiamo

$$47) \qquad \tau = q\sqrt{1+\frac{p^2}{q^2}x^2} = \sqrt{q^2+p^2x^2}$$

Possiamo anche eliminare l'incognita q per mezzo della 44). La 47) diviene allora:

$$48) \quad \tau = \sqrt{\frac{p^2}{4y^2}x^4+p^2x^2} = px\sqrt{1+\frac{x^2}{4y^2}}$$

Quest'ultima equazione ci dà immediatamente la tensione di un punto qualsiasi della curva, conoscendo il peso del ponte per unità di lunghezza, p, e le coordinate del punto x ed y.

CAPITOLO III

Dinamica dei Sistemi Generali

1. Cenno storico - Equazioni fondamentali.

Mentre le origine della Statica sono antichissime, come abbiamo già visto nel capitolo passato, la Dinamica è una scienza relativamente moderna.

Tralasciando di occuparci dei concetti di Aristotele e della sua scuola, che ebbero d'altronde grande influenza nell'antichità e nel medio evo, possiamo dire che le prime idee veramente logiche sopra l'inerzia della materia, sul moto ecc. sorsero verso il 1350 per opera di Giovanni

Buridan, rettore dell'Università di Parigi, del suo allievo Alberto di Sassonia e di Nicola Oresme.

Questi concetti furono poi sviluppati in Italia da Nicola Cusano, Paolo Toscanelli, Leonardo da Vinci e sopra tutto da Giovanni Battista Benedetti. Ma si trattava ancora d'idee vaghe e non sempre esatte.

Il vero creatore della Scienza del moto dei corpi è stato Galileo Galilei (nato a Pisa nel 1564, morto ad Arcetri nel 1642; l'anno stesso in cui nacque Newton) ed a Galileo spetta incontestato il vanto di primo e grande fondatore della Dinamica.

La sua scoperta fu esposta nell'opera intitolata: "Discorsi e dimostrazioni matematiche intorno a due nuove scienze", stampata a Leyda nel 1638.

"Essa non procurò allora a Galileo - scrive Lagrange nella sua Meccanica

Mecc. Razionale 32.

"Analitica - una celebrità uguale a quella
"che aveva avuto dallo studio del cielo, ma
"forma oggi la parte più reale e più solida
"della gloria di questo grande uomo.

"La scoperta dei satelliti di Giove,
"quella delle fasi di Venere e delle macchie
"del Sole non richiedeva che un telescopio e
"dell'assiduità; ma occorreva invece un ge-
"nio straordinario per dedurre le leggi del-
"la natura da fenomeni che l'umanità ave-
"va sempre avuto sotto gli occhi, ma la cui
"spiegazione era sempre sfuggita alle ricerche dei filosofi.„ (Lagrange - Mecc. Analitica
T. I pag. 222)

Galileo, fedele al metodo sperimentale di cui era stato fervente banditore,
partì dall'esperienza facendo muovere dei
corpi in campi di forze, ed osservando il
loro moto.

Tra i campi di forze, il più sempli-
ce è quello che abbiamo sempre a nostra disposizione,
è il campo gravitazionale: e Galileo si servì di esso nelle sue esperienze studiando il moto dei corpi caden-

ti liberamente dall'alto o lungo piani inclinati. Egli si accorse che se un punto materiale si muove sotto l'influenza di una forza, l'accelerazione che assume è proporzionale alla forza agente, ha lo stesso senso e la stessa direzione e non dipende dalla velocità del punto.

Dato dunque un punto materiale K, se noi lo poniamo in un campo di forze, in modo che esso sia sollecitato da una forza $\hat{F}$, esso assumerà una certa accelerazione $\hat{A}$, la quale ha lo stesso senso e la stessa direzione di $\hat{F}$ ed è in modulo proporzionale a quello di $\hat{F}$. Avremo dunque:

$$1) \qquad \hat{F} = m\,\hat{A}$$

dove m è una quantità scalare, positiva, indipendente dalla velocità di K.

Se noi raddoppiamo, triplichiamo $\hat{F}$, anche $\hat{A}$ si raddoppia, si triplica ecc. perchè l'accelerazione, secondo l'esperienza, è proporzionale alla forza agente; e quindi m resta inalterato.

Dunque il numero m è una co-

<u>stante positiva, propria del punto K, ed indipendente dalle condizioni in cui K si trova: per es. dalla sua velocità ecc.</u>

A questa costante fu poi dato il nome di <u>Massa</u> (Newton) per ragioni che tra poco esamineremo.

Occorre ora premettere un'osservazione importante. Galileo ed i suoi primi discepoli, nell'eseguire le loro esperienze, si servivano come corpo di riferimento della terra o di assi congiunti col globo terrestre. Più tardi lo stesso Galileo, ed altri scienziati, si accorsero che servendosi di tali assi l'equazione 1) non era del tutto esatta: per es. l'esperienza dimostra che un grave cadente liberamente invece di muoversi in linea retta devia un poco verso est. Si spiegò tale deviazione col moto della terra e quindi, per suggerimento di Newton, vennero presi come assi fissi, a cui riferire la 1) tre assi X, Y, Z, aventi per origine il centro di gravità del sistema Solare e diretti verso tre stelle fisse.

Ad essi i Meccanici hanno dato il nome di Assi Assoluti.

Ciò posto l'esperienza ha dimostrato che se noi ci riferiamo agli assi assoluti l'equazione 1) è valida con tutta l'esattezza desiderabile; almeno finchè i corpi che si studiano non hanno velocità grandissima paragonabile a quella della luce.

Un facile calcolo dimostra anzi che la 1) è valida riferendoci anche ad una terna di assi qualsiasi, in moto di traslazione uniforme rispetto agli assi assoluti.

Dal punto di vista pratico la questione era dunque risoluta: ma essa restava intera dal punto di vista logico e filosofico.

Infatti, si potrebbe domandare, per qual ragione la 1), che regola il moto di tutti i corpi, è valida se ci riferiamo ad assi congiunti col centro di gravità del Sistema Solare, e non è valida invece se ci riferiamo ad assi congiunti col centro di gravità per es. del sistema di Sirio o di α Centauri?

Per quale ragione gli assi congiunti col centro di gravità del sistema solare, debbono essere così privilegiati rispetto ad altri?

Per rispondere a tale questione, che certamente interessa più la filosofia che la Scienza Pratica, il Neumann ammise recentemente l'esistenza di un campione di quiete universale (gli assi centrali dell'Universo, l'etere(?)) che egli chiamò Corpo Alfa, rispetto a cui la 1) sarebbe valida. Siccome gli assi assoluti si muovono presso a poco con moto di traslazione uniforme rispetto al Corpo Alfa così la 1) sarebbe valida, con grande approssimazione, anche rispetto ad essi.

La questione fu largamente dibattuta in questi ultimi anni, finchè la moderna Teoria di Relatività, sulla quale non possiamo qui trattenerci, ha posto il problema su basi interamente nuove.

Riferiamoci ora agli assi assoluti e supponiamo che $\hat{F}$ sia uguale a zero. La 1) ci dà allora $\hat{A} = 0$, e poichè si ha dalla Cinematica $\hat{A} = \frac{d\hat{V}}{dt}$, ne risulta che il vettore $\hat{V}$ è costante, cioè ha sempre la stessa grandezza direzione e senso. Dunque se un punto materiale non è soggetto ad alcuna forza esso si muove in linea retta con velocità costante. È questa la legge d'Inerzia, già intuita di Giovanni Buridan nel sec. XIV e poi più chiaramente da Leonardo da Vinci.

Torniamo ora a parlare del concetto di massa.

Supponiamo che l'unica forza agente sul punto materiale K sia il proprio peso; e, trascurando il moto della terra, prendiamo un asse delle z diretto verso il basso e proiettiamo i due membri della 1) sull'asse z.

Come sappiamo dall'esperienza, se un corpo cade liberamente nel vuoto, la sua accelerazione (che s'indica per consuetudine con la lettera g) è uguale, in media, a metri 9,81 per minuto secondo. Nelle regioni equatoriali g ha un valore un poco minore (circa 9,78) mentre è maggiore nelle regioni polari (circa 9,83). In cifra tonda gl'ingegneri possono prendere g = 9.80.

Proiettando dunque la 1) sull'asse z ed indicando con P il peso del punto K abbiamo:

$$2) \quad P = mg$$

da cui ricaviamo:

$$3) \quad m = \frac{P}{g}$$

L'equazione 3) ci dà il valore della massa m, conoscendo il peso e l'accelerazione della gravità.

Prendendo g = 9.80 risulta m = 0,102P che è la formula communemente usata dagli ingegneri per il calcolo di m.

Immaginiamo ora di far cambiare al corpo K il suo stato fisico, di comprimerlo, di deformarlo ecc. La Bilancia ci dimostra che il suo peso P non varia: anche questa invariabile, perchè l'esperienza insegna che in uno stesso luogo tutti i corpi cadono nel vuoto con la medesima accelerazione. Dunque la costante m non varia.

Se noi prendiamo due corpi A e B

e li saldiamo insieme, la bilancia ci dice che il peso del corpo risultante è uguale alla somma dei due pesi parziali. La 9) ci mostra quindi che la massa totale è la somma delle masse parziali.

Riepilogando dunque, m è una costante positiva, propria del corpo, la quale non varia qualunque siano le modificazioni di forma o di stato fisico che facciamo subire al corpo stesso, purchè non se ne tolga alcuna parte. Se noi uniamo insieme più corpi, la massa totale risulta uguale alla somma delle masse parziali.

Per queste ragioni Newton, e dopo di lui tutti gli scienziati fino alla metà del secolo passato, credettero che m fosse la misura della quantità di materia contenuta nel corpo, e l'indicarono quindi col nome di massa.

Recentemente però, fu osservato che noi, rigorosamente parlando, non cono=

sciamo, che cosa sia la materia; o almeno non ne sappiamo dare, fin ad ora, una definizione interamente soddisfacente. Non sappiamo dunque in realtà che cosa sia la quantità di materia contenuta in un corpo.

D'altra parte recenti esperienze sui corpi che hanno velocità grandissima, paragonabile a quella della luce, (per es. gli elettroni) hanno mostrato che m non è rigorosamente costante, per un dato materiale, ma varia un poco con la sua velocità ed anche con l'angolo che la direzione della forza forma con quella della velocità (massa longitudinale e trasversale). L'antico concetto di Newton si trovò quindi posto in dubbio, e sorse invece una nuova teoria secondo cui la materia non è altro che energia, teoria confermata dal principio di Relatività.

In ogni caso, tralasciando di occuparci di queste ricerche, che escono dal campo della Meccanica Razionale, noi possiamo riassumere la discussione fatta dicendo che m si mantiene praticamente costante se la velocità del punto è piccola rispetto alla velocità della luce, e che l'equazione 1) è valida con tutta l'esattezza desiderabile se noi ci riferiamo agli assi assoluti.

Anzi, per i calcoli pratici in cui non si richieda grande precisione, si possono prendere come assi di riferimento tre assi congiunti col globo terrestre.

È necessario che ognuno si formi un'idea esatta della differenza che vi è tra Massa e Peso. Il peso è una forza, e precisamente la forza risultante dall'attrazione della terra e dalla forza centrifuga dovuta al moto di rotazione terrestre; la massa invece è una costante propria di ogni punto materiale (secondo Newton, la quantità di materia in esso contenuta).

Se noi per es. prendiamo un

un corpo e lo portiamo sopra un monte il suo peso diminuisce, mentre la sua massa resta costante.

Così pure se la Terra cessasse di attirare i corpi e di ruotare intorno al proprio asse, il peso di ogni corpo diverrebbe uguale a zero, ma la sua massa resterebbe inalterata: e quindi per esempio per imprimere ad un corpo una certa velocità occorrerebbe lo stesso lavoro che si richiede attualmente

Ciò posto proiettando la 1) su tre assi cartesiani x, y, z e ricordando le componenti dell'accelerazione date alla pag. 56 formula 21, avremo:

$$m \frac{d^2x}{dt^2} = X$$

$$4) \qquad m \frac{d^2y}{dt^2} = Y$$

$$m \frac{d^2z}{dt^2} = Z$$

dove X, Y, Z sono le componenti di $\hat{F}$ rispetto agli assi. Le 4) sono le equazioni del moto di un punto in coordinate cartesiane.

Immaginiamo invece che un punto materiale K descriva una certa traiettoria sotto l'azione di una forza $\hat{F}$. Proiettando la 1) sopra la tangente $\overline{T}$, la normale principale $\overline{N}$ e la binormale $\overline{B}$, e ricordando le formule 19) e 20) della pag. 56, avremo:

$$m \frac{dv}{dt} = F_\tau$$

$$5) \qquad m \frac{v^2}{\rho} = F_n$$

$$0 = F_b$$

dove F_τ, F_n, F_b sono le componenti di $\hat{F}$ lungo la tangente, la normale principale, e la binormale. Poichè $F_b = 0$ ne risulta che la forza giace sempre nel piano osculatore.

Supponiamo infine che il punto K, sotto l'azione della forza $\hat{F}$, descriva una curva piana che noi riferiremo a coordinate polari r e ϑ.

Proiettando la 1) sul raggio vettore r e sopra la sua perpendicolare s nel senso del moto, e ricordando le formole 28) e 29) della pag. 59. avremo:

$$6)\quad \begin{cases} m\left[\dfrac{d^2 r}{dt^2} - r\left(\dfrac{d\vartheta}{dt}\right)^2\right] = F_r \\ m\left[2\,\dfrac{dr}{dt}\,\dfrac{d\vartheta}{dt} + r\,\dfrac{d^2\vartheta}{dt^2}\right] = F_s \end{cases}$$

dove F_r ed F_s sono la componente radiale e la componente trasversale di $\hat{F}$.

Le 6) sono le equazioni del moto piano di un punto in coordinate polari.

Es. I. Moto Parabolico dei Gravi.

Questo problema importantissimo fu risoluto dallo stesso Galileo, il quale scoprì che un grave lanciato obliquamente nel vuoto descrive una parabola, ed espose la sua scoperta nei "Discorsi intorno a due nuove scienze" di cui già abbiamo parlato (1638).

Immaginiamo di lanciare obliquamente un grave K nel vuoto, e trascurando il moto della terra, prendiamo come assi di riferimento degli assi congiunti col globo terrestre.

Intanto osserviamo che l'unica forza agente sul punto K è il proprio peso, e poichè il peso è sempre verticale ne risulta che il piano osculatore alla traiettoria (su cui giace la forza) sarà anche esso sempre verticale. Dunque la traiettoria è piana e contenuta in un piano verticale.

Prendiamo questo piano come piano x y scegliendo come origine la posizione di partenza, l'asse y verticale e diretto verso l'alto e l'asse x orizzontale. Sia V la velocità iniziale ed α l'angolo che essa forma con l'asse x. Poichè l'unica forza che agisce sul proiettile è il proprio peso

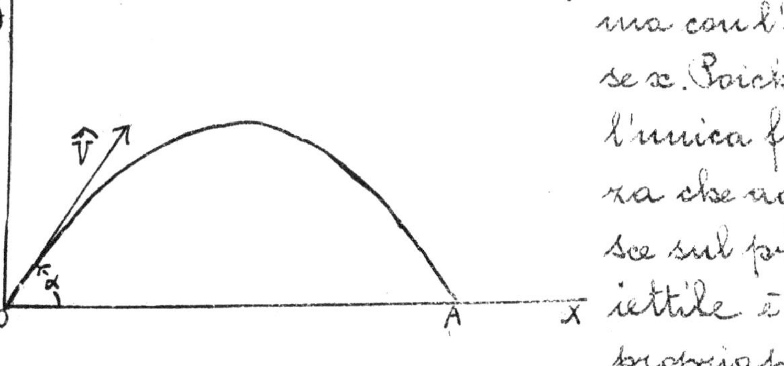

mg, le equazioni 4) divengono nel caso

nostro:

7) $$\frac{d^2x}{dt^2} = 0$$

8) $$\frac{d^2y}{dt^2} = -g$$

Integrando si ha:

9) $$\frac{dx}{dt} = C_1$$

10) $$\frac{dy}{dt} = -gt + C_2$$

Ma $\frac{dx}{dt}$ e $\frac{dy}{dt}$ sono le componenti della velocità lungo gli assi delle x e delle y; e poichè queste, nell'istante iniziale, sono uguali a $V\cos\alpha$ e a $V\operatorname{sen}\alpha$, avremo:

11) $C_1 = V\cos\alpha$

12) $C_2 = V\operatorname{sen}\alpha$

E quindi le 9) e 10) divengono:

13) $$\frac{dx}{dt} = V\cos\alpha$$

14) $$\frac{dy}{dt} = -gt + V\operatorname{sen}\alpha$$

Integrando nuovamente, e sapendo che per $t=0$ si ha $x=0$ ed $y=0$, avremo:

15) $x = Vt\cos\alpha.$

16) $$y = -\frac{1}{2} g t^2 + V t \operatorname{sen} \alpha$$
le quali equazioni ci dànno la posizione del proiettile per ogni valore del tempo t.

Per trovare ora l'equazione della traiettoria basta eliminare t tra la 15) e la 16). Ricavando t dalla prima e sostituendolo nella seconda ottengo:

$$t = \frac{x}{V \cos \alpha} \qquad y = -\frac{g}{2} \frac{x^2}{V^2 \cos^2 \alpha} + \frac{x}{V \cos \alpha} V \operatorname{sen} \alpha,$$

cioè, riducendo e moltiplicando per $\frac{2V^2 \cos^2 \alpha}{g}$,

17) $$x^2 - x \frac{V^2}{g} \operatorname{sen} 2\alpha + \frac{2V^2 \cos^2 \alpha}{g} y = 0$$

che è l'equazione della traiettoria.

Poichè essa è di secondo grado nelle coordinate x ed y sappiamo intanto che la traiettoria è una conica. Per vedere poi quale specie di conica sia, ricordiamo che un'equazione:

18) $$a_{11} x^2 + 2 a_{12} x y + a_{22} y^2 + 2 a_{13} x + 2 a_{23} y + a_{33} = 0$$
rappresenta un'ellisse, una parabola, od un'iperbole secondo che il binomio $a_{12}^2 - a_{11} a_{22}$

è negativo, nullo o positivo.

Nel nostro caso paragonando la 18) con la 17) si ha $a_{12}=0$; $a_{11}=1$; $a_{22}=0$; e quindi $a_{12}^2 - a_{11}\ a_{22}$ è uguale allo zero; perciò la 17) rappresenta una parabola. Dunque un grave lanciato obliquamente nel vuoto descrive una parabola.

Tagliamo ora la parabola con l'asse delle x e, a tale scopo, poniamo nella 17) $y=0$. Essa diviene allora:

$$19) \quad x^2 - x\frac{V^2}{g}\operatorname{sen} 2\alpha = 0$$

che possiamo scrivere sotto la forma:

$$20) \quad x\left(x - \frac{V^2}{g}\operatorname{sen} 2\alpha\right) = 0$$

Si vede allora immediatamente che questa equazione ha per radici:

$$21) \quad x = 0$$

$$22) \quad x = \frac{V^2}{g}\operatorname{sen} 2\alpha.$$

La parabola taglia dunque l'asse delle x in due punti, e cioè nell'origine (a cui corrisponde $x=0$) e nel punto A (a cui corrisponde $x = \frac{V^2}{g}\operatorname{sen} 2\alpha$).

La lunghezza del segmento OA, che si chiama <u>la gittata</u> del tiro, è dunque uguale a $\frac{V^2}{g}$ sen 2α. Affinchè la gittata sia massima accorre che sen 2α assuma il valore massimo: quindi 2α dovrà essere uguale a $90°$ ed α uguale a $45°$. Nel vuoto dunque l'angolo di tiro necessario per ottenere una gittata massima è di $45°$.

Es. II. Moto dei pianeti - Attrazione Universale _ Applichiamo ora i nostri concetti di Dinamica allo studio del moto dei pianeti.

Come abbiamo visto nella Cinematica (pag 65 e seg), l'accelerazione dei pianeti e delle comete è sempre diretta verso il Sole ed è inversamente proporzionale al quadrato della distanza.

Poichè la forza è uguale al prodotto della massa per l'accelerazione, ne segue che la forza che sollecita i pianeti e le comete è sempre diretta verso il sole ed è proporzionale alla loro massa ed inversamente proporzionale al quadrato della distanza. In altre parole, il Sole attira i pianeti e le comete con forza proporzionale alla loro massa ed inversamente proporzionale al quadrato della distanza.

Questa conclusione importantissima è dovuta a Newton. Essa si estende immediatamente al moto dei satelliti, che sono sottoposti all'attrazione del pianeta da cui dipendono.

Più tardi, le osservazioni sopra le stelle doppie, iniziate da Herschell e continuate poi da Bessel, Struve, Secchi ecc, hanno dimostrato che la stessa legge è valida anche per i sistemi stellari.

Infine le note esperienze del Cavendish, la deviazione del filo a piombo in prossimità di una montagna ecc. hanno dimostrato che la stessa attrazione si esercita fra due masse materiali qualunque.

Possiamo dunque estendere il risultato trovato nello studio del moto dei pianeti, ed affermare, in conseguenza, che due punti materiali qualsiasi si attirano in ragione diretta della loro massa ed in ragione inversa del quadrato delle distanze.

Questa legge che costituisce una delle più grandi scoperte che l'intelletto umano abbia fatto, è la legge dell'attrazione Universale.

Es. III. Moto di un punto attratto da un centro fisso con la legge di Newton - Studiamo ora il moto di un punto P di massa m attratto da un centro fisso O con una forza d'intensità $F = -\frac{mb}{r^2}$, cioè proporzionale alla massa ed inversamente proporzionale al quadrato della distanza.

Intanto poichè la forza, e quindi l'accelerazione, è diretta sempre verso O anche il piano osculatore alla traiettoria passerà sempre per O. L'orbita del punto P sarà dunque una curva piana, situata in un piano passante per O.

Riferiamola allora a coordinate polari r e ϑ, prendendo O come polo.

Poichè l'accelerazione è diretta sempre verso O, il moto sarà areale, secondo quanto abbiamo visto in Cinematica; cioè il raggio vettore P - O descriverà aree proporzionali al tempo.

Potremo trovare allora l'equazione della traiettoria applicando la formula di Binet (o meglio di Newton a cui realmente è dovuta) data alla pag. 65.

Avremo dunque, ricordando che l'accelerazione è uguale alla forza divisa per la massa:

$$23) \qquad \frac{f}{r^2} = \frac{\lambda^2}{r^2}\left\{\frac{1}{r} + \frac{d^2\frac{1}{r}}{d\vartheta^2}\right\}$$

Ponendo $\frac{1}{r} = u$ e riducendo si ha:

$$24) \qquad \frac{d^2u}{d\vartheta^2} + u = \frac{f}{\lambda^2}$$

Posto $u - \frac{f}{\lambda^2} = x$ ed essendo f e λ quantità costanti la 24) diviene:

$$25) \qquad \frac{d^2 x}{d\vartheta^2} + x = 0$$

il cui integrale generale, come sappiamo dall'analisi, è uguale a

$$26) \qquad x = A \cos(\vartheta - \omega)$$

dove A ed ω sono le due costanti arbitrarie. Si ha allora

$$27) \qquad u = \frac{f}{\lambda^2} + A \cos(\vartheta - \omega)$$

e quindi ne risulta

$$28) \qquad r = \frac{1}{\frac{f}{\lambda^2} + A \cos(\vartheta - \omega)}$$

Osserviamo ora che $\frac{f}{\lambda^2}$ è certamente una quantità positiva, poichè f è positiva; possiamo anche supporre che A sia positiva, giacchè altrimenti basterebbe aumentare di π la costante arbitraria ω.

Posto allora:

$$29) \qquad \frac{\lambda^2}{f} = p$$

30) $$\frac{\lambda^2 A}{f} = e$$

la 28) diviene moltiplicando numeratore e denominatore per p:

30) $$r = \frac{p}{1 + e\cos(\vartheta - \omega)}$$

che è l'equazione di una conica avente per fuoco l'origine.

Se dunque un punto materiale P è attratto con la legge di Newton da un centro fisso O, esso descrive una conica avente per fuoco O.

Es. IV. Calcolare la velocità da darsi ad un proiettile lanciato verticalmente affinchè si allontani indefinitamente dalla Terra.

Il problema che passiamo a risolvere ha grande importanza nella teoria dell'atmosfera, come vedremo tra breve. Per ora, prendiamo come origine il centro della terra e come asse z la verticale lungo cui si muove il proiettile. Ciò posto, l'unica forza che agisce sul proiettile stesso è l'attrazione della terra la quale varia come sappiamo, in ragione inversa del quadrato della distanza. Quindi se alla superficie terrestre, dove la distanza dal centro della terra è uguale al suo raggio R, il peso del proiettile è P, alla distanza z esso avrà un valore Z dato dalla proporzione:

31) $R^2 : z^2 :: Z : P$

da cui ricaviamo:

32) $Z = P \frac{R^2}{z^2}$

Di più Z avrà il segno negativo, perchè diretta verso il basso.

Ciò premesso, la terza delle equazioni 4) diviene nel caso nostro

33) $m \frac{d^2 z}{dt^2} = - P \frac{R^2}{z^2}$

Moltiplicando ambo i membri per $2 \frac{dz}{dt}$, dividendo poi tutto per m e ricordando che si ha $\frac{P}{m} = g$, otteniamo:

Mecc. Razionale 35.

$$34)\quad 2\frac{dz}{dt}\frac{d^2z}{dt^2} = -2R^2g\frac{1}{z^2}\frac{dz}{dt}$$

ed integrando:

$$35)\quad \left(\frac{dz}{dt}\right)^2 = \frac{2R^2g}{z} + C$$

Ora $\frac{dz}{dt}$ è la velocità v giacchè il proiettile si muove lungo l'asse delle z. Possiamo scrivere perciò:

$$36)\quad v^2 = \frac{2R^2g}{z} + C$$

Quando il proiettile s'innalza, z aumenta e quindi v diminuisce. Nell'istante iniziale, in cui il proiettile parte dalla superficie terrestre, si ha $v = w$ e $z = R$; perciò la 36) diviene:

$$37)\quad w^2 = 2Rg + C$$

da cui ricaviamo:

$$38)\quad C = w^2 - 2Rg$$

e sostituendo nella 36)

$$39\quad v^2 = \frac{2R^2g}{z} + w^2 - 2Rg$$

Ora noi sappiamo che il proiettile si arresta nella sua corsa ascensionale, quando la sua velocità v è divenuta nulla.

Quindi a $v = 0$ corrisponde il massimo valore h dell'altezza.

Avremo perciò dalla 39)

40) $$0 = \frac{2R^2 g}{h} + w^2 - 2Rg$$

da cui ricaviamo:

41) $$h = \frac{2R^2 g}{2Rg - w^2}$$

Ora affinchè il proiettile non torni più indietro, l'altezza massima h da esso raggiunta deve essere infinita. Ma affinchè h sia infinita, secondo la 41) occorre che si abbia $2Rg - w^2 = 0$ cioè:

42) $$w = \sqrt{2Rg}$$

Ora si ha, prendendo per unità di lunghezza il metro e per unità di tempo il secondo:

$$R = 6300000 \qquad g = 9,80$$

da cui ricaviamo in cifra tonda:

43) $$w = 11200$$

Affinchè dunque il proiettile non torni più indietro la sua velocità iniziale deve essere di 11200 metri al minuto secondo.

Applichiamo ora questo problema ad un caso pratico.

La teoria cinetica dei gas c'insegna che le loro molecole si muovono in tutti i sensi, con velocità grandissime, dipendenti dalla loro temperatura assoluta.

Quindi le molecole che formano la nostra atmosfera sono paragonabili a piccoli proiettili che si muovono velocemente in tutti i sensi. La fisica insegna però che queste velocità, alla nostra temperatura, sono assai inferiori ad 11200 metri al secondo, sopratutto per gas pesanti come l'ossigeno e l'azoto. Ciò spiega perchè la nostra atmosfera resti in contatto con la terra.

Se g fosse molto piccola (come avviene per es. per i piccoli pianeti e per la luna che hanno deboli masse) la 12) mostra che anche v riuscirebbe piccolo e quindi l'atmosfera potrebbe disperdersi nello spazio.

Es. V. Un punto K, mobile sull'asse delle x, è attratto verso l'origine da una forza proporzionale alla distanza (forza di richiamo). Studiare il moto di K.

Chiamando con m la massa del punto, ed essendo la forza di richiamo uguale a $-\lambda x$ dove λ è una quantità positiva, l'equazione del moto sarà:

$$44) \qquad m \frac{d^2x}{dt^2} = -\lambda x$$

Posto $\frac{\lambda}{m} = n^2$, la 44 diviene:

$$45) \qquad \frac{d^2x}{dt^2} + n^2 x = 0$$

Moltiplicando ora per $2\frac{dx}{dt}$ si ha:

$$46) \quad 2\frac{dx}{dt} \frac{d^2x}{dt^2} + 2n^2x \frac{dx}{dt} = 0$$

ed integrando:

$$47) \qquad \left(\frac{dx}{dt}\right)^2 + n^2x^2 = C_1$$

dove C_1 è la costante arbitraria

Sia a il valore di x nell'istante iniziale, quando cioè il punto K viene abbandonato a sè stesso sotto l'azione della forza di richiamo. Allora per $x = a$, la velocità $\frac{dx}{dt}$ è uguale a zero. La 47) perciò ci dà:

48) $$n^2 a^2 = C_1$$

e quindi diviene

49) $$\left(\frac{dx}{dt}\right)^2 + n^2 x^2 = n^2 a^2$$

da cui ricaviamo:

50) $$\frac{dx}{dt} = n\sqrt{a^2 - x^2}$$

Separando le variabili, otteniamo immediatamente

51) $$n\,dt = \frac{dx}{\sqrt{a^2 - x^2}}$$

ed integrando:

52) $$nt + C_2 = \text{arc sen}\,\frac{x}{a}$$

Invertendo la 52) risulta

53) $$\frac{x}{a} = \text{sen}\,(nt + C_2)$$

donde si ha:

54) $$x = a\,\text{sen}\,(nt + C_2)$$

che è la formula del moto armonico. Il moto prodotto dalla nostra forza di richiamo è dunque un moto armonico. Per determinare la costante C_2 basta ricordare che per $t = 0$ si ha $x = a$. Avremo allora dalla 53)

$$55) \quad 1 = \operatorname{sen} C_2$$

donde ricaviamo che la costante C_2 è uguale a $\frac{\pi}{2}$

La 54) diviene perciò:

$$55) \quad x = a \operatorname{sen}\left(nt + \frac{\pi}{2}\right) = a \cos nt$$

Essa ci mostra che il punto K oscillerà intorno all'origine O, allontanandosene a destra e a sinistra di un segmento a. La durata T di un'oscillazione è $\frac{2\pi}{n}$ cioè $2\pi\sqrt{\frac{m}{k}}$: essa quindi risulta indipendente dall'ampiezza dell'oscillazione $2a$.

Così per es. la nota musicale emessa da una corda metallica percossa, è indipendente dall'urto inizialmente ricevuto. Con ragionamenti analoghi si dimostra che le piccole oscillazioni del bilanciere di un orologio da tasca sono <u>isocrone</u>. Così pure sono <u>isocrone</u> le piccole oscillazioni di una nave sul mare, ed in generale di tutti i sistemi in cui esistono forze di richiamo.

---

2 - Geometria delle Masse
Teoria delle Dimensioni -

Il concetto di massa che abbiamo introdotto nei fondamenti della Dinamica, serve di base ad un nuovo capitolo della meccanica, intitolato Geometria delle Masse.

Questo capitolo si divide in due parti, la prima delle quali si occupa della ricerca dei centri di gravità o centri di massa, e la seconda dei momenti d'inerzia.

Immaginiamo di avere un punto A di massa m ed un piano di riferimento p, dal quale il nostro punto disti di un segmento d.

Chiameremo <u>Momento Statico</u> del punto A rispetto al piano p, il prodotto della sua massa m per la distanza d del piano.

Così per es. se A ha per coordinate x, y, z il suo momento statico rispetto al piano x y sarà m z.

Analogamente se abbiamo un sistema di punti materiali m_1 m_2 ... m_n i momenti statici del sistema rispetto ai piani y z, x z, x y, saranno:

1) $S_x = \Sigma m_i x_i$

2) $S_y = \Sigma m_i y_i$

3) $S_z = \Sigma m_i z_i$

Ciò posto ricordiamo che, dato un sistema di punti m_1 m_2 ... m_n le coordinate del suo centro di gravità sono:

4) $X = \frac{\Sigma p_i x_i}{\Sigma p_i}$ 5) $Y = \frac{\Sigma p_i y_i}{\Sigma p_i}$

6) $Z = \frac{\Sigma p_i z_i}{\Sigma p_i}$

dove con p_1 p_2 ... p_n abbiamo indicato i pesi dei singoli punti. Poichè il peso è uguale al prodotto della massa per g, dividendo i numeratori e i denominatori per g la 4) la 5) e la 6) divengono:

$$7)\quad X = \frac{S_x}{M}$$

$$8)\quad Y = \frac{S_y}{M}$$

$$9)\quad Z = \frac{S_z}{M}$$

dove M è la massa totale del sistema.

Da queste formule risulta che la posizione del centro di gravità di un corpo è indipendente dalla gravità g; perchè da questa sono indipendenti tanto i momenti statici che le masse. Così per es. se portiamo un corpo sopra una montagna il suo peso diminuirà, ma la posizione del suo centro di gravità resterà invariata.

Per queste ragioni Eulero propose di chiamarlo col nome di Centro di Massa, nome generalmente adottato nel la Meccanica Razionale moderna.

Premesse queste nozioni di carattere generale, passiamo ad occuparci della ricerca dei centri di massa, limitandoci alle figure più importanti.

α) Centri di Massa.

Es. I. Trovare il centro di massa di un arco di cerchio. Supponiamo di avere un arco di cerchio omogeneo ABC. Sia β l'angolo al centro, a la lunghezza dell'arco, c la lunghezza della corda AB.

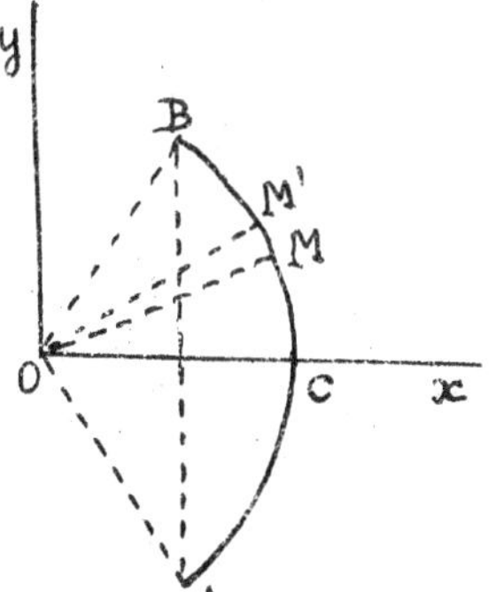

Assumendo come origine delle coordinate il centro O e come asse x la perpendicolare alla corda AB abbassata da O, è chiaro che il centro di gravità G si troverà su questo asse per ragioni di simmetria. Avremo dunque $\bar{y} = 0$; ci resterà quindi a calcolare soltanto X. Prendiamo a tale scopo un elemento d'arco $MM' = ds$. Se ρ è la densità dell'arco, la massa dell'elemento ds sarà $\rho\, ds$ e il suo momento statico rispetto al piano yz, o all'asse y, che è il medesimo, sarà $\rho\, x\, ds$. Il momento statico di tutto l'arco sarà quindi uguale a $\rho \int_A^B x\, ds$, dove abbiamo portato ρ fuori del segno d'integrazione perchè essendo l'arco omogeneo la sua densità è costante. Analogamente la massa M del sistema sarà uguale a ρa, e quindi la 7) diviene nel caso nostro

$$10) \qquad X = \frac{\rho \int_A^B x\, ds}{\rho a} = \frac{\int_A^B x\, ds}{a}$$

Calcoliamo ora l'integrale che comparisce al numeratore della 10)

Indicando a tale scopo con ϑ l'angolo MOC e con $\vartheta + d\vartheta$ l'angolo $M'OC$ l'arco elementare ds sarà uguale ad $R\, d\vartheta$ e la x sarà uguale ad $R \cos \vartheta$. Nel punto A poi si ha $\vartheta = -\frac{\alpha}{2}$, e nel punto B si ha $\vartheta = \frac{\alpha}{2}$.

Avremo allora:

$$11) \int_A^B x\,ds = R^2 \int_{-\frac{\gamma}{2}}^{\frac{\gamma}{2}} \cos\vartheta\, d\vartheta = R^2\left[\operatorname{sen}\frac{\gamma}{2} - \operatorname{sen}\left(-\frac{\gamma}{2}\right)\right] =$$

$$= 2R^2 \operatorname{sen}\frac{\gamma}{2}$$

Indicando, come abbiamo detto, con c la lunghezza della corda AB si ha poi dalla geometria:

$$12) \qquad c = 2R \operatorname{sen}\frac{\gamma}{2}$$

e quindi la 11) diviene:

$$13) \qquad \int_A^B x\,ds = Rc$$

Sostituendo questo valore nella 10) abbiamo infine:

$$14) \qquad X = \frac{Rc}{a}$$

che è la formula che ci dà il centro di gravità dell'arco AB. Essa si enuncia dicendo che l'ascissa del centro di massa di un arco di cerchio omogeneo, è quarta proporzionale dopo l'arco, la corda, e il raggio. In particolare per il semicerchio si ha $c = 2R$ ed $a = R\pi$: la 14) diviene dunque:

15) $$X = \frac{2R}{\pi}$$

Es. II - Trovare il centro di massa di un parallelogramma o di un triangolo - Sia il parallelogramma omogeneo ABCD. Tagliamo la sua superficie

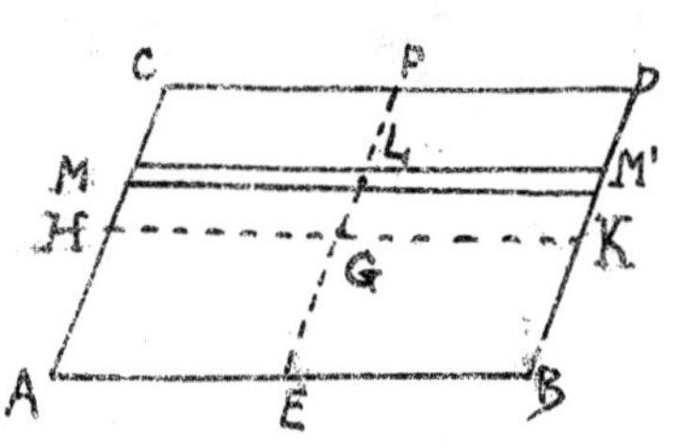

in strisce MM' di altezza infinitesima mediante parallele alla base AB. Il centro di massa di ogni striscia sarà il suo punto di mezzo L, e quindi il luogo geometrico dei loro centri di massa sarà la mediana EF. Il centro di massa dell'intero parallelogramma, dovrà dunque trovarsi su EF. Con analogo ragionamento si dimostra che esso deve trovarsi sull'altra mediana HK, e quindi cadrà nel loro punto d'incontro G.

Passiamo ora al triangolo. Dividendo la sua superficie in striscie di spessore infinitesimo parallele per es. al

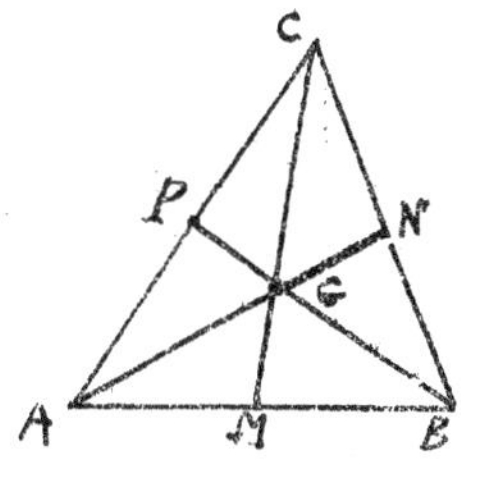

lato AB, ed applicando il ragionamento fatto per il parallelogramma, vediamo che G deve cadere sulla mediana CM. Analogamente si dimostra che G cadrà sulle altre due mediane, e quindi verrà a trovarsi nel punto d'incontro delle tre mediane.

Es. III. Trovare il centro di massa di un segmento di cerchio. Sia MNP un segmento di cerchio, R il suo raggio, γ l'angolo al centro, ρ la densità ed A l'area. Chiamiamo poi con c la corda MP. Preso come origine il centro O del cerchio, e come asse x la perpendicolare abbassata da O sulla corda, con ragionamento analogo a quello fatto per l'arco di cerchio, vediamo che si ha Y=0. Ci resta dunque a cercare X.

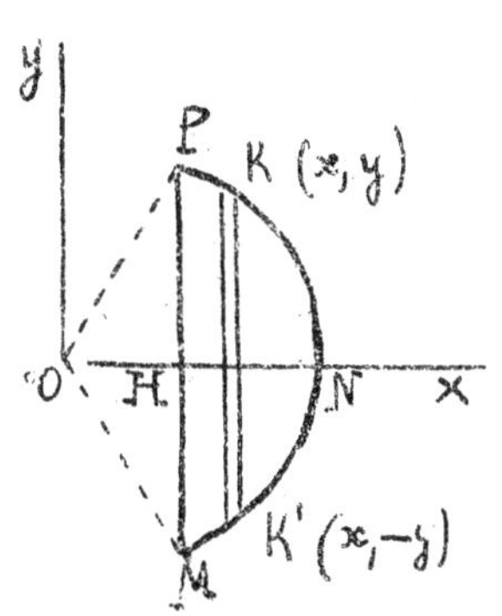

A tale scopo dividiamo il segmento in tante striscie di spessore infinitesimo per mezzo di parallele alla MP.

Sia KK' una di queste striscie. Se indichiamo con x ed y le coordinate di K, quelle del punto simmetrico K' saranno x e $-y$; l'altezza della striscia sarà allora $2y$, la base dx, e quindi la sua area e la sua massa risulteranno rispettivamente uguali ad $2y\,dx$ ed a $2\rho y\,dx$.

Il momento statico dS_x della striscia rispetto al piano yz o all'asse y sarà quindi uguale a $2\rho y x\,dx$; e quello S_x di tutto il segmento all'integrale $2\rho\int_H^N y x\,dx$. L'integrazione va eseguita rispetto alla x e quindi i suoi limiti sono H ed N come abbiamo indicato.

La formula generale 7) diviene quindi:

$$16)\quad X = \frac{S_x}{M} = \frac{2\rho\int_H^N y x\,dx}{\rho A} = \frac{2\int_H^N y x\,dx}{A}$$

Calcoliamo ora l'integrale al numeratore.

Dall'equazione del cerchio

17) $x^2 + y^2 = R^2$

ricaviamo:

18) $x^2 = R^2 - y^2$

e quindi differenziando e dividendo per 2

19) $x\,dx = -y\,dy$

Servendoci della 19) avremo con le regole del calcolo

20) $\int_H^N y\,x\,dx = -\int_{\frac{c}{2}}^{0} y^2\,dy = \int_0^{\frac{c}{2}} y^2\,dy = \frac{c^3}{24}$

Infatti per ciò che riguarda i limiti osserviamo che ad $x = OH$ corrisponde $y = HP = \frac{c}{2}$; e ad $x = ON$ corrisponde $y = 0$.

Calcoliamo ora l'area A. Chiamando con A_1 l'area di tutto il settore OMNP e con A_2 quella del triangolo OMP, si ha dalla figura:

21) $A = A_1 - A_2$

Ma dalla Geometria elementare abbiamo:

22) $A_1 = \frac{1}{2} R^2 \gamma$

$$23) \qquad A_2 = \frac{1}{2} c . OH = \frac{1}{2} c R \cos \frac{\gamma}{2}$$

ed essendo $\frac{1}{2} c = R \operatorname{sen} \frac{\gamma}{2}$, risulta

$$24) \qquad A_2 = R^2 \operatorname{sen} \frac{\gamma}{2} \cos \frac{\gamma}{2}$$

Sostituendo tali valori nella 16) essa diviene:

$$25) \qquad X = \frac{\frac{2 c^3}{24}}{\frac{1}{2} R^2 \gamma - R^2 \operatorname{sen} \frac{\gamma}{2} \cos \frac{\gamma}{2}}$$

cioè, ricordando che si ha $\frac{1}{2} c = R \operatorname{sen} \frac{\gamma}{2}$ e riducendo,

$$26) \qquad X = \frac{\frac{2}{3} R^3 \operatorname{sen}^3 \frac{\gamma}{2}}{\frac{1}{2} R^2 \gamma - R^2 \operatorname{sen} \frac{\gamma}{2} \cos \frac{\gamma}{2}} = \frac{4}{3} R \frac{\operatorname{sen}^3 \frac{\gamma}{2}}{\gamma - \operatorname{sen} \gamma}$$

Come caso particolare troviamo il centro di massa di un mezzo cerchio.

In tal caso si ha $\gamma = \pi$, $\frac{\gamma}{2} = \frac{\pi}{2}$ e quindi $\operatorname{sen} \frac{\gamma}{2} = 1$ e $\operatorname{sen} \gamma = 0$. La 26) diviene allora:

$$27) \qquad X = \frac{4 R}{3 \pi}$$

Es. IV_ Trovare il centro di massa di un segmento di parabola.

Sia OMN un segmento di parabola. Prendiamo come origine il vertice, come asse x l'asse della parabola e sia

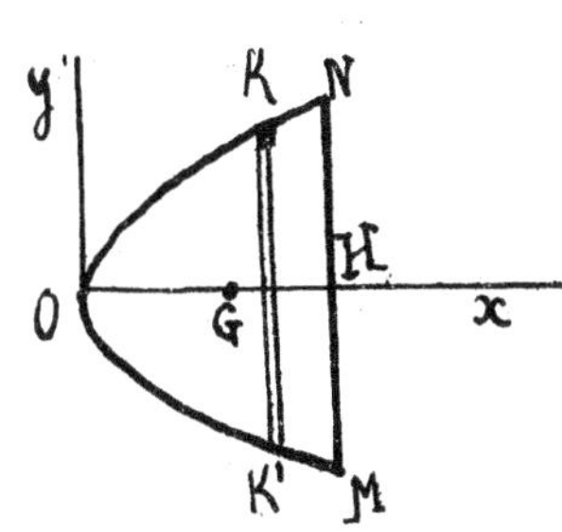

f la freccia del segmento OH.

Ripetendo lo stesso ragionamento fatto per il segmento di cerchio, otteniamo:

$$28) \qquad X = \frac{S_x}{M} \qquad \frac{2\rho\int_0^f y\,x\,dx}{\rho A} \qquad \frac{2\int_0^f y\,x\,dx}{A}$$

Cominciamo a calcolare l'integrale al numeratore. Dall'equazione della parabola

$$29) \qquad y^2 = 2px$$

si ottiene:

$$30) \qquad y = \sqrt{2p.x} = x^{\frac{1}{2}}\sqrt{2p}$$

e quindi si ha:

$$31) \int_0^f y\,x\,dx = \sqrt{2p}\int_0^f x^{\frac{3}{2}}dx = \frac{2}{5}\sqrt{2p}\left(x^{\frac{5}{2}}\right)_0^f = \frac{2}{5}\sqrt{2p}\;f^{\frac{5}{2}}$$

Calcoliamo ora l'area A. Dividendo il segmento in striscie di spessore infinitesimo parallele all'asse delle y ed integrando, avremo:

$$32) A = 2\int_0^f y\,dx = 2\sqrt{2p}\int_0^f x^{\frac{1}{2}}dx = 2\sqrt{2p}\cdot\frac{2}{3}\cdot\left(x^{\frac{3}{2}}\right)_0^f = \frac{4}{3}\sqrt{2p}\;f^{\frac{3}{2}}$$

Sostituendo i valori ora trovati nella formula 28) essa diviene:

$$33)\qquad X = \frac{\frac{4}{5}\sqrt{2p}\, f^{\frac{5}{2}}}{\frac{4}{3}\sqrt{2p}\, f^{\frac{3}{2}}} = \frac{3}{5} f$$

Il centro di massa G si trova dunque ai tre quinti della freccia.

Questo risultato importante è dovuto ad Archimede.

Passiamo ora alla

β) Teoria dei Momenti d'Inerzia.

Dato un punto materiale K, di massa m, chiameremo <u>Momento d'Inerzia</u> di K rispetto ad un altro punto 0, ad una retta r, o ad un piano Π, il prodotto della massa m per <u>il quadrato della distanza</u> di K da 0, da r, da Π. Mentre dunque nel momento statico occorre fare il prodotto della massa per la distanza, nel momento d'inerzia occorre invece fa=

re il prodotto della massa per il quadrato della distanza. Un momento d'inerzia è quindi una quantità essenzialmente positiva.

La teoria dei momenti d'inerzia è stata fondata dall'olandese Cristiano Huygens nelle sue ricerche sul moto di un pendolo (1673). Il nome di Momento d'Inerzia è dovuto ad Eulero.

Se invece di un solo punto materiale abbiamo più punti di massa m_1 $m_2 \dots m_n$, il momento d'inerzia del sistema rispetto al punto O, alla retta r o al piano Π, sarà dato dalla sommatoria $\sum_1^n m_i d_i^2$ dove d_i indica la distanza di m_i da O, o da r, o da Π.

Cominciamo ad occuparci di un sistema materiale piano, ed immaginiamo quindi di avere n punti materiali m_1 $m_2 \dots m_n$ situati per es. sul piano del foglio.

Preso un origine O e due assi ortogonali a piacere, i momenti d'inerzia

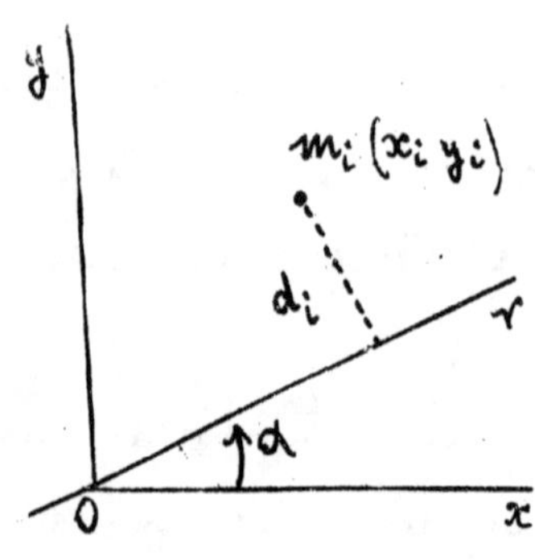

I_x ed I_y del sistema rispetto agli assi x ed y saranno dati per quanto abbiamo detto dalle formole:

1) $$I_x = \sum_1^n m_i\, y_i^2$$

2) $$I_y = \sum_1^n m_i\, x_i^2$$

Poichè il quadrato della distanza del punto m_i, di coordinate x_i ed y_i, dall'origine è uguale ad $x_i^2 + y_i^2$ il momento d'inerzia del sistema rispetto ad O sarà dato dalla formola:

3) $$I_o = \sum_1^n m_i\,(x_i^2 + y_i^2)$$

Paragonando la 3) con la 1) e la 2) abbiamo immediatamente:

4) $$I_o = I_x + I_y$$

Ora O è un punto preso a piacere nel piano del foglio ed x ed y sono due rette ortogonali uscenti da O, prese del resto in direzione arbitraria. La 4) quindi ci mostra che <u>il momento d'inerzia di un sistema piano rispetto ad un</u>

punto qualsiasi del proprio piano O, è uguale alla somma dei momenti d'inerzia rispetto a due rette ortogonali uscenti da O e giacenti in quel piano.

Facciamo ora partire da O una retta r situata sempre nel piano $x\,y$, e sia α l'angolo che essa forma con l'asse x.

Vogliamo calcolare il momento d'inerzia I_r del nostro sistema rispetto alla retta r.

A tale scopo, indicando con d_i la distanza del punto generico m_i da r, avremo:

$$5) \qquad I_r = \sum_1^n m_i\, d_i^2$$

Calcoliamoci allora d_i. A tale scopo ricordiamo che, trascurando il segno, che a noi non interessa, perchè dobbiamo elevare al quadrato, la distanza di un punto $x_i\, y_i$ dalla retta $a\,x + b\,y + c = 0$, è data dalla formula:

$$6)_i \qquad d_i = \frac{a x_i + b y_i + c}{\sqrt{a^2 + b^2}}$$

Ora la retta r uscendo dall'origine e

formando un angolo α con l'asse delle x, avrà per equazione

$$7) \qquad y = x \operatorname{tg} \alpha$$

cioè

$$8) \qquad x \operatorname{sen} \alpha - y \cos \alpha = 0$$

Avremo dunque nel nostro caso $a = \operatorname{sen} \alpha$, $b = -\cos \alpha$, $c = 0$. La 6) diviene dunque:

$$9) \qquad d_i = x_i \operatorname{sen} \alpha - y_i \cos \alpha$$

Sostituendo il valore di d_i ora trovato, nella 5) avremo:

$$10) \qquad I_r = \sum_1^n m_i \left(x_i \operatorname{sen} \alpha - y_i \cos \alpha \right)^2$$

Da cui si ottiene, sviluppando il quadrato:

$$11) \qquad I_r = \sum_1^n m_i \left\{ x_i^2 \operatorname{sen}^2 \alpha + y_i^2 \cos^2 \alpha - 2 x_i y_i \operatorname{sen} \alpha \cos \alpha \right\} =$$

$$= \cos^2 \alpha \sum_1^n m_i y_i^2 + \operatorname{sen}^2 \alpha \sum_1^n m_i x_i^2 - 2 \operatorname{sen} \alpha \cos \alpha \sum_1^n m_i x_i y_i$$

Ora la prima sommatoria $\sum_1^n m_i y_i^2$ è precisamente I_x, la seconda $\sum_1^n m_i x_i^2$ è uguale ad I_y; quanto alla terza $\sum_1^n m_i x_i y_i$ essa è stata chiamata specialmente dai meccanici inglesi e americani, <u>Prodotto d'Inerzia</u>; e noi l'indicheremo con P. Sostituendo dunque nella 11), e ricordando che $2 \operatorname{sen} \alpha \cos \alpha$ è uguale a $\operatorname{sen} 2\alpha$, avremo:

$$12) \quad I_r = I_x \cos^2\alpha + I_y \operatorname{sen}^2\alpha - P \operatorname{sen} 2\alpha$$

La formula 12) ci permette di calcolare il momento d'inerzia rispetto ad una retta qualsiasi r, quando siano noti I_x, I_y, P e l'angolo α.

Come vediamo dalla 12), I_r è funzione dell'angolo α. Determiniamo allora α in modo che I_r sia massimo o minimo.

Ricordando che in tal caso la derivata di I_r rispetto ad α dovrà essere uguale a zero, come insegna il calcolo, avremo dalla 12):

$$13) \quad 0 = \frac{dI_r}{d\alpha} = -2 I_x \cos\alpha \operatorname{sen}\alpha + 2 I_y \operatorname{sen}\alpha \cos\alpha - 2P \cos 2\alpha$$

cioè riducendo:

$$14) \quad (I_y - I_x) \operatorname{sen} 2\alpha = 2P \cos 2\alpha$$

da cui ricaviamo:

$$15) \quad \operatorname{tg} 2\alpha = \frac{2P}{I_y - I_x}$$

Affinchè dunque I_r riesca massimo o minimo, occorre che l'angolo α sia preso in modo da soddisfare l'equazione 15).

Ciò posto, proponiamo la seguente

domanda:

Quante rette <u>distinte</u> esistono per cui I_r è massimo o minimo?

Per rispondere alla domanda osserviamo che, essendo I_x, I_y, e P quantità note, il secondo membro della 15) sarà una grandezza nota, che indicheremo con Λ.

La 15) diviene allora:

$$16) \qquad tg\, 2\alpha = \Lambda$$

da cui ricaviamo:

$$17) \qquad 2\alpha = arc\, tg\, \Lambda$$

Ricordiamo ora che, tutte le volte che l'arco aumenta di π, la tangente assume lo stesso valore. La 17) dunque ha un'infinità di soluzioni, tutte differenti tra loro per multipli di π. Chiamando con $2\alpha_0$ una di esse, avremo in generale:

$$18) \qquad 2\alpha = 2\alpha_0 + K\pi$$

cioè

$$19) \qquad \alpha = \alpha_0 + K\frac{\pi}{2}$$

dove K è un intero qualsiasi.

Diamo ora a K il valore zero: troveremo

una certa retta q formante con l'asse delle x un angolo α_0. Diamo poi a K il valore 1; troveremo una seconda retta s formante con l'asse delle x l'angolo $\alpha_0 + \frac{\pi}{2}$, cioè normale a q. Se si dà invece a K il valore 2 si trova una retta formante con l'asse x l'angolo $\alpha_0 + \pi$ e quindi coincidente con q; per K = 3 si ritrova la retta s e così di seguito.

Passiamo ora ai valori negativi: per K = -1, l'angolo diviene $\alpha_0 - \frac{\pi}{2}$ e si ha la retta s; per K = -2 l'angolo diviene $\alpha_0 - \pi$ e si ha la q.

In totale dunque abbiamo due sole rette distinte, la q e la s, ortogonali tra di loro, per cui $\frac{dI_r}{d\alpha} = 0$. Se si fa il calcolo delle derivate seconde si vede che per una di esse I riesce massimo e per l'altra minimo.

<u>Riepilogando dunque per ogni punto O del piano, passano due rette q ed s, ortogonali tra loro, tali che il momento di inerzia del sistema rispetto ad una di</u>

esse è massimo, e rispetto all'altra è minimo.

Queste due rette si chiamano assi principali d'Inerzia, relativi al punto O.

L'unica eccezione possibile è quella in cui si abbia $I_x = I_y$ e $P = 0$. Infatti allora Λ diviene uguale a $\frac{0}{0}$, e cioè indeterminata. Ma in questo caso la 12) diviene:

$$20) \quad I_r = I_x \cos^2\alpha + I_y \operatorname{sen}^2\alpha = \\ = I_x \cos^2\alpha + I_x \operatorname{sen}^2\alpha = I_x$$

cioè il momento d'inerzia del sistema ha sempre lo stesso valore per tutte le rette uscenti da O. In questo caso eccezionale, tutte le rette per O sono assi principali di inerzia.

Ciò posto, scegliamo come assi coordinati uscenti da O precisamente i due assi principali d'inerzia q ed s. È chiaro allora che poichè una di queste rette coincide con l'asse x e l'altra con l'asse y i due valori di α saranno $\alpha = 0$ ed $\alpha = \frac{\pi}{2}$; e quindi si avrà dalla 16) $\Lambda = 0$. Ma Λ, come sappiamo, è uguale a $\frac{2P}{I_y - I_x}$ quindi se Λ è uguale a zero, anche P sarà uguale a zero.

<u>Dunque se prendiamo come assi coordinati x ed y gli assi principali d'Inerzia, la sommatoria $\Sigma m_i x_i y_i$ risulta uguale a zero. Cioè il prodotto d'inerzia rispetto agli assi principali è uguale a zero.</u>

La 12) diviene allora:

$$21) \qquad I_r = A \cos^2 \alpha + B \operatorname{sen}^2 \alpha$$

dove abbiamo indicato con A e B i due <u>momenti principali d'inerzia</u>; cioè i valori che acquistano I_x ed I_y quando l'asse x e l'asse y sono assi principali di inerzia.

Facciamo ora la seguente costruzione. Condotta per l'origine una retta qualsiasi r, prendiamo su di essa un segmento $OM = \frac{1}{\sqrt{I_r}}$ e fissiamo il punto M.

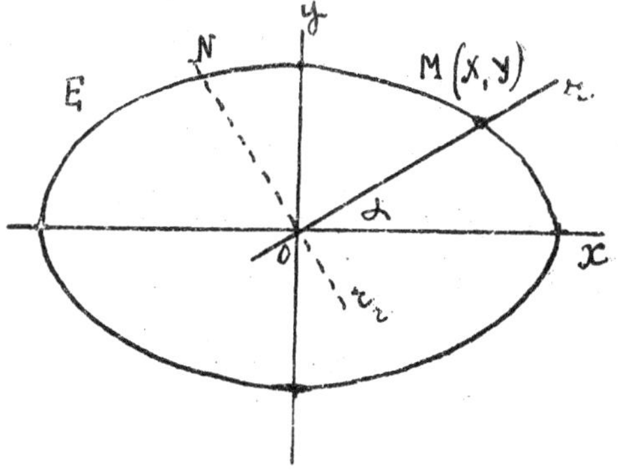

Facciamo la stessa operazione per tutte le infinite rette uscenti da O. Dico che il luogo geometrico del punto M sarà un'ellisse avente per assi gli assi principali d'inerzia.

Infatti, indicando con X ed Y le coordinate di M, e con α l'angolo che r forma con l'asse x, avremo:

22) $$X = OM \cos\alpha = \frac{\cos\alpha}{\sqrt{I_r}}$$

ed analogamente:

23) $$Y = \frac{\operatorname{sen}\alpha}{\sqrt{I_r}}.$$

Dalla 22) e 23) ricaviamo:

24) $$\cos^2\alpha = I_r X^2$$

25) $$\operatorname{sen}^2\alpha = I_r Y^2$$

Sostituendo questi valori nella 21) e dividendo per I_r abbiamo:

26) $$AX^2 + BY^2 = 1.$$

Poichè A e B sono ambedue positivi, la 26) rappresenta un'ellisse. Mancando i termini lineari ed i doppi prodotti essa avrà, come sappiamo dalla geometria analitica, per centro l'origine O, e per assi gli assi coordinati x ed y.

Questa ellisse si chiama Ellisse Principale d'Inerzia, relativa al punto O.

Una volta disegnata l'ellisse principale d'inerzia, è facile ottenere graficamente il momento d'inerzia del sistema rispetto ad una retta qualsiasi passante per O, per es. r_1. Chiamando infatti con N uno dei punti d'intersezione della r_1 con l'ellisse, si ha: $ON = \frac{1}{\sqrt{I_{r_1}}}$ cioè $I_{r_1} = \frac{1}{ON^2}$

Vediamo che I_{r_1} riesce tanto più piccolo quanto maggiore è ON. Quindi il momento d'inerzia del sistema rispetto all'asse maggiore sarà minimo, e quello rispetto all'asse minore sarà massimo.

Tutto ciò vale qualunque sia il punto O.

Supponiamo ora che O coincida col baricentro G del sistema: allora l'ellisse d'inerzia acquista il nome di Ellisse Centrale, e i due assi principali di inerzia, si chiamano Assi Centrali.

In generale basta disegnare solo

l'ellisse centrale, giacchè una volta conosciuto il momento d'inerzia rispetto ad una retta a passante per il baricentro, è facile conoscere il momento d'inerzia rispetto ad una sua parallela qualsiasi b.

Prendiamo infatti come origine il baricentro G, e come asse x la retta a. Sia d la distanza di b dalla sua parallela a.

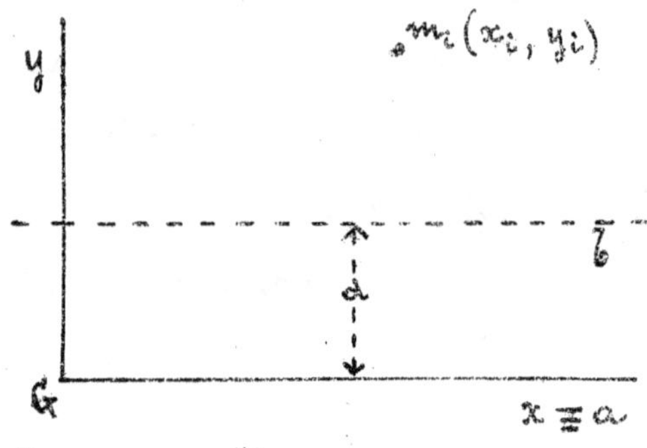

Dato un punto m_i la sua distanza da a sarà y_i, e quella da b sarà $y_i - d$.

Avremo allora:

$$27)\qquad I_a = \sum_1^n m_i\, y_i^2$$

$$28)\qquad I_b = \sum_1^n m_i (y_i - d)^2$$

Sviluppando la seconda sommatoria, otterremo:

$$29)\qquad I_b = \sum_1^n m_i \left[y_i^2 - 2 y_i d + d^2 \right] =$$

$$= \sum_1^n m_i\, y_i^2 + d^2 \sum_1^n m_i - 2d \sum_1^n m_i\, y_i$$

Cioè, paragonando con la 27) ed indicando con M la massa totale del sistema,

30) $I_b = I_a + Md^2 - 2d\sum_1^n m_i y_i$

Indicando ora con Y l'ordinata del baricentro, abbiamo la nota formula

31) $Y = \frac{S_y}{M} = \frac{\sum_1^n m_i y_i}{M}$;

e poichè esso coincide con l'origine la sua ordinata Y sarà uguale a zero. La 31) ci mostra allora che la sommatoria $\sum_1^n m_i y_i$ è uguale a zero, e quindi la 30) si riduce a:

32) $I_b = I_a + Md^2$

Cioè, <u>il momento d'inerzia d'un sistema rispetto ad una retta b, è uguale al momento d'inerzia rispetto alla parallela a passante per il baricentro, aumentato del prodotto della massa totale del sistema per il quadrato della distanza tra le due rette.</u>

Analogamente si dimostra che il momento d'inerzia rispetto ad un punto O è uguale al momento d'inerzia rispetto al baricentro G, aumentato del prodotto della massa totale del sistema per il quadrato del la distanza del punto O da G.

Fin ad ora abbiamo supposto che i punti che compongono il nostro sistema materiale si trovino tutti in un piano: ma i teoremi dati si estendono facilmente ai sistemi a tre dimensioni.

Invece dell'ellisse d'inerzia relativa ad un punto O, si ha allora l'ellissoide d'inerzia i cui tre assi sono gli assi principali d'inerzia relativi ad O.

Se il punto O coincide col baricentro G, avremo l'ellissoide centrale d'inerzia e gli assi centrali d'inerzia od assi naturali di rotazione. Quest'ultima denominazione dipende dal fatto seguente che esamineremo nella dinamica dei Corpi Rigidi e cioè che un sistema rigido, libero, non sottoposto ad alcuna forza, può ruotare permanentemente solo intorno ai suoi assi centrali d'inerzia. Quindi per esempio, se noi prendiamo un corpo rigido ed imprimiamo ad esso un moto di rotazione intorno ad una sua retta qualsiasi r e

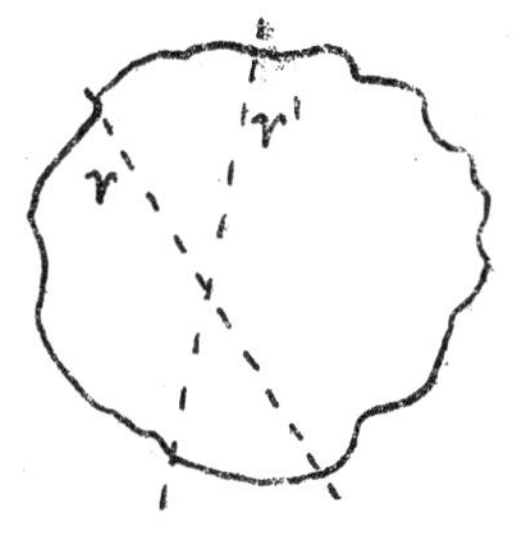

poi lo abbandoniamo a se stesso, l'asse di rotazio ne cambierà continua- mente nell'interno del corpo, spostandosi dalla posizione r in r'. ecc.

L'asse di rotazione della terra, come vedremo, non coincide esattamente con nessuno dei suoi tre assi centrali. Per questo fatto - e per alcune influenze meteorologiche - esso si sposta nell'interno della terra e quindi la posizione dei poli varia continuamente sulla superficie terrestre, sebbene di quantità estremamente piccole.

Con ragionamenti analoghi si dimostra che, in un sistema rigido a tre dimensioni, il momento d'inerzia rispetto ad un punto O è uguale alla somma dei momenti d'inerzia rispetto a tre piani, ortogonali tra loro, passanti per O. Il momento d'inerzia rispetto ad una retta r è uguale alla somma dei momenti d'inerzia rispetto a due piani ortogonali passanti per r. ecc.

Così il momento d'inerzia di un masso rispetto all'origine O è uguale alla somma dei momenti d'inerzia rispetto ai tre piani xy xz, yz; il momento d'inerzia rispetto all'asse z è uguale alla somma dei momenti d'inerzia rispetto ai piani xz e yz ecc.

Termineremo con un'osservazione importantissima. In molte questioni, e sopra tutto nella Meccanica Applicata, si parla di momenti d'inerzia di figure geometriche; per esempio di un segmento, di un cerchio ecc. Assolutamente parlando la cosa non avrebbe senso, giacchè le figure geometriche non avendo massa non possono nemmeno avere un momento di inerzia. Si conviene quindi di considerare queste figure geometriche come corpi materiali omogenei, di densità uguale all'unità: ed in tal senso si parla dei loro momenti d'inerzia.

Es. I - Trovare il momento d'inerzia

di un'asta rettilinea omogenea rispetto al baricentro G.

Si abbia un'asta rettilinea omogenea AB di lunghezza l e di massa M. Chiameremo densità lineare il rapporto $\frac{M}{l} = \rho$, cioè la massa contenuta nell'unità di lunghezza.

Preso il suo punto medio G come origine e l'asta stessa come asse delle x, consideriamo un

A G M M' B

elemento MM' limitato dal punto M di ascissa x e dal punto M' di ascissa $x + dx$. La lunghezza dell'elemento sarà dx, la sua massa $dm = \rho dx$, ed il suo momento d'inerzia rispetto a G sarà $dI = x^2 dm$. Il momento d'inerzia dell'intera asta sarà quindi uguale a:

$$33) \quad I_G = \int_A^B x^2 dm = \rho \int_{-\frac{l}{2}}^{\frac{l}{2}} x^2 dx = \rho \frac{l^3}{12} = \frac{M l^2}{12}.$$

Se vogliamo invece il momento d'inerzia rispetto al punto A, avremo in virtù dei teoremi studiati:

$$34)\quad I_A = I_G + \overline{AG}^2 . M = I_G + \frac{Ml^2}{4} = \frac{Ml^2}{12} + \frac{Ml^2}{4} = \frac{Ml^2}{3}.$$

Se invece di un'asta materiale si trattasse di un segmento geometrico, dovremo porre come abbiamo visto $\rho = 1$ e quindi $M = l$. La 33) e la 34) ci danno allora:

$$35)\quad I_G = \frac{l^3}{12}$$

$$36)\quad I_A = \frac{l^3}{3}.$$

Es. II - Trovare il momento d'inerzia di un rettangolo rispetto alle mediane e al centro.

Si abbia una lamiera rettangolare omogenea di massa M, di base b ed altezza a. Assumiamo come origine il suo baricentro G e come asse delle x la mediana parallela alla base A B.

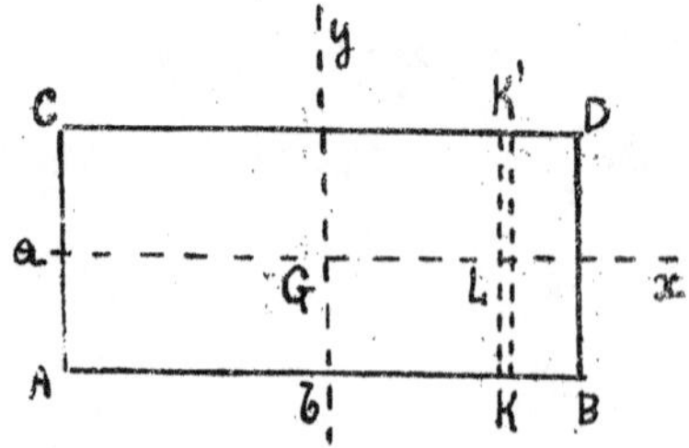

Dividiamo il rettangolo in tante striscie K K' di spessore infinitesimo parallele al l'altezza AC. La lunghezza di ogni striscia sarà a, la sua massa dm, e il suo momento d'inerzia rispetto al centro L, o, ciò che è lo stesso, rispetto all'asse x sarà $\frac{a^2}{12} dm$. Il momento d'inerzia di tutto il rettangolo rispetto all'asse x sarà quindi uguale a:

$$37) \quad I_x = \frac{a^2}{12} \int dm = \frac{M a^2}{12}$$

Con analogo ragionamento si dimostra che il momento d'inerzia rispetto all'asse y verrà dato dalla formula:

$$38) \quad I_y = \frac{M b^2}{12}$$

Se infine vogliamo il momento d'inerzia rispetto al baricentro G, avremo per i teoremi studiati,

$$39) \quad I_G = I_x + I_y = M \frac{a^2 + b^2}{12}$$

La densità superficiale della lamiera, cioè la massa contenuta nell'unità di superficie, supposta omogenea, è poi data da $\rho = \frac{M}{ab}$. Quindi, se invece di un rettangolo materiale, noi abbiamo un rettangolo geometrico, dovremo porre $\rho = 1$, e cioè fare $M = ab$. La 37) la 38) e la 39) ci danno allora:

$$40)\quad I_x = \frac{a^3 b}{12}$$

$$41)\quad I_y = \frac{a b^3}{12}$$

$$42)\quad I_G = ab\,\frac{a^2+b^2}{12}$$

Es. III - Trovare il momento d'inerzia di un cerchio rispetto al centro e rispetto ad un diametro.

Sia una lamiera circolare omogenea di raggio R e di massa M. La densità superficiale della lamiera, cioè la massa contenuta nell'unità di superficie, sarà: $\rho = \frac{M}{\pi R^2}$.

Prendiamo ora come origine il centro O del cerchio e come assi x ed y due diametri ortogonali qualunque, e dividiamo il cerchio stesso in tanti anelli concentrici di spessore infinitesimo. Sia r il raggio

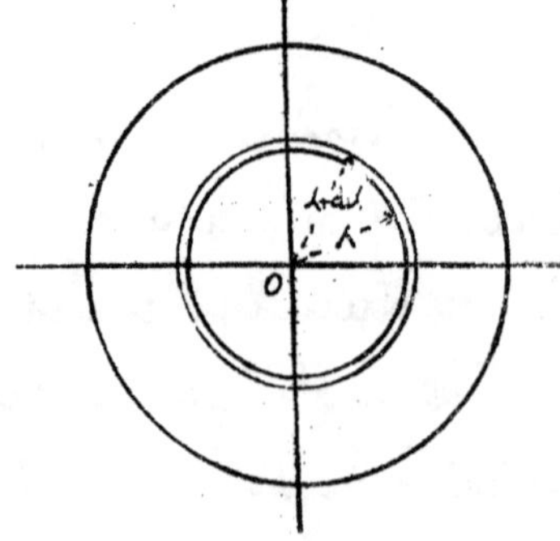

interno di uno di questi anelli e $\lambda + d\lambda$ il raggio esterno. L'area dell'anello sarà uguale allora a $2\pi\lambda d\lambda$ e la sua massa dm sarà data da $2\pi\rho\lambda d\lambda$. Poichè tutti i punti dell'anello, a meno d'infinitesimi, distano dal centro O della stessa quantità λ, il suo momento d'inerzia rispetto ad O sarà: $\lambda^2 dm = 2\pi\rho\lambda^3 d\lambda$. Il momento d'inerzia di tutto il cerchio sarà quindi dato dalla formola:

$$43) \qquad I_0 = 2\pi\rho\int_0^R \lambda^3 d\lambda = 2\pi\rho\left(\frac{\lambda^4}{4}\right)_0^R = \frac{\pi\rho R^4}{2}.$$

Sostituendo ora nella 43) al posto di ρ il suo valore $\frac{M}{\pi R^2}$ avremo infine:

$$44) \qquad I_0 = \frac{MR^2}{2}$$

che è la formula che ci dà il momento d'inerzia di un cerchio di raggio R e massa M, rispetto al centro.

Troviamo ora il momento d'inerzia rispetto ad un diametro, per esempio, rispetto all'asse x.

Per il noto teorema avremo:

$$45) \qquad I_o = I_x + I_y$$

e poichè, per ragioni di simmetria, si ha $I_x = I_y$, la 45) diviene:

$$46) \qquad I_o = 2\, I_x$$

da cui ricaviamo confrontando con la 44)

$$47) \qquad I_x = \frac{I_o}{2} = \frac{M R^2}{4}$$

Tutto ciò riguarda il caso di un cerchio materiale omogeneo. Se abbiamo invece un cerchio geometrico, dobbiamo porre nelle formule $\rho = 1$, cioè $M = \pi R^2$. La 44) e la 47) divengono allora:

$$48) \qquad I_o = \frac{\pi R^4}{2}$$

$$49) \qquad I_x = \frac{\pi R^4}{4}$$

Se si volesse il momento d'inerzia del cerchio rispetto ad una tangente t, basta aggiungere ad I_x il prodotto della massa M - e nel caso geometrico di πR^2 - per il quadrato della distanza cioè per R^2 ecc.

Con un ragionamento analogo a quello fatto per il cerchio, si dimostra che il momento d'inerzia di un <u>Cilindro</u> retto circolare di massa M e di raggio R.

rispetto all'asse di rotazione è pure uguale a $\frac{MR^2}{2}$ ecc.

---

3. Quantità di Moto e Forza Viva - Teoria delle dimensioni

Dobbiamo ora introdurre alcuni nuovi concetti che ci saranno di grande utilità nella Dinamica dei sistemi.

Immaginiamo di avere un punto di massa m animato da una velocità $\widehat{V}$. Chiameremo Quantità di moto del punto, il prodotto $m\widehat{V}$, e Forza Viva (od Energia Cinetica) il prodotto $\frac{1}{2} m v^2$.

Come appare chiaramente dalla definizione, la quantità di moto è un vettore, mentre la forza viva è uno scalare perchè il quadrato d'un vettore è una quantità scalare. Il concetto di quantità di moto è dovuto a Cartesio (1596-1650) uno dei fondatori della geometria analitica; mentre quello di forza viva, assai più utile in tutti i campi della Meccanica, è dovuto a Leibnitz (1646-1716) fondatore, insieme con Newton, del calcolo infinitesimale.

A dir vero, Leibnitz chiamava Forza viva (in latino, Viva Vis) il prodotto $m v^2$; ed anche ora alcuni mantengono esattamente la sua definizione, riservando il nome di Energia Cinetica al prodotto $\frac{1}{2} m v^2$.

Ma poichè in realtà compare nei calcoli pratici solo la quantità $\frac{1}{2} m v^2$, la maggior parte dei Meccanici Moderni chiama indifferentemente Forza viva od Energia Cinetica, il prodotto $\frac{1}{2} m v^2$. Noi seguiremo questa nomenclatura ed indicheremo la Forza Viva con la lettera T. Se invece di un solo punto materiale, abbiamo un sistema di punti la quantità di moto sarà data dalla sommatoria $\Sigma m_i \hat{V}_i$, e la forza viva da $\frac{1}{2} \Sigma m_i v_i^2$; dove la prima è una sommatoria vettoriale e l'altra una sommatoria scalare.

I discepoli di Cartesio e di Leibnitz, bramosi ciascuno di difendere le idee del loro maestro, diedero origine ad una violentissima polemica, che si svolse assai aspra nelle principali Università di Europa nella prima metà del secolo XVII. Spesso anche la polemica trascese in acri attacchi personali tra i fautori della Forza Viva e quelli della Forza Morta (come allora si chiamavano le forze che non danno origine a movimento perchè equilibrate da altre).

La Scienza ha ora fatto giustizia di queste polemiche, mostrando che i due concetti di Cartesio e di Leibnitz, (il primo dei quali, come vedremo tra breve, poneva in relazione la quantità di moto con l'impulso e l'altro la forza viva col lavoro) sono ambedue esatti ed utili alla Meccanica; ma che però il secondo riesce in pratica assai più vantaggioso per la soluzione d'un gran numero di problemi.

Occupiamoci ora del calcolo della forza viva d'un corpo o sistema rigido in movimento. Cominciamo con due casi particolari:

I. Il corpo si muove con moto di traslazione.

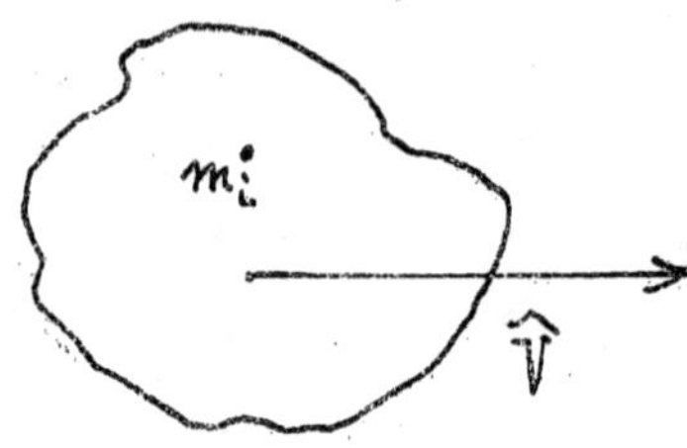

In questo caso, tutti i punti del sistema sono animati dalla stessa velocità $\hat{V}$.

Indicando al solito con v il valore numerico della velocità, avremo essendo v indipendente dall'indice i,

$$1) \quad T = \frac{1}{2} \sum m_i v^2 = \frac{1}{2} v^2 \sum m_i = \frac{M v^2}{2}$$

dove M è la massa totale del sistema.
Quindi <u>la forza viva d'un corpo o sistema rigido animato da moto di traslazione è uguale al semiprodotto della massa totale per il quadrato della velocità.</u>

II - Il corpo ruota intorno ad un asse a con velocità angolare ω.

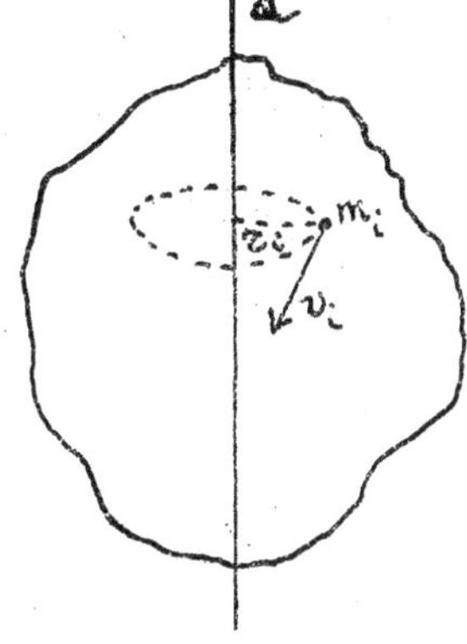

Consideriamo un punto qualsiasi P_i del nostro sistema rigido e sia m_i la sua massa. Nel movimento questo punto descrive un cerchio posto in un piano normale all'asse a, il cui raggio r_i è uguale alla distanza tra P_i ed a. Poichè la velocità nel moto circolare è uguale al prodotto del raggio per la velocità angolare ω, avremo:

$$2) \quad \mathcal{T} = \frac{1}{2} \sum m_i v_i^2 = \frac{1}{2} \sum m_i r_i^2 \omega^2 = \frac{\omega^2}{2} \sum m_i r_i^2$$

Ma m_i è la massa del punto P_i ed r_i è la sua distanza dall'asse a; quindi la sommatoria $\sum m_i r_i^2$ è uguale al momento d'inerzia di tutto il corpo rispetto ad a, cioè ad I_a.

Sostituendo nella 2) abbiamo allora:

$$3) \qquad \mathcal{T} = \frac{1}{2} I_a \omega^2$$

Cioè <u>la forza viva d'un corpo rigi</u>

<u>do ruotante intorno ad un asse, è uguale al semiprodotto del quadrato della velocità angolare per il suo momento d'inerzia rispetto a quell'asse.</u>

Premessi questi due casi particolari passiamo ora al terzo caso:

III. *Il corpo si muove di moto generale.*

Come vedremo dalla Cinematica dei corpi rigidi, se scegliamo un punto qualsiasi Q (centro di riduzione) del corpo, il suo moto si può sempre scindere in un moto di traslazione con velocità uguale a quella di Q e in un moto di rotazione intorno ad un asse passante per Q. In particolare, se scegliamo il baricentro G come centro di riduzione il moto del corpo si scinderà in un moto di traslazione con velocità uguale a quella del punto G e in un moto di rotazione intorno ad un asse passante per G. Ciò posto König ha dimostrato il seguente:

Teorema - La forza viva $\mathcal{C}$ di un corpo rigido è uguale alla forza viva $\mathcal{C}_1$ che esso avrebbe se tutta la sua massa fosse concentrata nel baricentro, aumentata della forza viva $\mathcal{C}_2$ dovuta al moto intorno al baricentro.

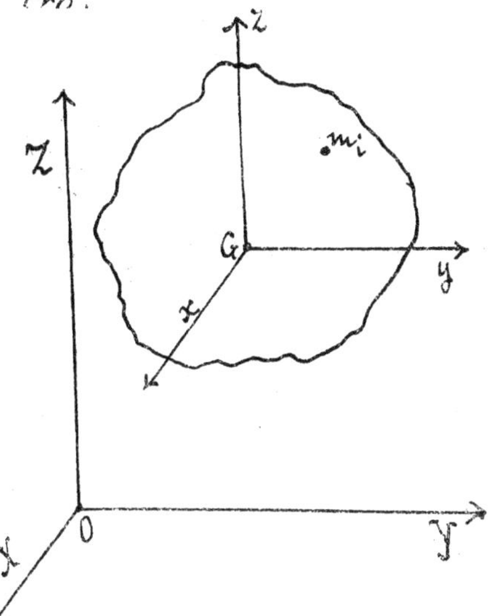

Prendiamo un'origine fissa O e tre assi fissi X Y Z. Dal baricentro G del corpo mobile facciamo poi partire tre assi x y z di direzione sempre parallela agli assi fissi.

Siano a b c le coordinate del punto G e W la sua velocità. Avremo, per quanto è stato visto nella cinematica dei punti,

$$4) \qquad W^2 = \left(\frac{da}{dt}\right)^2 + \left(\frac{db}{dt}\right)^2 + \left(\frac{dc}{dt}\right)^2.$$

Indicando quindi con M la massa totale del corpo, la forza viva che esso avrebbe se tutta la sua massa fosse concentrata nel punto G, sarebbe:

$$5) \quad \mathcal{T}_1 = \frac{1}{2} M w^2 = \frac{1}{2} M \left[\left(\frac{da}{dt}\right)^2 + \left(\frac{db}{dt}\right)^2 + \left(\frac{dc}{dt}\right)^2 \right]$$

Consideriamo ora un punto del nostro corpo o sistema rigido: sia m_i la sua massa ed x_i y_i z_i le sue coordinate rispetto agli assi mobili $x\, y\, z$. La velocità di m_i dovuta al moto del corpo intorno a G - cioè, quale sarebbe stimata da un osservatore che si trovasse in G e si riferisse agli assi mobili $x\, y\, z$ - sarà data dall'equazione:

$$6) \quad v_i^2 = \left(\frac{dx_i}{dt}\right)^2 + \left(\frac{dy_i}{dt}\right)^2 + \left(\frac{dz_i}{dt}\right)^2$$

e quindi la forza viva $\mathcal{T}_2$ dovuta al moto del corpo intorno a G sarà:

$$7) \quad \mathcal{T}_2 = \frac{1}{2} \sum m_i \left[\left(\frac{dx_i}{dt}\right)^2 + \left(\frac{dy_i}{dt}\right)^2 + \left(\frac{dz_i}{dt}\right)^2 \right]$$

Calcoliamo ora la forza viva totale del corpo, cioè $\mathcal{T}$. A tale scopo indicando con X_i Y_i Z_i le cordinate del punto m_i rispetto agli assi fissi e con V_i la sua velocità assoluta, cioè rispetto agli assi fissi, avremo:

$$8) \quad V_i^2 = \left(\frac{dX_i}{dt}\right)^2 + \left(\frac{dY}{dt}\right)^2 + \left(\frac{dZ}{dt}\right)^2$$

e quindi

$$9) \quad \mathcal{T} = \frac{1}{2}\sum m_i \left[\left(\frac{dX_i}{dt}\right)^2 + \left(\frac{dY_i}{dt}\right)^2 + \left(\frac{dZ_i}{dt}\right)^2\right]$$

Ora, X_i, Y_i, Z_i sono le coordinate del punto m_i rispetto agli assi $X\,Y\,Z$, ed $x_i\ y_i\ z_i$ sono le coordinate dello stesso punto rispetto agli assi $x\ y\ z$. Poichè le due terne sono parallele, e poichè le coordinate di G sono $a\ b\ c$ avremo dalla Geometria analitica:

$$10) \quad X_i = a + x_i$$

$$11) \quad Y_i = b + y_i$$

$$12) \quad Z_i = c + z_i$$

e derivando:

$$13) \quad \frac{dX_i}{dt} = \frac{da}{dt} + \frac{dx_i}{dt}$$

$$14) \quad \frac{dY_i}{dt} = \frac{db}{dt} + \frac{dy_i}{dt}$$

$$15) \quad \frac{dZ_i}{dt} = \frac{dc}{dt} + \frac{dz_i}{dt}$$

Sostituendo questi valori nell'equazione 9) essa diviene:

$$16)\quad T=\frac{1}{2}\sum m_i\left[\left(\frac{da}{dt}+\frac{dx_i}{dt}\right)^2+\left(\frac{db}{dt}+\frac{dy_i}{dt}\right)^2+\left(\frac{dc}{dt}+\frac{dz_i}{dt}\right)^2\right]=$$

$$=\frac{1}{2}\sum m_i\left[\left(\frac{dx_i}{dt}\right)^2+\left(\frac{dy_i}{dt}\right)^2+\left(\frac{dz_i}{dt}\right)^2\right]+\frac{1}{2}\left[\left(\frac{da}{dt}\right)^2+\left(\frac{db}{dt}\right)^2+\left(\frac{dc}{dt}\right)^2\right]\sum m_i+$$

$$+\frac{da}{dt}\sum m_i\frac{dx_i}{dt}+\frac{db}{dt}\sum m_i\frac{dy_i}{dt}+\frac{dc}{dt}\sum m_i\frac{dz_i}{dt}$$

Paragonando con la 5) e con la 7) si ha quindi

$$17)\quad T=T_1+T_2+\frac{da}{dt}\sum m_i\frac{dx_i}{dt}+\frac{db}{dt}\sum m_i\frac{dy_i}{dt}+\frac{dc}{dt}\sum m_i\frac{dz_i}{dt}.$$

Ora calcoliamo l'ascissa ξ del baricentro rispetto agli assi mobili. Avremo dalla nota formula:

$$18)\quad \xi=\frac{S_x}{M}=\frac{\sum m_i x_i}{M};$$

e, poichè il baricentro coincide con l'origine degli assi mobili, sarà $\xi=0$ e quindi dalla 18) risulterà $\sum m_i x_i=0$. Derivando allora otterremo $\sum m_i\frac{dx_i}{dt}=0$.

Analogamente si dimostra che anche le due sommatorie $\sum m_i\frac{dy_i}{dt}$ e $\sum m_i\frac{dz_i}{dt}$ sono uguali a zero.

La 17) perciò si riduce a:

$$19) \qquad \mathcal{T} = \mathcal{T}_1 + \mathcal{T}_2$$

come dovevamo dimostrare.

Occupiamoci ora della quantità di moto.

Immaginiamo di avere un sistema di punti P_1 $P_2 \ldots P_n$ di massa m_1 m_2 m_n animati da velocità $\hat{V}_1$ $\hat{V}_2 \ldots \hat{V}_n$. La quantità di moto $\hat{Q}$ del sistema sarà data dall'equazione

$$20) \qquad \hat{Q} = \Sigma m_i \hat{V}_i$$

Indicando con G il baricentro, con X, Y Z le sue coordinate, con $\hat{W}$ la sua velocità e con x_i y_i z_i le coordinate dei singoli punti si ha poi:

$$21) \qquad MX = \Sigma m_i x_i \qquad MY = \Sigma m_i y_i$$
$$MZ = \Sigma m_i z_i$$

Differenziando le 21) otteniamo:

$$22) \qquad M \frac{dX}{dt} = \Sigma m_i \frac{dx_i}{dt}$$

$$M \frac{dY}{dt} = \Sigma m_i \frac{dy_i}{dt}$$

$$M \frac{dZ}{dt} = \Sigma m_i \frac{dz_i}{dt}$$

E poichè le componenti di $\widehat{W}$ sono precisamente $\frac{dX}{dt}$ $\frac{dY}{dt}$ $\frac{dZ}{dt}$, le tre equazioni scalari 22) equivalgono all'unica equazione vettoriale

$$23) \quad M\widehat{W} = \sum m_i \widehat{V}_i$$

La 20) perciò diviene

$$24) \quad \widehat{Q} = M\widehat{W}$$

Cioè <u>la quantità di moto di un sistema è uguale alla quantità di moto che esso avrebbe se tutta la sua massa M fosse concentrata nel Baricentro.</u>

Troviamo ora il <u>Momento della Quantità di moto</u> del sistema rispetto all'origine O. A tale scopo dal punto generico P_i facciamo partire il vettore $m_i \widehat{V}_i$ rappresentante la sua quantità di moto. Quindi, secondo la definizione di momento,

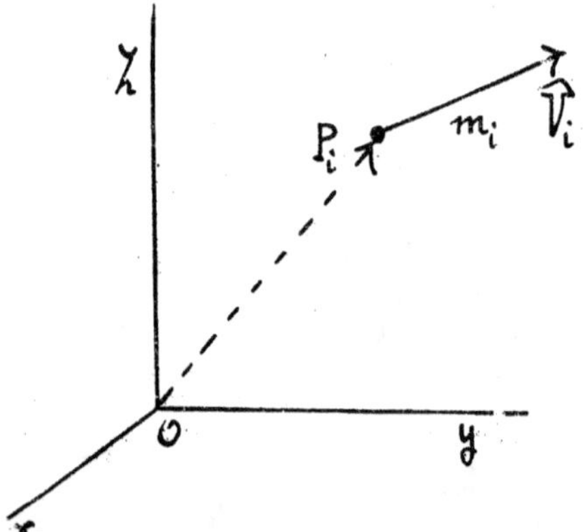

facciamo il prodotto esterno del vettore

$P_i - O$ per $m_i \hat{V}_i$. Avremo, per quanto fu detto a pag 15,

$$25) \quad \hat{K}_i = (P_i - O) \wedge m_i \hat{V}_i = \begin{vmatrix} \bar{I} & \bar{J} & \bar{K} \\ x_i & y_i & z_i \\ m_i \frac{dx_i}{dt} & m_i \frac{dy_i}{dt} & m \frac{dz_i}{dt} \end{vmatrix}$$

e sviluppando il determinante:

$$26) \hat{K}_i = \bar{I} m_i \left(y_i \frac{dz_i}{dt} - z_i \frac{dy_i}{dt} \right) + \bar{J} m_i \left(z_i \frac{dx_i}{dt} - x_i \frac{dz_i}{dt} \right) + \bar{K} m_i \left(x_i \frac{dy_i}{dt} - y_i \frac{dx_i}{dt} \right)$$

Le componenti del vettore $\hat{K}_i$ secondo gli assi sono quindi $y_i \frac{dz_i}{dt} - z_i \frac{dy_i}{dt}$ ecc.

Tutto ciò vale per il solo punto P_i di massa m_i. Se vogliamo invece i momenti delle quantità di moto di tutto il sistema rispetto agli assi $x\, y\, z$, basterà eseguire le sommatorie ed otterremo:

$$27) \quad K_x = \sum m_i \left(y_i \frac{dz_i}{dt} - z_i \frac{dy_i}{dt} \right)$$

$$28) \quad K_y = \sum m_i \left(z_i \frac{dx_i}{dt} - x_i \frac{dz_i}{dt} \right)$$

$$29) \quad K_z = \sum m_i \left(x_i \frac{dy_i}{dt} - y_i \frac{dx_i}{dt} \right)$$

Come caso particolare supponiamo di avere un corpo rigido il quale ruoti intorno ad un asse fisso, per esempio intorno all'asse z, con velocità angolare ω.

Ogni punto P_i del corpo si muoverà allora in un piano normale all'asse z, cioè in un piano parallelo al piano xy descrivendo un cerchio. Se chiamiamo con x_i y_i z_i le coordinate di P_i con r_i la sua distanza dall'asse z e con θ_i l'angolo che il piano passante per l'asse z e per P_i forma con il piano zx avremo:

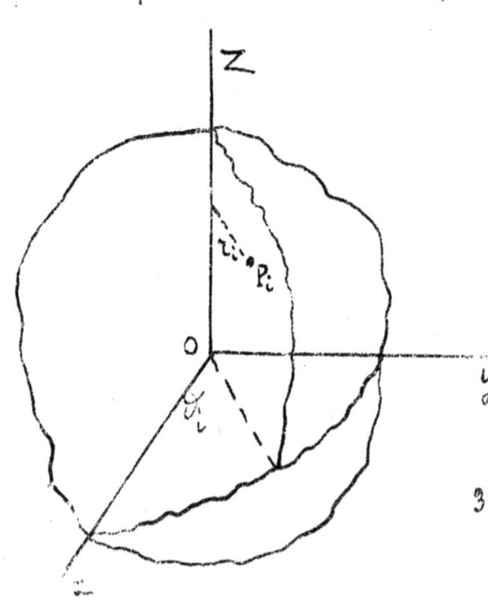

30) $x_i = r_i \cos \vartheta_i$

31) $y_i = r_i \operatorname{sen} \vartheta_i$

Derivando rispetto al tempo e ricordando che r_i è costante si ha:

32) $\frac{d x_i}{dt} = -r_i \operatorname{sen} \vartheta_i \frac{d \vartheta_i}{dt} =$

$= - r_i \omega \operatorname{sen} \vartheta_i$

analogamente:

$$33) \quad \frac{dy_i}{dt} = r_i\, \omega \cos \vartheta_i$$

L'equazione 29) diviene allora

$$34) \quad K_z = \sum m_i\, \omega \left\{ r_i^2 \cos^2 \vartheta_i + r_i^2 \operatorname{sen}^2 \vartheta_i \right\} = \omega \sum m_i r_i^2 = \omega\, I_z$$

Dunque il momento della quantità di moto di un corpo ruotante intorno ad un asse, rispetto a questo asse stesso, è uguale al prodotto della velocità angolare per il momento d'inerzia

Termineremo questo capitolo con qualche cenno sopra le unità di misura e sopra la teoria delle dimensioni.

Dobbiamo anzitutto distinguere il sistema teorico usato dai matematici, dal sistema pratico usato dagl'ingegneri.

Nel sistema teorico si prendono come unità fondamentali l'unità di lunghezza, di tempo e di massa. In generale si assume come unità di lunghezza il centimetro, come unità di tempo il secondo (cioè $\frac{1}{86400}$ del giorno solare medio) e come unità di massa, la massa di un centimetro cubo d'acqua distillata a + 4 C. Per queste ra=

gioni il sistema teorico si chiama anche sistema <u>centimetro</u> - <u>grammo</u> - <u>secondo</u> (Sistema C - G - S).

Ciò posto noi diremo che **hanno di**<u>mensione zero</u> tutte quelle grandezze il cui valore è indipendente dalle tre unità di misura: ad esempio i numeri astratti, gli angoli ecc.

Esaminiamo invece le grandezze concrete. Una velocità si ottiene dividendo una lunghezza per un tempo. Noi diremo quindi che la velocità ha dimensioni 1 rispetto alle lunghezze e -1 rispetto al tempo, e scriveremo:

$$[V] = [LT^{-1}]$$

Procedendo analogamente per le altre grandezze otterremo la seguente:

Tabella I^a

(Sistema Teorico)

1) Lunghezza	$[L]$
2) Tempo	$[T]$
3) Massa	$[M]$

4) Velocità $= \dfrac{\text{Lunghezza}}{\text{Tempo}}$ $[V] = [LT^{-1}]$

5) Accelerazione $= \dfrac{\text{Velocità}}{\text{Tempo}}$ $[A] = [LT^{-2}]$

6) Forza = Acceler. × Massa $[F] = [MLT^{-2}]$

7) Lavoro = Forza × Spazio $[\mathcal{L}] = [ML^2T^{-2}]$

8) Potenza $= \dfrac{\text{Lavoro}}{\text{Tempo}}$ $[P] = [ML^2T^{-3}]$

9) Forza viva = Massa × Quad. velocità $[\mathcal{T}] = [ML^2T^{-2}]$

10) Quantità di moto = Massa × Velocità $[Q] = [MLT^{-1}]$

11) Impulso = Forza × Tempo in cui agisce $[\mathcal{J}] = [MLT^{-1}]$

12) Momento Inerzia = Massa × Quadr. distanza $[I] = [ML^2]$

13) Velocità angolare $= \dfrac{\text{Angolo}}{\text{Tempo}}$ $[\omega] = [T^{-1}]$

14) Acceler. Angolare $= \dfrac{\text{Veloc. Angolare}}{\text{Tempo}}$ $\left[\dfrac{d\omega}{dt}\right] = [T^{-2}]$

Osserveremo che la <u>Forza Viva</u> ed il <u>Lavoro</u>, come pure l'<u>Impulso</u> e la <u>Quantità di Moto</u> hanno le stesse dimensioni.

Come unità di velocità si assume quella di un mobile che si muove di moto uniforme percorrendo un cm in un minuto secondo. Come unità di accelerazione prendiamo quella di un mobile, dotato di moto uniformemente accelerato, la cui velocità aumenta di un centimetro al secondo.

Come unità di forza (Dine) si assume quella forza che dà l'accelerazione unitaria alla massa unitaria. Come unità di lavoro (Erg) il lavoro compiuto da una Dine quando il suo punto di applicazione si sposta di un centimetro nella direzione della forza ecc.

Passiamo ora al sistema pratico usato dagl'ingegneri. Quì si assumono come unità fondamentali il metro per le lunghezze, il minuto secondo per i tempi, ed il chilogramma per le forze. Il chilogramma come sappiamo, è un peso variabile sopra la superficie terrestre: ma gl'ingegneri trascurano queste deboli variazioni.

Per ciò che riguarda le dimensioni

abbiamo la seguente:

Tabella II^a

(Sistema pratico)

1)	Lunghezze	$[L]$
2)	Tempo	$[T]$
3)	Forze	$[F]$
4)	Velocità	$[LT^{-1}]$
5)	Accelerazione	$[LT^{-2}]$
6)	Massa = $\frac{\text{Forza}}{\text{Accelerazione}}$	$[FL^{-1}T^{2}]$
7)	Lavoro = Forza x lunghezza	$[FL]$
8)	Potenza = $\frac{\text{Lavoro}}{\text{Tempo}}$	$[FLT^{-1}]$
9)	Forza viva = Massa x Quad. Velocità	$[FL]$
10)	Quantità di Moto = Massa x Velocità	$[FT]$
11)	Impulso = Forza x Tempo	$[FT]$
12)	Momento d'Inerzia = Massa x Quadr. Distanza	$[FLT^{2}]$
13)	Velocità Angolare = $\frac{\text{Angolo}}{\text{Tempo}}$	$[T^{-1}]$
14)	Accel. angolare = $\frac{\text{Velocità Angolare}}{\text{Tempo}}$	$[T^{-2}]$

Come unità di lavoro si assume il Chilogrammetro (Kgm) cioè il lavoro fatto da una forza di un chilogramma quando il suo punto di applicazione si sposta di un metro nella direzione della forza: o, in altre parole, il lavoro che noi facciamo sollevando di un metro il peso di un chilogramma. La forza viva, avendo le stesse dimensioni, si misura pure in chilogrammetri.

Passiamo ora ai cambiamenti di unità e riferiamoci per esempio al sistema teorico.

Immaginiamo di scegliere un'unità di lunghezza λ volte più piccola del centimetro, un'unità di tempo τ volte più piccola del secondo e un'unità di massa μ volte più piccola della massa di un centimetro cubo d'acqua distillata. È evidente allora che se una certa lunghezza espressa in centimetri viene indicata dal numero L, questa stessa lunghezza nella nuova unità verrà data dal numero $L\lambda$. Dunque, nelle formole della Tabella I; al posto di L dovremo scrivere $L\lambda$: ed analogamente al posto di T ed M scriveremo $T\tau$ ed $M\mu$.

Quindi il numero che esprime le velocità verrà moltiplicato per $\lambda\tau^{-1}$; quello che esprime le accelerazioni per $\lambda\tau^{-2}$; quello che dà il lavoro per $\mu \Lambda^2 \tau^{-2}$ ecc.

Immaginiamo ora di avere risoluto un problema qualsiasi di Meccanica e di essere giunti ad una certa equazione:

$$35)\qquad A = B$$

dove A e B sono due grandezze qualunque. Troviamo le dimensioni di A e di B e sia

$$36)\qquad [A] = [L^x M^y T^z]$$

$$37)\qquad [B] = [L^{x'} M^{y'} T^{z'}]$$

Ciò posto, cambiamo l'unità di lunghezza, scegliendone una Λ volte più piccola, allora il numero A verrà moltiplicato per Λ^x ed il numero B per $\Lambda^{x'}$.

Poichè l'equazione 35) è valida in generale, cioè qualunque sia l'unità che adottiamo, avremo:

$$38)\qquad A\Lambda^x = B\Lambda^{x'}$$

Dividendo la 38) per la 35) si ha poi

$$39)\qquad \Lambda^x = \Lambda^{x'}$$

da cui risulta $x = x'$. Analogamente si dimostra che si ha $y = y'$ e $z = z'$.

Dunque <u>in un'equazione Meccani</u>

ca i due membri hanno le stesse dimensioni.

Questo teorema ha grande importanza pratica, sopra tutto perchè fornisce un mezzo facile per verificare l'equazioni a cui noi perveniamo.

Es. I. - Trovare la forza viva di una ruota d'un veicolo ferroviario, che corre sul binario con velocità v.

Indichiamo con P il peso della ruota, con M la sua massa, con R il raggio e con v la velocità con cui il treno corre sul binario.

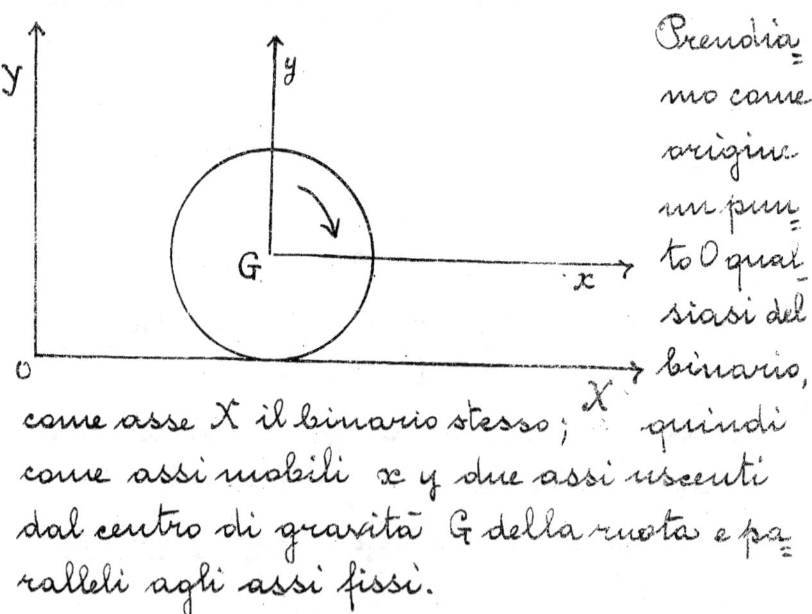

Prendiamo come origine un punto O qualsiasi del binario, come asse X il binario stesso; quindi come assi mobili x y due assi uscenti dal centro di gravità G della ruota e paralleli agli assi fissi.

Il teorema di König ci dà allora:

40) $\mathcal{T} = \mathcal{T}_1 + \mathcal{T}_2$

Per calcolare $\mathcal{T}_1$ supponiamo che tutta la massa M della ruota sia concentrata nel baricentro G. Poichè G si muove parallelamente all'asse x con velocità v, avremo:

41) $\mathcal{T}_1 = \frac{1}{2} M v^2 = \frac{P}{2g} v^2$

Per calcolare $\mathcal{T}_2$ consideriamo poi il moto della ruota relativo al punto G; cioè quale è visto da un osservatore che si trova in G e si riferisca agli assi x y. Ad esso sembrerà che la ruota giri intorno al punto G con una certa velocità angolare ω. Avremo quindi:

42) $\mathcal{T}_2 = \frac{1}{2} I_G \omega^2$

Se supponiamo, per semplicità, che la ruota sia un disco omogeneo di massa M e raggio R avremo:

43) $I_G = \frac{MR^2}{2}$

e quindi la 42) diviene:

44) $\mathcal{T}_2 = \frac{MR^2}{4} \omega^2 = \frac{PR^2}{4g} \omega^2$

E poichè la velocità v con cui il treno avanza sul binario è precisamente uguale ad $R\omega$, la 44 può scriversi.

$$45) \quad \mathcal{T}_2 = \frac{M v^2}{4} = \frac{P v^2}{4 g}$$

Sommando ora i valori di $\mathcal{T}_1$ e $\mathcal{T}_2$ abbiamo:

$$46) \quad \mathcal{T} = \frac{3}{4} M v^2 = \frac{3 P}{4 g} v^2$$

Supponiamo per esempio che la ruota pesi 200 Kg e che il treno corra sul binario con velocità di 90 Km all'ora, cioè di 25 metri al minuto secondo.

Adottiamo come unità di misura quelle del sistema pratico usato dagl'ingegneri; e cioè il metro come unità di lunghezza, il minuto secondo come unità di tempo, ed il peso di un chilogramma come unità di forza. La forza viva $\mathcal{T}$ risulterà allora espressa in <u>chilogrammetri</u>. (Se adottassimo invece le unità teoriche del sistema C. G. S. la $\mathcal{T}$ verrebbe espressa in Erg.).

Con i nostri dati la 46) diviene:

47) $$\mathcal{T} = \frac{3 \times 200}{4 \times 9.80} \times 25^2 = 9566$$

cioè la forza viva della ruota è di 9566 chilogrammetri.

In altre parole, la locomotiva per dare a quella ruota la forza viva che essa ha attualmente, deve aver fatto un lavoro di 9566 Kgm. e la ruota stessa può, in un certo senso, essere considerata come un magazzino che racchiude dentro di se un lavoro di 9566 Kgm, e che essa può restituire fermandosi.

Se per esempio il treno viene bruscamente frenato, questo lavoro si converte in calore e ne nascono allora $\frac{9566}{427} = 22,4$ calorie. Infatti la fisica insegna che ogni caloria equivale ad un lavoro di 427 Kgm circa.

Es. II. Calcolare il valore della gravità g prendendo come unità di lunghezza il chilometro, e come unità di tempo il minuto primo.

Prendendo come unità di lunghezza il metro, e come unità di tempo il minuto secondo, sappiamo che l'accelerazione della gravità g è uguale a 9,80.

Abbiamo visto poi che se si prende un'unità di lunghezza λ volte più piccola ed un'unità di tempo τ volte più piccola, l'accelerazione viene moltiplicata per $\lambda\tau^{-2}$.

Nel nostro caso dobbiamo passare dai metri ai chilometri, e dai minuti secondi ai minuti primi. Prendiamo dunque un'unità di lunghezza mille volte più grande, ed un'unità di tempo sessanta volta più grande. Avremo dunque $\lambda = \frac{1}{1000}$ e $\tau = \frac{1}{60}$. L'accelerazione deve essere quindi moltiplicata per $\frac{1}{1000} \times \left(\frac{1}{60}\right)^{-2}$ cioè per $\frac{60^2}{1000} = \frac{3600}{1000} = 3,6.$

Avremo quindi come risultato

$$g = 9,80 \times 3,6 = 35,28.$$

L'accelerazione della gravità in chilometri e minuti primi, è dunque espressa dal numero 35,28.

4. Teoremi Generali della Dinamica

Le sette equazioni universali

Fino ad ora ci siamo occupati del moto di un solo punto materiale, sotto l'azione di forze date.

Passiamo ora a studiare il moto di un sistema di punti materiali.

Si dice Sistema Dinamico un sistema di punti, tale che il moto di ciascuno di essi influisce sul moto degli altri; cioè tale che è impossibile studiare il moto di uno dei punti senza studiare il moto che conseguentemente acquistano gli altri.

Per esempio due proiettili usciti da due cannoni diversi non costituiscono un sistema dinamico, perchè il moto dell'uno non ha alcuna influenza sul moto dell'altro.

Se invece immaginiamo che un cannone (come si praticava nel sec. XVII) lanci contemporaneamente due proietti li P_1 e P_2 legati tra loro da una catena, allora P_1 e P_2 formeranno un vero sistema dinamico almeno finchè la catena che li unisce si mantiene tesa.

Così i due pesi della Macchina di Atwood formano un sistema Dinamico; il Sole ed i Pianeti formano un sistema dinamico ecc.

Cominciamo col distinguere le forze che agiscono sopra i punti di un sistema in due grandi categorie, <u>Forze Interne</u> e <u>Forze Esterne</u>.

Le <u>Forze Interne</u> sono costituite dalle mutue azioni e reazioni che esercitano tra di loro i punti del sistema. Per la nota legge dell'azione e reazione, esse sono quindi a due a due uguali e di senso contrario. <u>La somma geometrica delle Forze Interne è quindi uguale allo zero.</u>

Così pure il <u>momento complessivo</u>

<u>delle forze interne è uguale a zero</u>. Infatti se il punto A esercita una certa azione $\hat{F}$ sul punto B, il punto B eserciterà una reazione $-\hat{F}$ sul punto A. Se due forze $\hat{F}$ e $-\hat{F}$ sono uguali e di senso contrario e giacciono ambedue sulla retta AB. Quindi il loro momento complessivo rispetto all'origine e rispetto agli assi è uguale a zero.

Le <u>Forze Esterne</u> sono invece le forze differenti dalle forze interne, cioè quelle forze che provengono in generale dall'azione di corpi estranei al sistema.

Così per esempio se consideriamo il Sistema Planetario, le forze Interne sono costituite dalle attrazioni che il sole esercita sui pianeti e che i pianeti esercitano sul sole, e dalle scambievoli attrazioni che i pianeti esercitano fra di loro.

Le forze esterne sono costituite invece dall'attrazione che le stelle esercitano sul Sole e sui Pianeti.

Ciò posto la Dinamica insegna tre teoremi di grandissima importanza che valgono per il moto dei Sistemi. Questi teoremi si chiamano rispettivamente:

1) Teorema del Baricentro.

2) Teorema del Momento delle Quantità di Moto.

3) Teorema della Forza Viva.

Il primo di essi, ed in parte il secondo, è dovuto a Newton. Il terzo teorema fu intuito dal Leibnitz e dimostrato poi più chiaramente da Eulero e D'Alembert.

Nei primi due teoremi entrano in azione le <u>sole forze Esterne</u>; nel terzo teorema invece entrano <u>tutte le forze</u>, interne ed esterne.

I primi due teoremi danno ciascuno un'equazione vettoriale. Il terzo dà invece un'equazione scalare. Proiettando sugli assi le due equazioni vettoriali otteniamo sei equazioni scalari, che insieme con quella data dal terzo teorema formano un totale di <u>Sette Equazioni Scalari</u>. Queste equazioni, valide per ogni sistema, sono conosciute col nome di Equazioni Universali della Dinamica.

Per l'ingegnere ha speciale importanza il teorema della Forza Viva, che costituisce il fondamento della Dinamica applicata alle macchine.

Premessa questa introduzione, passiamo alla dimostrazione dei singoli teoremi.

A) Teorema del Baricentro -

"In ogni sistema dinamico il Baricentro si muove come se in esso fosse concentrata tutta la massa del sistema, e su di esso agissero le sole forze esterne -"

Dimostrazione - Immaginiamo di avere un sistema di punti $P_1\ P_2 \ldots P_n$ di masse $m_1\ m_2 \ldots m_n$. Indichiamo con $\hat{F}_1\ \hat{F}_2 \ldots \hat{F}_n$ la risultante delle forze agenti sul primo, sul secondo, sull'ennesimo punto; e con $\hat{A}_1\ \hat{A}_2 \ldots \hat{A}_n$ le loro accelerazioni. Avremo allora le note equazioni che legano le forze alle accelerazioni.

$$1)\quad \hat{F}_1 = m_1 \hat{A}_1$$

$$2)\quad \hat{F}_2 = m_2 \hat{A}_2$$

- - - - - - - - - - - - - -

$$3)\quad \hat{F}_n = m_n \hat{A}_n$$

Sommando tutte queste equazioni otterremo:

$$4)\quad \sum_1^n \hat{F}_i = \sum_1^n m_i \hat{A}_i$$

Vediamo ora di ridurre la 4) ad una forma più semplice, ed a tale scopo indichiamo con M la massa totale del sistema, con $\hat{W}$ ed $\hat{A}$ la velocità e l'accelerazione del suo baricentro e con $\hat{V}_1\ \hat{V}_2 \ldots \hat{V}_n$ le velocità nei singoli punti. Ricordiamo allora che nel paragrafo precedente parlando della quantità di moto, abbiamo dimostrato l'equazione:

$$5)\quad M\hat{W} = \sum m_i \hat{V}_i$$

da cui derivando otteniamo:

$$6)\quad M\hat{A} = \sum m_i \hat{A}_i$$

D'altra parte, poichè la somma geometrica delle forze interne è uguale allo zero, la sommatoria $\Sigma \hat{F}_i$ si ridurrà solo alla somma geometrica delle forze esterne, che indicheremo con $\hat{E}$.

La 4) diviene allora:

$$7) \qquad M\hat{A} = \hat{E}$$

Ora questa è l'equazione del moto di un punto, di massa M, a cui sia applicata la forza $\hat{E}$. Dunque il baricentro si muove come... ecc.

Se proiettiamo la 7) sopra i tre assi e chiamiamo con X Y Z le coordinate del Baricentro avremo:

$$8) \qquad \begin{aligned} M \frac{d^2X}{dt^2} &= E_x \\ M \frac{d^2Y}{dt^2} &= E_y \\ M \frac{d^2Z}{dt^2} &= E_z \end{aligned}$$

che sono le prime tre equazioni universali.

Es. I. Moto del centro di Massa del Sistema Planetario.

Nel sistema planetario le forze esterne, come abbiamo già detto, sono date dalle attrazioni delle stelle. Ma le stelle sono estremamente lontane e attorniano in tutti i sensi il sistema planetario. Con grande approssimazione possiamo quindi supporre che la risultante delle loro attrazioni $\hat{E}$ sia uguale a zero.

La 7) ci dà allora $\hat{A} = 0$ e quindi integrando otteniamo $\widehat{W} =$ costante.

Cioè il centro di massa del sistema planetario si muove in linea retta, con velocità costante. L'osservazione ha mostrato che questa velocità è numericamente uguale a circa 20 Km al minuto secondo, e che è diretta verso un punto della sfera celeste (a cui gli astronomi hanno dato il nome di Apice) il quale si trova nella Costellazione della Lira, presso la stella Wega (α Lyrae)

Es. II. Urto di due sfere anelastiche

Immaginiamo di avere due sfere anelastiche di massa M ed m e velocità ini-

mericamente uguali a V e v. Supponiamo che si muovano con moto di traslazione lungo la retta congiungente i loro centri, che noi assumeremo come asse delle x.

La velocità del baricentro W prima dell'urto sarà data dall'equazione già vista:

$$9)\quad W = \frac{MV + mv}{M + m}$$

che è un caso particolare della 5). Qui però non scriviamo i simboli vettoriali, giacchè ci limitiamo a considerare i valori numerici delle velocità, le quali nel nostro caso sono dirette tutte lungo l'asse delle x.

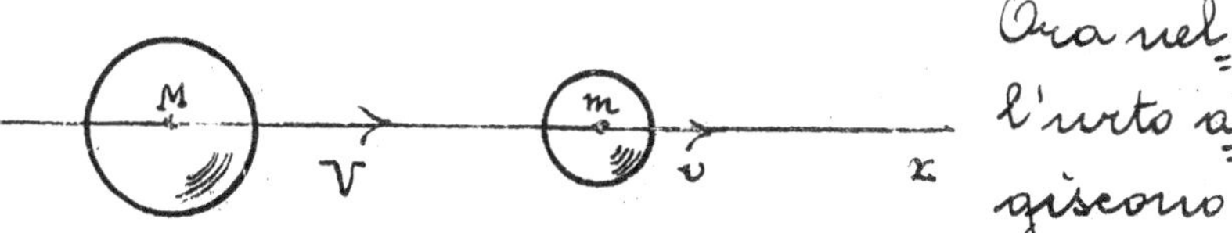

Ora nell'urto agiscono solo forze interne, cioè le reciproche reazioni che le due sfere vengono ad esercitare l'una sull'altra. Ma noi abbiamo visto che le forze interne non hanno alcun effetto sul moto del baricentro. Dunque dopo l'urto il baricentro continuerà a muoversi con velocità W.

Ma noi abbiamo supposto le sfere anelastiche, cioè interamente prive di elasticità. Dunque dopo l'urto esse rimarranno aderenti l'una all'altra e si muoveranno con velocità W.

Es. III - Perdita di forza viva nell'urto di sfere anelastiche.

Esaminiamo ora la forza viva τ_1 che il sistema composto dalle due sfere ha prima dell'urto, e quella τ_2 che ha dopo l'urto.

Avremo evidentemente:

$$10)\quad \tau_1 = \frac{1}{2} M V^2 + \frac{1}{2} m v^2$$

$$11)\quad \tau_2 = \frac{1}{2}(M+m) W^2$$

Sostituendo a W il suo valore dato dalla 9) si ha:

$$12)\quad \tau_2 = \frac{(MV+mv)^2}{2(M+m)}$$

Calcoliamo ora il valore della differenza

$\mathcal{T}_1 - \mathcal{T}_2$. Avremo con facili riduzioni:

13) $$\mathcal{T}_1 - \mathcal{T}_2 = \frac{(MV^2+mv^2)(M+m)-(MV+mv)^2}{2(M+m)} =$$

$$= \frac{MmV^2+Mmv^2-2MmVv}{2(M+m)} = \frac{Mm}{2(M+m)}(V-v)^2$$

Ora le masse sono positive, il quadrato $(V-v)^2$ è certamente positivo, dunque la differenza $\mathcal{T}_1 - \mathcal{T}_2$ è certamente positiva. Dunque la forza viva del sistema prima dell'urto è maggiore di quella che esso ha dopo l'urto.

È questa una verità generale che ha luogo qualunque sia la forma od il modo con cui i corpi si urtano. L'urto tra corpi anelastici produce una perdita di forza viva, cioè di lavoro. Per questa ragione, nei casi in cui gli urti sono inevitabili, gl'ingegneri procurano che essi abbiano luogo almeno tra corpi elastici.

Così nel costruire i binari delle ferrovie si ha l'avvertenza di non mettere mai le traversine sotto le congiunture delle rotaie. Infatti nelle congiunture delle rotaie si ha sempre una piccola differenza di livello che cagiona degli urti al passaggio della ruota. La mancanza di traversine in quel punto rende più elastico il sistema ed in conseguenza l'urto avviene con minore perdita di forza viva e quindi di lavoro, da parte della locomotiva.

Analogamente nella costruzione dei ponti ferroviari metallici, le rotaie non sono mai poste esattamente sopra le travi longarine, ma un poco al lato, e ciò si fa per aumentare l'elasticità del sistema.

Es. IV - Rinculo delle armi da fuoco - Immaginiamo un cannone di massa M, il quale spari un proiettile di massa m; sia u la velocità del cannone dopo lo sparo e v quella del proiettile. Trascurando la massa della polvere e la resistenza dell'aria, la velocità del baricentro dopo l'urto sarà: $\frac{Mu + mv}{M+m}$. Ma nell'esplosione agiscono solo forze interne, le quali non modificano il movimento del baricentro. Poichè esso era in quiete prima dell'esplosione, lo sarà dunque anche dopo. Avremo quindi:

$$14) \qquad Mu + mv = 0$$

da cui ricaviamo:

$$15) \qquad u = -\frac{mv}{M}$$

Vediamo dunque che u è di segno contrario a v e di più che è molto piccola rispetto a v, perchè la massa m del proiettile è assai piccola rispetto a quella M del cannone. Dopo lo sparo dunque il cannone assume una debole velocità negativa; cioè rincula.

Vediamo ora come si ripartisce la forza viva T dovuta al lavoro fatto dalla pressione del gas, che si sviluppa nell'accensione delle polveri. Indicando con T_p e T_c la forza viva del proiettile e del cannone, abbiamo:

$$16) \qquad T_p = \frac{1}{2} m v^2$$

$$17)\qquad T_c = \frac{1}{2} M u^2 = \frac{1}{2}\,\frac{m^2}{M}\,v^2$$

Dividendo membro a membro la 16) per la 17) otteniamo:

$$18)\qquad \frac{T_p}{T_c} = \frac{M}{m}$$

Cioè la forza viva del proiettile sta a quella del cannone, come la massa del cannone sta a quella del proiettile.

Volendo quindi utilizzare la più gran parte del lavoro prodotto dalla pressione del gas svolto nell'esplosione, occorre che la massa del cannone M sia molto grande rispetto a quella del proiettile.

B) Teorema del Momento della Quantità di Moto.

"La derivata del momento della quantità di moto, è uguale al momento delle forze esterne.,,

Dimostrazione. Torniamo a considerare il nostro sistema di punti P_1 $P_2 \ldots P_n$ e scriviamo di nuovo le equazioni del moto 1) 2) 3) ecc.

$$19) \qquad \hat{F}_1 = m_1 \hat{A}_1$$

$$20) \qquad \hat{F}_2 = m_2 \hat{A}_2$$

- - - - - - - - - - -

$$21) \qquad \hat{F}_n = m_n \hat{A}_n$$

Moltiplichiamo esternamente ambo i membri della prima equazione per $P_1 - 0$, quelli della seconda per $P_2 - 0$ ecc. e poi sommiamo. Avremo:

$$22) \qquad \Sigma (P_i - 0)_\wedge \hat{F}_i = \Sigma m_i (P_i - 0)_\wedge \hat{A}_i$$

Ricordando la definizione di momento di una forza, data a pag 37, vediamo che il primo membro dell'equazione 22) indica il momento di tutte le forze rispetto all'origine 0. Anzi, poichè le forze interne hanno un momento complessivo uguale allo zero, esso si riduce semplicemente al momento delle forze esterne, che indicheremo con $\hat{M}_e$. La 22) dunque può scriversi nel modo seguente:

$$23) \qquad \hat{M}_e = \Sigma m_i (P_i - 0)_\wedge \hat{A}_i$$

Ciò posto ricordiamo l'espressione del momento della quantità di moto $\hat{K}$, data nel paragrafo precedente, e cioè:

$$24) \quad \hat{K} = \Sigma (P_i - O) \wedge m_i \hat{V}_i$$

Derivando $\hat{K}$ rispetto al tempo t, e ricordando che m_i è una quantità scalare ed O è un punto fisso, avremo:

$$25) \quad \frac{d\hat{K}}{dt} = \Sigma\, m_i \frac{dP_i}{dt} \wedge \hat{V}_i + \Sigma\, m_i (P_i - O) \wedge \frac{d\hat{V}_i}{dt}$$

Ma $\frac{dP_i}{dt}$ è uguale alla velocità $\hat{V}_i$ e quindi la sommatoria $\Sigma m_i \frac{dP_i}{dt} \wedge \hat{V}_i$ è uguale a zero, giacchè sappiamo che se due vettori hanno la stessa direzione il loro prodotto esterno è uguale a zero. D'altra parte, la derivata della velocità $\frac{d\hat{V}_i}{dt}$ è uguale all'accelerazione $\hat{A}_i$.

La 25) dunque diviene:

$$26) \quad \frac{d\hat{K}}{dt} = \Sigma\, m_i (P_i - O) \wedge \hat{A}_i$$

Paragonando allora la 23) con la 26) otteniamo:

$$27) \quad \hat{M}_e = \frac{d\hat{K}}{dt}$$

come volevamo dimostrare.

Proiettando poi la 27) sopra i tre

assi, e chiamando con L, M, N i momenti delle forze esterne rispetto agli assi x, y, z, abbiamo:

$$28)\qquad \frac{dK_x}{dt} = L \qquad \frac{dK_y}{dt} = M \qquad \frac{dK_z}{dt} = N$$

che sono la quarta, quinta e sesta delle equazioni universali.

Es. I - Piano invariabile nel sistema Planetario.

Nel sistema planetario, come abbiamo già visto, le forze esterne (attrazioni stellari) sono trascurabili. Quindi il loro momento $\overline{M}_e$ sarà uguale a zero. La 27) diviene allora $\frac{d\overline{K}}{dt} = 0$, ed integrando $\overline{K}$ = costante.

Il vettore $\overline{K}$ nel sistema planetario è dunque costante in grandezza, senso e direzione.

Se dunque prendiamo un punto qualsiasi, per esempio il baricentro G del sistema planetario, e da esso conduciamo un piano Π normale a $\widehat{K}$ esso resterà sempre parallelo a se stesso.

Questo piano Π che ha importanza fondamentale nella Meccanica Celeste e nelle ricerche di alta astronomia, si chiama <u>Piano Invariabile.</u>

Es. II. Pallone sferico. Consideriamo un pallone sferico, il quale compia un'ascensione, sollevandosi in un'atmosfera tranquilla. Le forze esterne che agiscono sul pallone sono il proprio peso P che agisce nel centro di gravità G ed è diretto verticalmente verso il basso, e la spinta dell'aria S che è diretta verticalmente verso l'alto ed è applicata nel <u>centro di carena</u> H, cioè nel baricentro della massa d'aria spostata.

Se il pallone è ben costruito e l'atmosfera è tranquilla, la HG è verti-

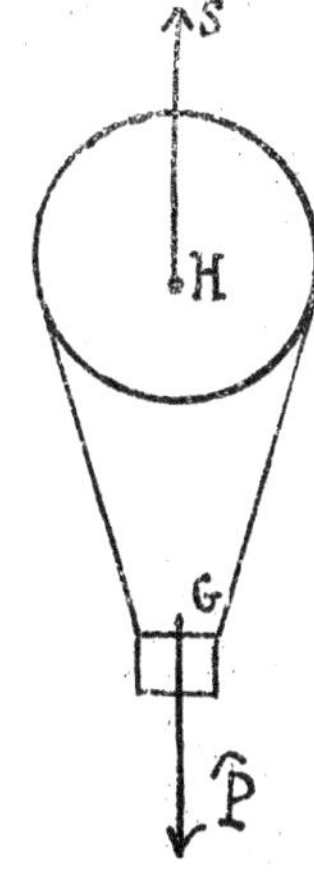

cale, e noi l'assumeremo come asse Z.

Allora N diviene uguale a zero, perchè le forze si trovano sull'asse Z e la terza equazione 28) da

$$K_z = \text{costante}.$$

Calcoliamo ora K_z. Supponiamo, per maggiore generalità, che nella navicella vi sia un passeggiero, il quale giri intorno all'asse Z con velocità angolare ω_1: sia poi ω_2 la velocità angolare del pallone. Allora, secondo l'equazione 34) del paragrafo precedente, sarà:

$$29) \qquad K_z = I_1\omega_1 + I_2\omega_2$$

dove $_1$ ed $_2$ sono i momenti d'inerzia del passeggiero e della navicella rispetto all'asse Z. La nostra equazione K_z = costante, diviene allora

$$30) \qquad I_1\omega_1 + I_2\omega_2 = \text{costante}$$

Ma nell'istante iniziale il passeggiero ed il pallone non ruotavano: ω_1 ed ω_2

erano quindi uguali a zero, e quindi la costante al secondo membro della 30) sarà uguale a zero.

La 30) diviene allora:

$$31) \qquad I_1 \omega_1 + I_2 \omega_2 = 0$$

da cui ricaviamo:

$$32) \qquad \omega_2 = - \frac{I_1}{I_2} \omega_1$$

Cioè, se il passeggiero si pone a camminare ruotando in giro per la navicella, il pallone comincia a ruotare in senso contrario. È questo un fatto ben noto agli aeronauti.

Es. III - Sopra la gola di una puleggia di peso P e raggio R è avvolta una fune, alla quale è applicata una certa forza d'intensità F. Trovare la velocità angolare che acquista la ruota dopo un tempo t.

Prendiamo l'asse intorno a cui gira la ruota, supposta un disco omogeneo, come asse x. Avremo allora:

$$33) \qquad L = F R$$

$$34) \qquad K_x = I\omega = \frac{MR^2}{2}\omega = \frac{PR^2}{2g}\omega$$

La prima delle equazioni 28) ci dà quindi:

$$35) \qquad \frac{PR^2}{2g} \frac{d\omega}{dt} = FR$$

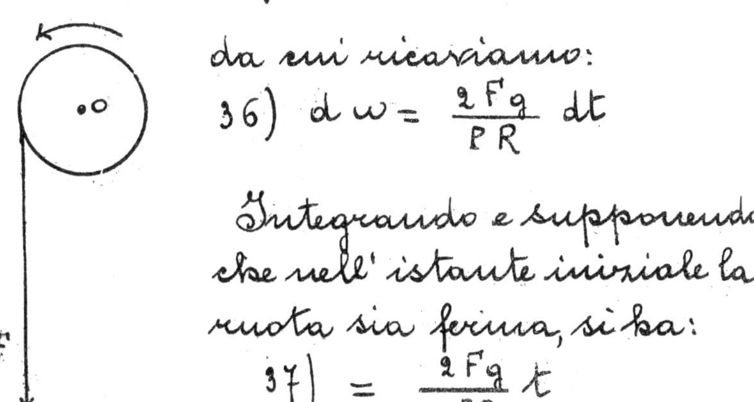

da cui ricaviamo:

$$36) \qquad d\omega = \frac{2Fg}{PR} dt$$

Integrando e supponendo che nell'istante iniziale la ruota sia ferma, si ha:

$$37) \qquad = \frac{2Fg}{PR} t$$

La 37) ci dà la velocità angolare della ruota (espressa in radianti) dopo un tempo t.

Es. IV - Sopra la gola di una puleggia di raggio R e peso P, è avvolta una fune portante un corpo A di peso anche esso uguale a P. Trovare la tensione T della fune e la velocità angolare acquistata dalla ruota dopo un tempo t.

Prendiamo come origine il centro della ruota, come asse x l'asse intorno a cui gira la ruota, e come asse z la perpendicolare diretta verso il basso.

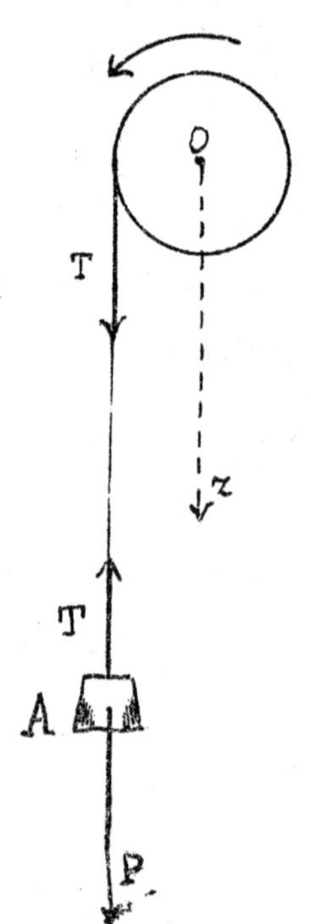

Cominciamo a trovare l'equazione del moto del corpo A. Esso è soggetto al proprio peso P, diretto verso il basso, e alla tensione della fune T diretta verso l'alto. Avremo quindi:

$$38)\quad P - T = M\frac{d^2z}{dt^2} = \frac{P}{g}\,\frac{d^2z}{dt^2}$$

Quanto alla ruota, poichè la fune ha una tensione T, l'equazione 35) dell'esempio precedente ci dà, dividendo ambo i membri per R,

$$39)\qquad T = \frac{PR}{2g}\,\frac{d\omega}{dt}$$

D'altra parte, poichè A è raccomandato

alla fune, l'accelerazione di A, cioè $\frac{d^2 z}{dt^2}$, è uguale all'accelerazione tangenziale di un punto qualsiasi della periferia della ruota, cioè ad $R \frac{d\omega}{dt}$.

La 38) diviene allora:

$$40) \quad P - T = \frac{PR}{g} \frac{d\omega}{dt}$$

Abbiamo così trovato due equazioni la 39) e la 40) nelle due incognite T e $\frac{d\omega}{dt}$. Per eliminare $\frac{d\omega}{dt}$ dividiamole membro a membro; avremo:

$$41) \quad \frac{T}{P-T} = \frac{1}{2}$$

da cui ricaviamo, liberando dai denominatori:

$$42) \quad 2T = P - T.$$

cioè

$$43) \quad 3T = P$$

e quindi

$$44) \quad T = \frac{1}{3} P.$$

<u>La tensione della fune è dunque uguale alla terza parte del peso del corpo A.</u>

Per eliminare invece T sommiamo le membro a membro. Avremo:

$$45) \quad P = \frac{3PR}{2g} \frac{d\omega}{dt}$$

da cui ricaviamo:

$$46) \qquad d\omega = \frac{2g}{3R} dt$$

e quindi integrando:

$$47) \quad \omega = \frac{2g}{3R} t + \text{costante}$$

C - Teorema della Forza Viva

"In un intervallo di tempo qualsiasi, l'incremento della forza viva di un sistema è uguale al lavoro compiuto da tutte le forze interne ed esterne."

Sia $\mathcal{T}_0$ la forza viva del sistema all'istante t_0, sia $\mathcal{T}_1$ quella all'istante t_1, e s'indichi infine con $\mathcal{L}$ il lavoro compiuto da tutte le forze nell'intervallo di tempo $t_1 - t_0$. Vogliamo dimostrare l'equazione:

$$48) \qquad \mathcal{T}_1 - \mathcal{T}_0 = \mathcal{L}$$

A tale scopo indicando con $P_1\ P_2 \dots P_n$ i punti del nostro sistema, riprendiamo le solite equazioni, di cui ci siamo serviti per gli altri due teoremi, e cioè:

$$
49)\quad
\begin{aligned}
\hat{F}_1 &= m_1 \hat{A}_1 = m_1 \frac{d\hat{V}_1}{dt}\\
\hat{F}_2 &= m_2 \hat{A}_2 = m_2 \frac{d\hat{V}_2}{dt}\\
&\text{- - - - - - - - - - -}\\
\hat{F}_n &= m_n \hat{A}_n = m_n \frac{d\hat{V}_n}{dt}
\end{aligned}
$$

Moltiplichiamo ora internamente ambo i membri della prima equazione per $\hat{V}_1 dt$, quelli della seconda per $\hat{V}_2 dt$ ecc e poi sommiamo.

Avremo:

$$50)\quad \sum_1^n \hat{F}_1 \times \hat{V}_i dt = \Sigma m_i \hat{V}_i \times d\hat{V}_i$$

Riduciamo ora questa equazione ad una forma più comoda.

Essendo $\hat{V}_1 = \frac{dP_i}{dt}$, il primo membro può scriversi anche sotto la forma: $\Sigma \hat{F}_i \times dP_i$.

Ora $\hat{F}_i$ è la forza agente sul punto P_i, mentre dP_i è lo spostamento effettivo che questo punto subisce nell'intervallo di tempo dt. Dunque il prodotto interno $\hat{F}_i \times dP_i$ sarà uguale al lavoro elementare che questa forza $\hat{F}_i$ compie nell'intervallo di tempo dt. E quindi la sommatoria $\Sigma \widehat{F}_i \times d P_i$ sarà uguale al lavoro compiuto da tutte le forze nell'intervallo infinitesimo dt, cioè a $d\mathcal{L}$.

Passiamo ora al secondo membro $\Sigma m_i \widehat{V}_i \times d\widehat{V}_i$. Indicando con v il valore numerico della velocità, sappiamo da quanto è stato detto sulla teoria dei vettori, che $\widehat{V}_i^2 = v_i^2$. D'altra parte differenziando si ha:

$$51) \quad d\left(\widehat{V}_i^2\right) = d\left(v_i^2\right) = 2\,\widehat{V}_i \times d\widehat{V}_i$$

Abbiamo dunque:

$$52) \quad \Sigma\, m_i \widehat{V}_i \times d\widehat{V}_i = \frac{1}{2}\Sigma\, m_i d\left(v_i^2\right) = d\left(\frac{1}{2}\Sigma\, m_i v_i^2\right) = d\mathcal{T}$$

La 50) si riduce allora alla forma

$$53) \quad d\mathcal{L} = d\mathcal{T}$$

Integrando la 53) ed indicando con C la costante arbitraria, si ha:

$$54) \quad \mathcal{L} = \mathcal{T} + C$$

Ma nell'istante iniziale t_0 il lavoro $\mathcal{L}$ è uguale a zero, mentre $\mathcal{T}$ è uguale a $\mathcal{T}_0$. La 54) ci dà allora:

$$55) \quad 0 = \mathcal{T}_0 + C$$

da cui ricaviamo

$$C = -\tau_0$$

e sostituendo abbiamo:

56) $$\mathcal{L} = \tau - \tau_0$$

come dovevamo dimostrare.

Es. I - Un punto materiale di peso P cade slittando sopra un piano inclinato. Trovare la velocità che esso ha acquistato alla fine della corsa, tenendo conto della resistenza d'attrito.

Indichiamo al solito con h, b, l, f, l'altezza del piano inclinato, la sua base, la sua lunghezza, ed il coefficente d'attrito. Sia α l'angolo d'inclinazione.

Sappiamo che la pressione normale che il punto esercita sul piano è uguale a $P \cos \alpha$; e quindi la resistenza S d'attrito sarà uguale a $P f \cos\alpha$.

Il punto dunque si muove sotto l'azione di tre forze e cioè:

1) del proprio peso P, forza diretta verticalmente verso il basso.

2) della reazione normale del pia-

ng R.

3) della resistenza d'attrito $S = Pf\cos\alpha$, diretta da B verso C, e cioè in senso opposto alla direzione del moto.

Prendiamo come istante iniziale t_0, quello in cui il punto parte da C, e come istante finale t_1 quello in cui arriva in B con velocità incognita v.

Supponendo che il punto parta dalla quiete, sarà allora: $T_0 = 0$, e $T_1 = \frac{1}{2}mv^2$.

Calcoliamo ora $\mathcal{L}$. Chiamando con l la lunghezza del segmento CB, il lavoro fatto da P è uguale a $Pl\cos(90-\alpha) = Pl\,\text{sen}\,\alpha$. Il lavoro fatto da S è uguale a $-Sl$ cioè a $-Pfl\cos\alpha$. Infine il lavoro fatto da R è uguale a zero, perchè R è normale al segmento CB. Quindi il lavoro totale $\mathcal{L}$ fatto da tutte le forze che agiscono sul punto nell'intervallo di tempo $t_1 - t_0$ è dato da:

57) $$\mathcal{L} = Pl\,\text{sen}\,\alpha - Pfl\cos\alpha$$

L'equazione 56) diviene allora:

58) $\frac{1}{2} m v^2 = P l \,\text{sen}\, \alpha - P l f \cos \alpha$

da cui ricaviamo:

59) $v^2 = \frac{2P}{m}\left(l \,\text{sen}\, \alpha - l f \cos \alpha\right) = 2g\{h - fb)$

E quindi estraendo la radice, si ha:

60) $v = \sqrt{2g\left[h - fb\right]}$

Se fosse $f = \frac{h}{b} = \text{tg}\,\alpha$ si avrebbe $v = 0$, cioè il punto resterebbe in equilibrio sul piano inclinato come vedemmo a pag. 123.

Se invece fosse $f = 0$, cioè il piano fosse perfettamente levigato, la 60) ci darebbe $v = \sqrt{2gh}$; cioè il punto arriverebbe in B con la stessa velocità che acquisterebbe cadendo liberamente da C ad A: conseguenza di quanto fu detto a pag 226.

Es. II: Un disco omogeneo di peso P cade rotolando sopra un piano inclinato. Trovare la velocità acquistata alla fine della corsa.

Manteniamo le stesse notazioni del

l'esempio precedente e trascuriamo il debolissimo attrito (attrito volvente) che si opporrebbe alla rotazione del disco. Con gli stessi ragionamenti ora fatti, avremo $T_0 = 0$ ed $\mathcal{L} = Pl \operatorname{sen} \alpha = Ph$.

Ci resta allora a calcolare $\mathcal{T}_1$

Quando il disco è alla fine della corsa, in B, esso avrà una certa velocità v e di più ruoterà intorno al proprio asse con velocità angolare ω. Ricordando allora l'esempio in cui abbiamo calcolato la forza viva di una ruota di locomotiva, avremo:

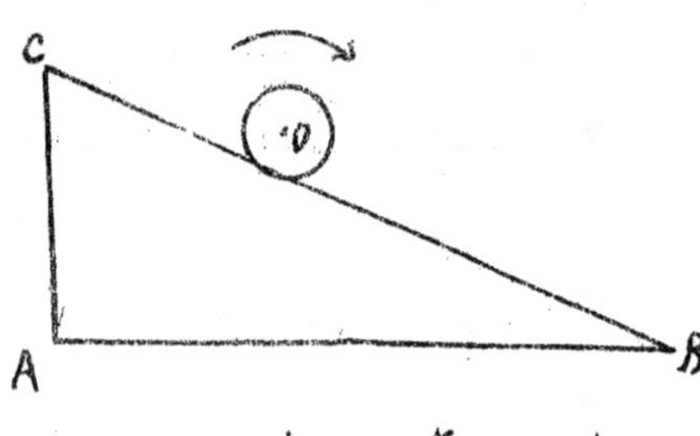

61) $$\mathcal{T}_1 = \frac{1}{2} m v^2 + \frac{1}{2} I_0 \omega^2 = $$
$$= \frac{1}{2} m v^2 + \frac{m r^2 \omega^2}{4} =$$
$$= \frac{3}{4} m v^2$$

L'equazione 56) ci dà allora:

62) $$\frac{3}{4} m v^2 = Ph$$

da cui ricaviamo:

63) $$v = \sqrt{\frac{4}{3} g h}$$

La velocità finale del disco è dunque minore di quella che avrebbe se esso fosse caduto liberamente da C in A.

Es. III - Massa apparente di un veicolo.

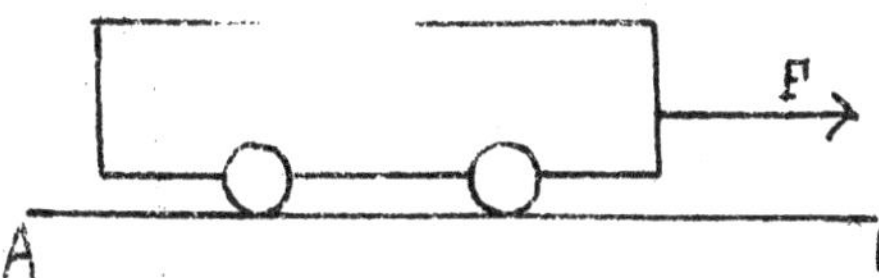

Immaginiamo un veicolo trascinato sopra un binario orizzontale rettilineo da una forza d'intensità F e di direzione parallela al binario stesso. Vogliamo trovare l'accelerazione del veicolo, trascurando la debole resistenza d'attrito.

Indichiamo con m la massa della carrozza e con μ la massa di ciascuna ruota. La massa totale del veicolo, se le ruote sono in numero di n, sarà allora $M = m + n\mu$.

Se il veicolo si muove con velocità v, la forza viva della carrozza sarà $\frac{1}{2} m v^2$; quella di ciascuna ruota $\frac{3}{4}\mu v^2$ e quindi la forza viva totale sarà:

64) $\mathcal{T} = \frac{1}{2} m v^2 + \frac{3}{4} \mu n v^2 = \frac{1}{2}(m + \mu n) v^2 + \frac{1}{4} \mu n v^2 = \frac{1}{2} M v^2 + \frac{1}{4} \mu n v^2.$

da cui otteniamo differenziando

$$65)\quad d\mathcal{T} = M v\, dv + \frac{1}{2} \mu n v\, dv.$$

Ora il lavoro elementare $d\mathcal{L}$ fatto dalla forza F, quando il veicolo s'avanza sul binario di un tratto infinitesimo ds, è uguale ad $F\, ds$. L'equazione 63) ci dà allora dividendo ambo i membri per dt:

$$66)\qquad F \frac{ds}{dt} = M v \frac{dv}{dt} + \frac{1}{2} \mu n v \frac{dv}{dt}$$

Ma $\frac{ds}{dt}$ è uguale alla velocità v, e $\frac{dv}{dt}$ è uguale all'accelerazione a. La 66) ci dà dunque, dividendo ambo i membri per v:

$$67)\quad F = M a + \frac{1}{2} \mu n a = \left(M + \frac{1}{2} \mu n\right) a.$$

Ma questa è l'equazione del moto di un punto di massa $M + \frac{1}{2} \mu n$ sottoposto ad una forza d'intensità F.

Dunque nel calcolare il moto del veicolo noi possiamo considerarlo come un punto materiale, purchè sostituiamo alla sua massa vera M, una massa un poco maggiore $M + \frac{1}{2} \mu n$. Gl'ingegneri ferroviari chiamano questa massa col nome di Massa Apparente.

Es. IV - Studiare il moto di un montacarichi, trascurando gli attriti.

Consideriamo un montacarichi, costituito da due carrucole uguali di raggio R e peso Q, i cui centri si trovano sopra una medesima verticale. AB. Nella gola delle puleggie scorre una fune di acciaio portante a sinistra una cassetta di peso P ed a destra un contrappeso ugualmente pesante.

A
P
h
P
O
B

Sotto alla cassetta ad una distanza h, è posta una piattaforma. Poniamo nella cassetta un peso p: essa allora si abbasserà fino ad incontrare la piattaforma con velocità W. Cerchiamo di calcolare la velocità w con cui arviene l'urto.

A tale scopo prendiamo come istante iniziale t_0 quello in cui il sistema si pone in moto, e come istante finale t_1 quello in cui la cassetta sta per toccare la piattaforma.

Poichè nell'istante t_0 il sistema è in quiete si ha $\mathcal{T}_0 = 0$. Calcoliamo allora $\mathcal{T}_1$.

Il sistema è composto di quattro corpi: cassetta, contrappeso e le due ruote, oltre la fune che per semplicità supporremo trascurabile.

La forza viva della cassetta e del contrappeso si ha immediatamente, giacchè nell'istante t_1 questi corpi si muovono di moto traslatorio con velocità W: la loro forza viva è dunque uguale a $\frac{P+p}{2g} W^2$. Analogamente la forza viva del contrappeso è data da $\frac{P}{2g} W^2$.

Calcoliamo ora la forza viva della ruota superiore. Poichè nell'istante t_1 essa ruota intorno al proprio asse A con velocità angolare ω, avremo per risultato $\frac{1}{2} I_A \omega^2$. Cioè essendo:

$I_A = \frac{M r^2}{2} = \frac{Q r^2}{2g}$, la forza viva della ruota sarà uguale a $\frac{Q r^2 \omega^2}{4g}$. Altrettanto si dica della ruota inferiore; e quindi la forza viva complessiva del sistema nell'istante t_1 sarà uguale a

$$68) \quad \mathcal{T}_1 = \frac{P+p}{2g} w^2 + \frac{P}{2g} w^2 + \frac{Q r^2 \omega^2}{2g}$$

Ma la fune si muove sulle carrucole senza slittare: quindi la velocità w di un punto qualsiasi della fune sarà uguale alla velocità periferica delle carrucole, cioè ad $r\,\omega$. La 68) diviene allora:

$$69) \quad \mathcal{T}_1 = \frac{P+p}{2g} w^2 + \frac{P}{2g} w^2 + \frac{Q w^2}{2g} = \frac{2P+p+Q}{2g} w^2.$$

Calcoliamo ora il lavoro $\mathcal{L}$ effettuato dalle forze nell'intervallo di tempo $t_1 - t_0$.

Poichè la cassetta col corpo contenuto si abbassa di h ed il contrappeso sale di h, il lavoro fatto dalla gravità sarà $(P+p)h - Ph = ph$. Tutte le altre forze (reazioni di perni ecc) non fanno alcun lavoro, e quindi si ha $\mathcal{L} = ph$.

Avendo così calcolato $\mathcal{T}_1$ $\mathcal{T}_0$ ed $\mathcal{L}$

non ci resta che sostituire i loro valori nell'equazione 56) la quale diviene:

$$70) \qquad \frac{2P+p+Q}{2g} w^2 = p b$$

Risolvendola rispetto a w, otteniamo

$$71) \qquad w = \sqrt{\frac{2gpb}{2P+p+Q}}$$

D) *Teorema della Conservazione dell'Energia* - Supponiamo di avere un sistema il quale si muova in un campo di forze, che ammettono un potenziale V. Supponiamo che il campo sia permanente, cioè che il valore del potenziale in ogni punto del campo sia indipendente dal tempo. È questo il caso delle grandi forze naturali.

In questo caso, il teorema della forza viva assume una forma particolarmente semplice ed importante, che è necessario mettere in luce.

Infatti l'equazione 13) della pagina 224 ci dà $d\mathcal{L} = -dV$, e quindi l'equazione 53) di questo paragrafo, diviene

$-dV = dT$.

Trasportando nel secondo membro otteniamo:

72) $\quad dT + dV = 0$

ed integrando:

73) $\quad T + V =$ Costante.

Ma T è la forza viva od <u>Energia Cinetica</u> del sistema, V è l'<u>Energia Potenziale</u>. La 73) ci dice dunque che la somma dell'Energia Cinetica e dell'Energia Potenziale è costante. Cioè l'<u>Energia Totale</u> è costante.

Questo teorema, chiamato <u>Teorema della Conservazione dell'Energia</u>, è divenuto il punto di partenza di studi importantissimi nella fisica teorica moderna.

Già abbiamo accennato al concetto moderno secondo cui la massa sarebbe energia condensata. Partendo da questi concetti alcuni fisici moderni hanno emesso l'idea che l'energia abbia anch'essa una costituzione atomica e parlano quindi di <u>Atomi di Energia</u>, ai quali il Planck ha dato il nome di Quanta.

Riepilogo. Riassumendo, noi abbiamo trovato le sette equazioni:

$$\frac{d^2X}{dt^2} = E_x \qquad \frac{d^2Y}{dt^2} = E_y \qquad \frac{d^2Z}{dt^2} = E_z$$

$$\frac{dK_x}{dt} = L \qquad \frac{dK_y}{dt} = M \qquad \frac{dK_z}{dt} = N$$

$$\mathcal{C}_1 - \mathcal{C}_0 = \mathcal{L}$$

che sono le Equazioni Universali.

Se esiste il potenziale V, l'ultima equazione può essere messa sotto la forma $T + V = Cost.$ e costituisce il teorema della Conservazione dell'Energia.

5. Principio di D'Alembert
Equazioni di Lagrange.

moto dei Sistemi.

Si ricorre allora, e cioè specialmente nei casi più difficili, ad un principio d'importanza fondamentale, il quale <u>ha l'ufficio di ridurre ogni problema di Dinamica ad un problema di Statica.</u>

Questo principio è conosciuto in Meccanica col nome di <u>Principio di D'Alembert</u>, essendo stato dal D'Alembert nel suo trattato di Dinamica nell'anno 1742, ed applicato poi da lui stesso ad alcune ricerche sopra la Precessione degli Equinozi.

In realtà però esso era già stato invocato precedentemente da G. Bernoulli (1686), e fu enunciato in modo esatto solo da Eulero.

Per intenderne chiaramente il significato, cominciamo da qualche esempio.

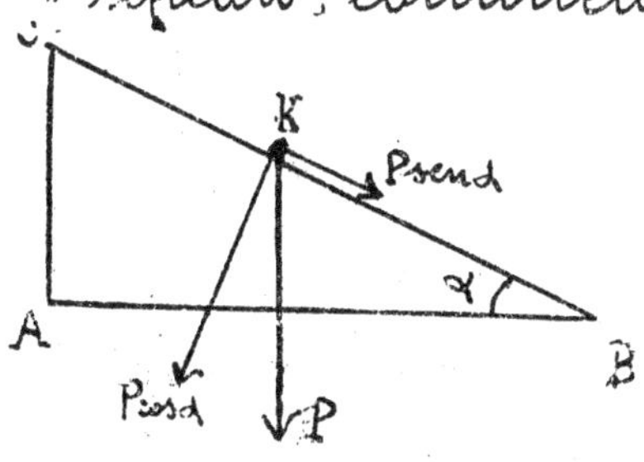

Immaginiamo di avere un punto materiale K di peso P posto sopra un piano inclinato. La forza applicata al punto K è il proprio peso; cioè una forza diretta verticalmente verso il basso, d'intensità uguale a P, con cui la Terra attira K. Questa forza si decompone automaticamente in due e cioè:

a) Una forza d'intensità uguale a $P \cos\alpha$ e diretta normalmente contro il piano inclinato. Essa non produce alcun effetto, essendo interamente equilibrata dalla reazione del piano. Noi la chiameremo Forza Perduta.

b) Una seconda forza d'intensità $P \operatorname{sen}\alpha$ diretta parallelamente a CB. Essa pone in moto il punto K, come se K fosse libero. Noi la chiameremo Forza Efficace. Indicando con $\widehat{B}$ l'accelerazione di K, la forza efficace è data dall'equazione $\widehat{E} = m\,\widehat{B}$.

Molti trattati di Meccanica la chiamano forza d'inerzia.

Prendiamo un secondo esempio semplicissimo dato da Poisson nel suo trattato di Meccanica.

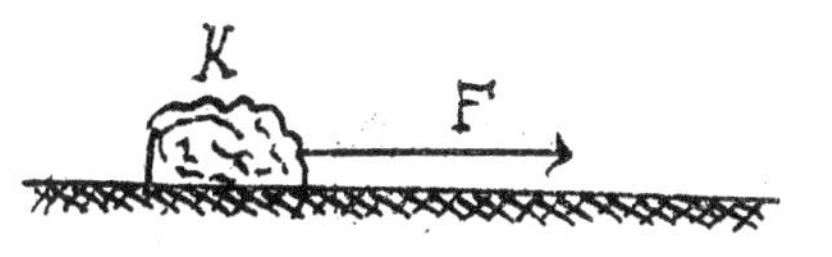

Immaginiamo un masso K di peso P trascinato sul terreno da una forza d'intensità F.

Sia f il coefficiente d'attrito. La resistenza d'attrito è allora uguale (supposto il terreno orizzontale) a Pf. La forza F si decompone allora in due: una d'intensità Pf (Forza Perduta) la quale è equilibrata dalla Resistenza d'attrito. L'altra d'intensità F - Pf (Forza Efficace) la quale pone in moto il masso come se esso fosse libero, cioè isolato nello spazio. L'accelerazione del masso è quindi uguale ad $\frac{F-Pf}{m}$.

Passiamo ora al caso generale. Immaginiamo un sistema di punti S_1 S_2 .... S_n comunque collegati tra loro, e di massa m_1 m_2 .... m_n. Supponiamo che al primo punto sia applicata la forza $\hat{F}_1$ (prescindendo dalle reazioni dei vincoli che sono incognite), al secondo la forza $\hat{F}_2$ ecc.

Se S_1 fosse libero esso assumerebbe una certa accelerazione $\hat{A}_1$ uguale ad $\frac{1}{m_1}\hat{F}_1$; invece essendo vincolato assumerà una accelerazione $\hat{B}_1$ differente da $\hat{A}_1$.

Poniamo:

$$1)\qquad \hat{E}_1 = m_1 \hat{B}_1$$

$$2)\qquad \hat{F}_1 - \hat{E}_1 = P_1$$

Avremo:

$$3)\qquad \hat{F}_1 = \hat{E}_1 + \hat{P}_1$$

La forza E_1 sarà la <u>forza efficace</u> per il punto S_1; infatti, se S_1 fosse libero e se ad esso venisse applicata la $\hat{E}_1$, la sua accelerazione sarebbe $\frac{1}{m_1} E_1 = \hat{B}_1$, cioè uguale all'accelerazione che ha realmente. La forza P_1, differenza tra la forza applicata $\hat{F}_1$ e la forza efficace $\hat{E}_1$, sarà chiamata la <u>forza perduta</u>.

Analoghe considerazioni facciamo per i punti S_2 $S_3 \dots S_n$.

Ciò posto osserviamo che se i punti fossero tutti liberi e ad essi venissero applicate le sole forze efficaci $\hat{E}_1$ $\hat{E}_2 \dots \hat{E}_n$, le loro accelerazioni sarebbero uguali alle attuali, cioè $\widehat{B}_1$ $\widehat{B}_2 \ldots \widehat{B}_n$.

Dunque il sistema si muove nello stesso modo sia che lo consideriamo soggetto alle sole forze efficaci, $\widehat{E}_1$ $\widehat{E}_2 \ldots \widehat{E}_n$ sia che lo consideriamo soggetto alle forze applicate $\widehat{F}_1$ $\widehat{F}_2 \ldots \widehat{F}_n$ e alle reazioni dei vincoli.

Ma $\widehat{F}_1 = \widehat{E}_1 + P_1$ ed analogamente $\widehat{F}_2 = \widehat{E}_2 + P_2$ ecc. dunque l'<u>insieme delle forze perdute e delle reazioni dei vincoli non ha alcuna influenza sul moto del sistema.</u>

Si ammette quindi come evidente che l'insieme di queste forze, che non ha alcuna influenza sul moto, si faccia equilibrio: cioè si ammette che se il sistema fosse sollecitato dalle <u>sole forze perdute</u>, resterebbe in equilibrio.

Enuncieremo perciò il principio di D'Alembert dicendo che <u>in ogni sistema dinamico le forze perdute si fanno equilibrio tra loro in virtù dei vincoli del sistema.</u>

Immaginiamo dunque di avere il nostro sistema S_1 S_2 .. S_n. Applichiamo al punto S_1 (invece della forza $\hat{F}_1$) soltanto la forza $\hat{P}_1$; al punto S_2 la forza $\hat{P}_2$, al punto S_n la forza $\hat{P}_n$. Il sistema resterà in equilibrio, in virtù del nostro ragionamento e del postulato aggiunto che ci ha condotti al principio di D'Alembert.

Se quindi diamo al sistema uno spostamento virtuale, poichè esso è in equilibrio, il lavoro virtuale delle forze sarà uguale a zero, supponendo come facciamo sempre, i vincoli invertibili. Avremo quindi indicando con δS_1 δS_2 ... δS_n gli spostamenti virtuali dei punti S_1 S_2 ... S_n:

$$4) \qquad \sum_1^n \hat{P}_i \times \delta S_i = 0$$

La 4) è l'equazione generale della Dinamica, ed ora cercheremo di ridurla a forma più comoda. A tale scopo, sostituendo a $\hat{P}_i$ il suo valore, avremo:

$$5) \qquad \sum_1^n \left(\hat{F}_i - \hat{E}_i \right) \times \delta S_i = 0$$

cioè, essendo $\hat{E}_i = m_i \ \hat{B}_i$

$$6) \quad \sum_1^n \left(\widehat{F}_i - m_i \widehat{B}_i\right) \times \delta S_i = 0$$

Indichiamo ora con X_i Y_i Z_i le componenti della forza applicata $\widehat{F}_i$, e con x_i y_i z_i le coordinate del punto S_i.

Le componenti dell'accelerazione $\widehat{B}_i$ saranno allora $\frac{d^2 x_i}{dt^2}$ $\frac{d^2 y_i}{dt^2}$ $\frac{d^2 z_i}{dt^2}$; e quindi quelle del vettore $\widehat{F}_i - m_i B_i$ saranno $X_i - m_i \frac{d^2 x_i}{dt^2}$ ecc. Le componenti dello spostamento virtuale δS_i sono poi δx_i δy_i δz_i; ed allora, ricordando quanto dicemmo a pag 15 sul prodotto interno di due vettori, la 6) diverrà:

$$7) \quad \sum_1^n \left[\left(X_i - m_i \frac{d^2 x_i}{dt^2}\right)\delta x_i + \left(Y_i - m_i \frac{d^2 y_i}{dt^2}\right)\delta y_i + \left(Z_i - m_i \frac{d^2 z_i}{dt^2}\right)\delta z_i\right] = 0$$

<u>Questa equazione, dovuta a Lagrange, è l'equazione generale della Dinamica, scritta in forma scalare.</u>

Supponiamo ora che il sistema sia <u>olonomo</u> ed abbia K gradi di libertà. Avremo allora, come vedemmo a pag 77 e poi a pag. 200,

$$8) \quad \delta x_i = \frac{\partial x_i}{\partial q_1}\delta q_1 + \frac{\partial x_i}{\partial q_2}\delta q_2 + \dots \frac{\partial x_i}{\partial q_K}\delta q_K$$

ed analogamente per δy_i e δz_i.

Sostituiamo allora i valori di δx_i, δy_i, δz_i nella 7) e raccogliamo insieme i termini contenenti a fattori δq_1 poi quelli contenenti δq_2, δq_3 ecc.

Avremo:

$$9)\quad \delta q_1\left[\sum_1^n\left(X_i\frac{\partial x_i}{\partial q_1}+Y_i\frac{\partial y_i}{\partial q_1}+Z_i\frac{\partial z_i}{\partial q_1}\right)-\sum_1^n m_i\left(\frac{d^2x_i}{dt^2}\frac{\partial x_i}{\partial q_1}+\frac{d^2y_i}{dt^2}\frac{\partial y_i}{\partial q_1}+\frac{d^2z_i}{dt^2}\frac{\partial z_i}{\partial q_1}\right)\right]+$$
$$+\delta q_2\left[\sum_1^n\left(X_i\frac{\partial x_i}{\partial q_2}+Y_i\frac{\partial y_i}{\partial q_2}+Z_i\frac{\partial z_i}{\partial q_2}\right)-\sum_1^n m_i\left(\frac{d^2x_i}{dt^2}\frac{\partial x_i}{\partial q_2}+\frac{d^2y_i}{dt^2}\frac{\partial y_i}{\partial q_2}+\frac{d^2z_i}{dt^2}\frac{\partial z_i}{\partial q_2}\right)\right]+$$
$$+\delta q_3\left[\qquad\right]+\cdots+\delta q_k\left[\qquad\right]=0$$

L'equazione 9) deve essere verificata qualunque siano i valori che diamo a δq_1, $\delta q_2 \ldots \delta q_k$. Ripetendo allora il ragionamento fatto a pag 201 vediamo che tutti i coefficienti, quello di δq_1, quello di δq_2 quello di δq_3 ecc debbono essere uguali a zero.

Uguagliando a zero il coefficiente di δq_1 avremo intanto:

$$10)\quad \sum_1^n m_i\left[\frac{d^2x_i}{dt^2}\frac{\partial x_i}{\partial q_1}+\frac{d^2y_i}{dt^2}\frac{\partial y_i}{\partial q_1}+\frac{d^2z_i}{dt^2}\frac{\partial z_i}{\partial q_1}\right]=\sum_1^n\left[X_i\frac{\partial x_i}{\partial q_1}+Y_i\frac{\partial y_i}{\partial q_1}+Z_i\frac{\partial z_i}{\partial q_1}\right]$$

cioè, ricordando l'equazione 13) della pag. 201,

$$11) \quad \sum_1^n m_i \left[\frac{d^2 x_i}{dt^2} \frac{\partial x_i}{\partial q_1} + \frac{d^2 y_i}{dt^2} \frac{\partial y_i}{\partial q_1} + \frac{d^2 z_i}{dt^2} \frac{\partial z_i}{\partial q_1} \right] = Q_1$$

Indicando, per brevità di notazione, con x_i' y_i' z_i' le derivate $\frac{dx_i}{dt}$ $\frac{dy_i}{dt}$ $\frac{dz_i}{dt}$, la 11) può scriversi:

$$12) \quad \sum_1^n m_i \left[\frac{dx_i'}{dt} \frac{\partial x_i}{\partial q_1} + \frac{dy_i'}{dt} \frac{\partial y_i}{\partial q_1} + \frac{dz_i'}{dt} \frac{\partial z_i}{\partial q_1} \right] = Q_1$$

Eseguiamo ora la derivata del prodotto $x_i' \frac{\partial x_i}{\partial q_1}$. Avremo:

$$13) \quad \frac{d}{dt}\left(x_i' \frac{\partial x_i}{\partial q_1} \right) = \frac{dx_i'}{dt} \frac{\partial x_i}{\partial q_1} + x_i' \frac{d}{dt} \frac{\partial x_i}{\partial q_1}$$

Ora si ha

$$14) \quad \frac{d}{dt} \frac{\partial x_i}{\partial q_1} = \frac{\partial}{\partial q} \frac{dx_i}{dt} = \frac{\partial x_i'}{\partial q_1}$$

e quindi la 13) diviene:

$$15) \quad \frac{d}{dt}\left(x_i' \frac{\partial x_i}{\partial q_1} \right) = \frac{dx_i'}{dt} \frac{\partial x_i}{\partial q_1} + x_i' \frac{\partial x_i'}{\partial q_1}$$

da cui ricaviamo:

$$16) \quad \frac{dx_i'}{dt} \frac{\partial x_i}{\partial q_1} = \frac{d}{dt}\left(x_i' \frac{\partial x_i}{\partial q_1} \right) - x_i' \frac{\partial x_i'}{\partial q_1}$$

Analogamente avremo:

$$17) \quad \frac{dy_i'}{dt} \frac{\partial y_i}{\partial q_1} = \frac{d}{dt}\left(y_i' \frac{\partial y_i}{\partial q_1} \right) - y_i' \frac{\partial y_i'}{\partial q_1}$$

18) $$\frac{dz'_i}{dt}\frac{\partial z_i}{\partial q_1} = \frac{d}{dt}\left(z'_i\frac{\partial z_i}{\partial q_1}\right) - z'_i\frac{\partial z'_i}{\partial q_1}$$

Sommando membro a membro la 16) la 17) e la 18) si ha:

19) $$\frac{dx'_i}{dt}\frac{\partial x_i}{\partial q_1} + \frac{dy'_i}{dt}\frac{\partial y_i}{\partial q_1} + \frac{dz'_i}{dt}\frac{\partial z_i}{\partial q_1} =$$

$$= \frac{d}{dt}\left[x'_i\frac{\partial x_i}{\partial q_1} + y'_i\frac{\partial y_i}{\partial q_1} + z'_i\frac{\partial z_i}{\partial q_1}\right] - x'_i\frac{\partial x'_i}{\partial q_1} - y'_i\frac{\partial y'_i}{\partial q_1} - z'_i\frac{\partial z'_i}{\partial q_1}$$

Tenendo presente la 19) l'equazione 12) diviene:

20) $$Q_1 = \frac{d}{dt}\sum_1^n m_i\left(x'_i\frac{\partial x_i}{\partial q_1} + y'_i\frac{\partial y_i}{\partial q_1} + z'_i\frac{\partial z_i}{\partial q_1}\right) - \sum_1^n m_i\left(x'_i\frac{\partial x'_i}{\partial q_1} + y'_i\frac{\partial y'_i}{\partial q_1} + z'_i\frac{\partial z'_i}{\partial q_1}\right)$$

Ricordiamo ora l'espressione della forza viva del sistema:

21) $$T = \frac{1}{2}\sum_1^n m_i v_i^2 = \frac{1}{2}\sum_1^n m_i\left[x_i'^2 + y_i'^2 + z_i'^2\right]$$

da cui derivando abbiamo:

22) $$\frac{\partial T}{\partial q_1} = \sum_1^n m_i\left(x'_i\frac{\partial x'_i}{\partial q_1} + y'_i\frac{\partial y'_i}{\partial q_1} + z'_i\frac{\partial z'_i}{\partial q_1}\right)$$

23) $$\frac{\partial T}{\partial q'_1} = \sum_1^n m_i\left(x'_i\frac{\partial x'_i}{\partial q'_1} + y'_i\frac{\partial y'_i}{\partial q'_1} + z'_i\frac{\partial z'_i}{\partial q'_1}\right)$$

Ora essendo x_i funzione di $q_1\, q_2 \dots q_K$ e di t si ha ancora:

24) $$x_i' = \frac{dx_i}{dt} = \frac{\partial x_i}{\partial q_1} q_1' + \frac{\partial x_i}{\partial q_2} q_2' + \dots \frac{\partial x_i}{\partial q_k} q_k' + \frac{\partial x_i}{\partial t}$$

e quindi derivando rispetto a q_1', si ottiene:

25) $$\frac{d x_i'}{\partial q_1'} = \frac{\partial x_i}{\partial q_1}$$

Analogamente si avrebbe:

26) $$\frac{\partial y_i'}{\partial q_1'} = \frac{\partial y_i}{\partial q_1}$$

27) $$\frac{\partial z_i'}{\partial q_1'} = \frac{\partial z_i}{\partial q_1}$$

Moltiplicando queste tre ultime equazioni per x_i' y_i' z_i' e sommando membro a membro si ha poi:

28) $$x_i' \frac{\partial x_i'}{\partial q_1'} + y_i' \frac{\partial y_i'}{\partial q_1'} + z_i' \frac{\partial z_i'}{\partial q_1'} = x_i' \frac{\partial x_i}{\partial q_1} + y_i' \frac{\partial y_i}{\partial q_1} + z_i' \frac{\partial z_i}{\partial q_1}$$

Tenendo presente la 28) la 23 diviene:

29) $$\frac{\partial \tau}{\partial q_1'} = \sum_1^n m_i \left(x_i' \frac{\partial x_i}{\partial q_1} + y_i' \frac{\partial y_i}{\partial q_1} + z_i' \frac{\partial z_i}{\partial q_1} \right)$$

La 20) allora, in virtù della 22) e della 29) si riduce a:

30) $$\frac{d}{dt} \frac{\partial \tau}{\partial q_1'} - \frac{\partial \tau}{\partial q_1} = Q_1$$

Tutto ciò abbiamo ottenuto uguagliando

a zero il coefficiente di δq_1 nell'equazione generale 9). Se avessimo uguagliato a zero il coefficiente di δq_2, avremmo ottenuto una seconda equazione analoga alla 30); una terza equazione si sarebbe avuta uguagliando a zero il coefficiente di δq_3 e così di seguito. In totale dunque avremo:

$$\frac{d}{dt}\frac{\partial \mathcal{T}}{\partial q_1'} - \frac{\partial \mathcal{T}}{\partial q_1} = Q_1$$

31) $$\frac{d}{dt}\frac{\partial \mathcal{T}}{\partial q_2'} - \frac{\partial \mathcal{T}}{\partial q_2} = Q_2$$

$$\text{- - - - - - - -}$$

$$\frac{d}{dt}\frac{\partial \mathcal{T}}{\partial q_k'} - \frac{\partial \mathcal{T}}{\partial q_k} = Q_k$$

Queste equazioni, importantissime nella Dinamica, furono scoperte da Lagrange, e vengono quindi chiamate col nome di <u>Equazioni di Lagrange</u>. Poichè Lagrange aveva dato antecedentemente altri tipi di equazioni (più semplici, ma meno importanti nella pratica) le 31) vengono qualche volta chiamate col nome di Equazioni di Lagrange della 2ª forma.

Esse sono in numero di K, cioè tante quanti sono i parametri $q_1\ q_2 \dots q_K$. Essendo equazioni differenziali del secondo ordine (perchè contengono le derivate seconde $\frac{d}{dt}\frac{\partial T}{\partial q'_i}$), nella loro integrazione entreranno 2K costanti arbitrarie. Ora noi conosciamo la posizione iniziale e le velocità iniziali dei punti del nostro sistema: cioè conosciamo i valori che le q e le q' assumono nell'istante $t=0$. I dati sono dunque $q_{10}\ q_{20} \dots q_{K0}\ \ q'_{10}\ q'_{20} \dots q'_{K0}$ cioè in numero 2K: potremo dunque determinare i valori da darsi alle 2K costanti arbitrarie.

Vediamo ora come si semplificano le equazioni di Lagrange, quando il sistema si muove in un campo di forze che ammette un potenziale V.

Supporremo V funzione delle coordinate $x_i\ y_i\ z_i$ e quindi delle q_i ed indipendente dalle velocità cioè dalle q'_i.

Ricordando quanto vedemmo alla

pag 223) avremo:

$$32)\qquad X_i = -\frac{\partial V}{\partial x_i}$$

$$33)\qquad Y_i = -\frac{\partial V}{\partial y_i}$$

$$34)\qquad Z_i = -\frac{\partial V}{\partial z_i}$$

Si ha allora:

$$35)\quad Q_1 = \sum_1^n \left(X_i \frac{\partial x_i}{\partial q_1} + Y_i \frac{\partial y_i}{\partial q_1} + Z_i \frac{\partial z_i}{\partial q_1} \right) =$$

$$= -\sum_1^n \left(\frac{\partial V}{\partial x_i}\frac{\partial x_i}{\partial q_1} + \frac{\partial V}{\partial y_i}\frac{\partial y_i}{\partial q_1} + \frac{\partial V}{\partial z_i}\frac{\partial z_i}{\partial q_1} \right) =$$

$$= -\frac{\partial V}{\partial q_1}$$

Analogamente avremo:

$$36)\qquad Q_2 = -\frac{\partial V}{\partial q_2} \quad \cdots\cdots \quad Q_k = -\frac{\partial V}{\partial q_k}$$

Allora per esempio la prima delle 31) si riduce a:

$$37)\qquad \frac{d}{dt}\frac{\partial \mathcal{T}}{\partial q_1'} - \frac{\partial \mathcal{T}}{\partial q_1} = -\frac{\partial V}{\partial q_1}$$

cioè, trasportando il termine $-\frac{\partial V}{\partial q_1}$ nel primo membro,

38) $$\frac{d}{dt}\frac{\partial \mathcal{T}}{dq'_1} - \frac{\partial(\mathcal{T}-V)}{\partial q_1} = 0$$

Ora, poichè abbiamo supposto che il potenziale V (come avviene in natura) non dipenda dalle velocità e quindi dalle q' avremo:

39) $$\frac{\partial V}{\partial q'_1} = \frac{\partial V}{\partial q'_2} = \dots \frac{\partial V}{\partial q'_K} = 0$$

E quindi si ha identicamente

40) $$\frac{\partial \mathcal{T}}{\partial q'_1} = \frac{\partial \mathcal{T}}{\partial q'_1} - \frac{\partial V}{\partial q'_1} = \frac{\partial(\mathcal{T}-V)}{\partial q'_1}$$

e perciò la 38) diviene:

41) $$\frac{d}{dt}\frac{\partial(\mathcal{T}-V)}{\partial q'_1} - \frac{\partial(\mathcal{T}-V)}{\partial q_1} = 0$$

Ora noi chiameremo col nome di Funzione di Lagrange (e l'indicheremo con la lettera $\mathcal{L}$) la funzione $\mathcal{T}-V$ cioè la differenza tra l'energia cinetica e l'energia potenziale.

La 41) si riduce allora a

42) $$\frac{d}{dt}\frac{d\mathcal{L}}{\partial q'_1} - \frac{\partial \mathcal{L}}{\partial q_1} = 0$$

ed analogamente le altre equazioni di Lagrange divengono:

$$\frac{d}{dt}\frac{\partial \mathcal{L}}{\partial q_2'} - \frac{\partial \mathcal{L}}{\partial q_2} = 0$$

43) - - - - - - - - - - - - - - -

$$\frac{d}{dt}\frac{\partial \mathcal{L}}{\partial q_K'} - \frac{\partial \mathcal{L}}{\partial q_K} = 0$$

Il calcolo delle Variazioni insegna poi che le 42) e 43) sono le condizioni necessarie e sufficienti affinchè l'integrale $A = \int_{t_0}^{t} \mathcal{L}\,dt$ abbia la sua variazione prima uguale a zero. A questo integrale è stato dato il nome di <u>Azione</u>, ed il teorema a cui siamo condotti è conosciuto col nome di <u>Teorema dell'Azione Stazionaria</u>.

Es. I. Pendolo semplice - Immaginiamo di avere un punto materiale A di peso P e massa m, il quale sia collegato, per mezzo di un filo sottilissimo ed inestendibile, ad un origine fissa O. Supponiamo che il punto A oscilli in un piano verticale sotto l'azione del proprio peso. Vogliamo determinare l'equazione del moto e trovare la durata delle piccole oscillazioni.

Il problema è estremamente semplice e potrebbe essere risoluto sia direttamente (trovando l'accelerazione tangenziale) sia applicando il teorema del momento della quantità di moto o quello della forza viva. Ma noi lo tratteremo con le equazioni di Lagrange, per dare un esempio sul modo di applicarle nei casi pratici.

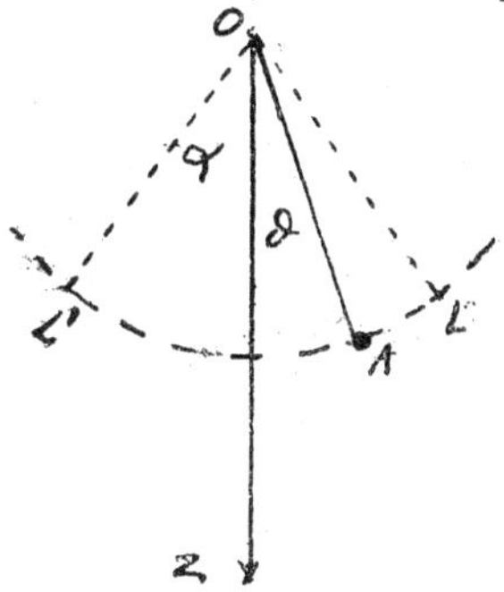

Prendiamo come origine il punto fisso O, e l'asse z diretto verticalmente verso il basso. Indichiamo ancora con l la lunghezza del filo inestendibile OA.

Cominciamo ad osservare che il sistema formato dal solo punto A, costretto a muoversi sulla circonferenza L L' di centro O e raggio l, è <u>olonomo ed ha un solo grado di libertà</u>. Basterà dunque per determinare la posizione in ogni istante un solo parametro, per esempio l'angolo ϑ che il pendolo OA forma con l'asse z. Prenderemo dunque come unico parametro q_1 l'angolo ϑ. Di più trattandosi di un punto pesante, esiste il potenziale e quindi avremo come unica equazione del moto, l'equazione 42) cioè:

$$44)\quad \frac{d}{dt}\frac{\partial \mathcal{L}}{\partial \vartheta'} - \frac{\partial \mathcal{L}}{\partial \vartheta} = 0$$

dove al posto di q_1 e q_1' abbiamo scritto ϑ e ϑ'.

Determiniamo ora la funzione di Lagrange $\mathcal{L}$.

Cominciamo a tale scopo a calcolare la forza viva. Avremo, chiamando con ω la velocità angolare del punto A.

$$45)\quad T = \frac{1}{2} m v^2 = \frac{1}{2} m l^2 \omega^2 = \frac{1}{2} m l^2 \vartheta'^2$$

Quanto al Potenziale, poichè il punto A si trova nel campo gravitazionale, abbiamo visto a pag. 226, che si ha: $V = Pz + \text{cost}$. Però a pag 226, abbiamo supposto l'asse delle z diretto verticalmente verso l'alto, mentre ora l'abbiamo preso diretto.

verso il basso. La z dunque cambia di segno e noi ora avremo $V = -Pz + \text{cost}$. Cioè essendo $P = mg$, risulterà in fine $V = -mgz + \text{cost}$.

Per determinare poi la z del punto A, basta proiettare il segmento OA sull'asse z, ottenendo così $z = l\cos\vartheta$; e quindi sostituendo in V si ha $V = -mgl\cos\vartheta + \text{cost}$.

Calcolati così i valori di T e di V, abbiamo immediatamente per la funzione di Lagrange $\mathcal{L}$

46) $$\mathcal{L} = T - V = \frac{1}{2} m l^2 \vartheta'^2 - (-mgl\cos\vartheta + \text{cost}) = \\ = ml\left(\frac{l\vartheta'^2}{2} + g\cos\vartheta\right) - \text{Cost}.$$

Derivando otteniamo:

47) $$\frac{\partial \mathcal{L}}{\partial \vartheta'} = m l^2 \vartheta'$$

48) $$\frac{\partial \mathcal{L}}{d\vartheta} = -mlg \operatorname{sen} \vartheta$$

Sostituendo questi valori nella 44) e dividendo tutto per ml^2 otteniamo:

49) $$\frac{d^2\vartheta}{dt^2} + \frac{g}{l} \operatorname{sen} \vartheta = 0$$

<u>che è l'equazione del moto del pendolo semplice</u>.

Non resta ora che integrare la 49), ed a tale scopo moltiplichiamo ambo i membri per $2\frac{d\vartheta}{dt}$ ottenendo:

$$50)\qquad 2\frac{d\vartheta}{d\vartheta}\frac{d^2\vartheta}{dt^2}+\frac{2g}{l}\operatorname{sen}\vartheta\frac{d\vartheta}{dt}=0$$

La 50) è un'equazione differenziale esatta, che integrata da:

$$51)\qquad \left(\frac{d\vartheta}{dt}\right)^2-\frac{2g}{l}\cos\vartheta=C$$

dove abbiamo indicato con C la costante arbitraria.

Per determinare ora il valore di C supponiamo che il pendolo parta dalla quiete dalla posizione OL. Indichiamo con α l'angolo che il raggio OL forma con l'asse z; allora per $\vartheta=\alpha$, la velocità angolare $\frac{d\vartheta}{dt}$ deve essere uguale a zero: e quindi la 51) da $C=-\frac{2g}{l}\cos\alpha$. Sostituendo questo valore al posto di C la 51) diviene:

$$52)\qquad \left(\frac{d\vartheta}{dt}\right)^2=\frac{2g}{l}\left(\cos\vartheta-\cos\alpha\right)$$

Ora il primo membro $\left(\frac{d\vartheta}{dt}\right)^2$, essendo un quadrato, dovrà essere sempre positivo o al più uguale a zero. Quindi anche

il secondo membro sarà positivo o al più uguale a zero e perciò sarà sempre
$\cos\vartheta \geqq \cos\alpha$.

Cioè l'angolo ϑ, in valore assoluto, dovrà conservarsi sempre minore o al più eguale all'angolo α. Vale a dire, se noi prendiamo, a destra e a sinistra dell'asse z, due raggi OL ed OL' formanti con z l'angolo α, il pendolo si muoverà sempre nell'angolo $L'OL$.

Studiamo ora il movimento nel caso di piccole oscillazioni, vale a dire supponendo α molto piccolo.

Avremo allora, trascurando le potenze superiori alla seconda,

$$53) \qquad \cos\alpha = 1 - \frac{\alpha^2}{2} + \dots$$

E, poichè ϑ è minore o al più eguale ad α, avremo con maggior ragione:

$$54) \qquad \cos\vartheta = 1 - \frac{\vartheta^2}{2} + \dots$$

Con questi valori la 52) diviene:

$$55) \qquad \left(\frac{d\vartheta}{dt}\right)^2 = \frac{g}{l}\left(\alpha^2 - \vartheta^2\right)$$

da cui ricaviamo:

$$56) \qquad dt = \sqrt{\frac{l}{g}}\ \frac{d\vartheta}{\sqrt{\alpha^2 - \vartheta^2}}$$

Se vogliamo trovare il tempo di una semioscillazione, cioè il tempo T che il pendolo impiega per andare da L_1 ad L' dovremo integrare da $\vartheta = -\alpha$ fino a $\vartheta = \alpha$. Avremo allora dalla 56)

$$57)\quad T = \sqrt{\frac{l}{g}}\left(\text{arc sen}\,\frac{\vartheta}{\alpha}\right)_{\vartheta=-\alpha}^{\vartheta=\alpha} =$$

$$= \sqrt{\frac{l}{g}}\left[\frac{\pi}{2} - \left(-\frac{\pi}{2}\right)\right] = \pi\sqrt{\frac{l}{g}}$$

Il tempo di una semioscillazione è dunque uguale a $\pi\sqrt{\frac{l}{g}}$. Le piccole oscillazioni sono dunque isocrone, perchè nella formola che da T non entra l'angolo α.

PARTE SECONDA

Meccanica dei Corpi Rigidi

Generalità

Fino ad ora ci siamo occupati della Meccanica dei Sistemi Generali. Dobbiamo ora aggiungere alcune considerazioni riguardanti il caso speciale dei Sistemi Rigidi.

Come è noto, si chiamano corpi rigidi, quei corpi che non si alterano di forma durante il moto: per es. un masso.

Consideriamo due punti qualsiasi del sistema rigido, per es. P_i e P_k: se il sistema si mantiene rigido la distanza $P_i P_k$ resterà invariata durante il moto. Viceversa si dimostra con facili considerazioni di Geometria elementare, che se le mutue distanze dei punti del sistema si mantengono costanti esso è rigido.

I sistemi rigidi si suddividono in "piani" quando i loro punti giacciono tutti nello stesso piano, e "generici" quando i loro punti sono posti comunque nello spazio.

Tra i sistemi rigidi piani i più semplici e praticamente importanti sono le Travature Reticolari. Esse sono formate da un certo numero di aste rettilinee, inestendibili, che si riuniscono ai loro estremi in punti detti nodi.

Se una travatura reticolare ha n nodi, è chiaro che il numero massimo delle aste che essa può contenere è dato da $\binom{n}{2} = \frac{n(n-1)}{2}$. Così per esempio una travatura di 4 nodi può contenere al massimo 6 aste.

Però non tutte queste aste sono necessarie perchè la travatura si conservi indeformabile. Infatti immaginiamo di considerare due nodi qualsiasi A e B e l'asta che li unisce AB. Allora, per fissare nel piano la posizione di un terzo nodo C, basta unirlo con due aste CA e CB ai nodi A e B. Analogamente per fissare i rimanenti nodi saranno necessarie due aste per ciascuno di essi. Quindi il numero totale N delle aste <u>necessarie</u> affinchè una travatura piana di n nodi sia rigida, sarà dato dalla formula:

$$1) \quad N = 1 + 2(n-2) = 2n-3$$

Come esempio consideriamo un'incavallatura ordinaria del tipo Polonceau. Essa contiene sette nodi (A, B, C, D, E, F, G) ed il numero delle aste è uguale ad 11. Ponendo $n = 7$ nella formula 1) troviamo precisamente $N = 11$. Dunque tutte le aste sono necessarie; cioè se ne rompiamo una, per es. la FG. la travatura non è più indeformabile.

Formole analoghe valgono nel caso in cui gli n nodi della travatura non siano contenuti tutti in un piano. Anche qui il numero massimo delle aste è uguale ad $\binom{n}{2} = \frac{n(n-1)}{2}$; mentre il numero N delle aste necessarie affinchè la travatura sia rigida è dato dalla formula $N = 3n-6$. Così per esempio se la travatura ha la forma di un tetraedro, il numero dei nodi è 4 e il numero delle aste strettamente necessarie per renderla indeformabile è 6.

Premesse queste nozioni passiamo a svolgere la Meccanica dei Sistemi rigidi, che divideremo al solito in Cinematica, Statica e Dinamica.

CAPITOLO I

Cinematica dei Sistemi Rigidi

Cominciamo per semplicità ad occuparci del movimento dei sistemi rigidi piani. Per fissare le idee immaginiamo di avere un foglio di carta trasparente che si muova sul foglio di questo libro.

Prendiamo sul foglio del libro un origine O e due assi ortogonali X ed Y; ed analogamente prendiamo sul foglio di carta trasparente un origine O_1 e disegniamo su di esso

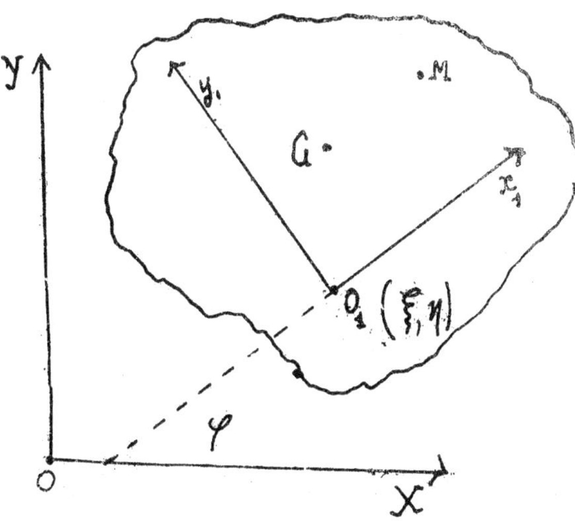

due assi x_1 ed y_1. Indichiamo poi con le lettere greche ξ ed η le coordinate di O_1 rispetto agli assi fissi X ed Y, e con φ l'angolo che l'asse x_1 forma con X.

È chiaro che per determinare in ogni istante la posizione del foglio di carta trasparente, basta conoscere i valori numerici di ξ η e dell'angolo φ nell'istante desiderato.

D'altra parte poichè il foglio trasparente si muove è evidente che ξ η e φ in generale varieranno col tempo. Supponiamo allora dati i valori di ξ η e φ in funzione del tempo t: $\xi = \xi(t)$, $\eta = \eta(t)$, $\varphi = \varphi(t)$. Sostituendo a t il suo valore numerico potremo conoscere i valori di ξ η e φ, e quindi la posizione del foglio e di ogni suo punto in ogni istante. Ci proponiamo allora di cercare la velocità di un punto qualsiasi del foglio M.

Indichiamo con X ed Y le coordinate di M rispetto agli assi fissi, e con x_1 ed y_1 le coordinate di M rispetto agli assi mobili.

Da quanto insegna la Geometria Analitica, tra X Y ed x_1 y_1 passeranno le relazioni:

$$1) \qquad X = \xi + x_1 \cos\varphi - y_1 \operatorname{sen}\varphi$$

$$2) \qquad Y = \eta + x_1 \operatorname{sen}\varphi + y_1 \cos\varphi$$

Ricordiamo poi, che quando il foglio trasparente si muove, ξ η e φ variano; mentre x_1 ed y_1 restano inalterati perchè gli assi x_1 y_1 sono disegnati su di esso.

Poichè M ha per coordinate X ed Y rispetto agli assi fissi, le componenti della sua velocità sono date dalle derivate $\frac{dX}{dt}$ e $\frac{dY}{dt}$

Derivando ora la 1) rispetto a t abbiamo:

$$3) \qquad \frac{dX}{dt} = v_x = \frac{d\xi}{dt} - x_1 \operatorname{sen}\varphi \frac{d\varphi}{dt} - y_1 \cos\varphi \frac{d\varphi}{dt} =$$

$$= \frac{d\xi}{dt} - (x_1 \operatorname{sen}\varphi + y_1 \cos\varphi) \frac{d\varphi}{dt}$$

Ma l'equazione 2) mostra che la quantità tra parentesi nella 3) è uguale ad $Y - \eta$.

Sostituendo allora abbiamo:

$$4) \qquad v_x = \frac{d\xi}{dt} - (Y - \eta)\frac{d\varphi}{dt}.$$

Analogamente derivando la 2) si avrebbe

$$5) \qquad v_y = \frac{d\eta}{dt} + (X - \xi)\frac{d\varphi}{dt}$$

La 4) e la 5) ci danno le componenti della velocità del punto M, come avevamo desiderato. Cerchiamo ora se sul foglio di carta trasparente (supposto illimitato) esista qualche punto C che nell'istante t abbia velocità nulla.

Indicando con a e b le coordinate di C, le componenti v_x e v_y dovranno ridursi uguali a zero se nella 4) e nella 5) sostituiamo a e b al posto di X ed Y. Avremo allora:

$$6) \qquad 0 = \frac{d\xi}{dt} - (b - \eta)\frac{d\varphi}{dt}$$

$$7) \qquad 0 = \frac{d\eta}{dt} + (a - \xi)\frac{d\varphi}{dt}$$

Risolvendo la 6) e la 7) rispetto ad a e b, ed indicando per brevità con un accento le derivate, otteniamo:

$$8) \quad a = \xi - \frac{\eta'}{\varphi'}$$

$$9) \quad b = \eta + \frac{\xi'}{\varphi'}$$

Poichè ξ η e φ sono conosciute in funzione del tempo le 8) e le 9) permettono di calcolare a e b. Vediamo così che esiste uno ed un solo punto G (detto <u>Polo</u> o <u>Centro istantaneo di Rotazione</u>, per ragioni che tra poco esamineremo) il quale ha velocità nulla. La posizione di questo punto sia sul foglio di carta trasparente, sia rispetto agli assi fissi, è però variabile da istante a istante perchè a e b sono funzioni del tempo.

L'unica eccezione ha luogo quando si abbia $\varphi' = 0$. Infatti allora se ξ' ed η' non sono uguali a zero, si ha certamente $a = b = \infty$. La 6) e la 7) sono quindi incompatibili tra loro, e perciò non esiste in quell'istante nessun punto avente velocità nulla.

Ciò non ostante, per uniformità di linguaggio, diremo che il Centro istantaneo di Rotazione, si trova allora a distanza infinita.

È facile comprendere il significato fisico di questa eccezione. Supponiamo infatti che in un dato istante si abbia $\varphi' = 0$. Ciò vuol dire che in quell'istante l'angolo φ che l'asse x_1 forma con l'asse X resta costante. È chiaro allora che in quell'istante il foglio trasparente si muove con moto di traslazione e quindi tutti i punti hanno la stessa velocità. Perciò: o il foglio è fermo ed allora tutti i punti hanno velocità zero, o non è fermo ed allora non esiste nessun punto che abbia velocità nulla.

Tralasciando questo caso particolare, torniamo ora al caso generale in cui φ' non è uguale a zero. Dalla 8) ricaviamo:

$$10) \qquad \xi = a + \frac{\eta'}{\varphi'}$$

e quindi sostituendo in 5) abbiamo:

$$11) \qquad v_y = \eta' + \left(X - a - \frac{\eta'}{\varphi'}\right)\varphi' = (X - a)\,\varphi'$$

Analogamente avremo:

12) $v_x = (b - Y)\varphi'$

Vediamo ora l'interpretazione geometrica delle formule 11) e 12)

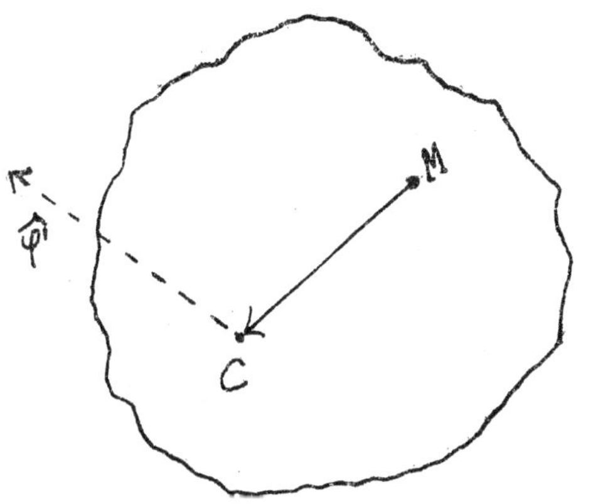

Dal punto C conduciamo un vettore di direzione normale al piano del foglio, e di modulo uguale al valore numerico di φ'.

Quanto al senso, se φ' è positivo il vettore sarà diretto verso chi legge: se invece φ' è negativo verrà diretto in senso opposto. Indicheremo questo vettore con $\widehat{\varphi'}$.

Ciò posto conduciamo il vettore C - M e facciamo il prodotto esterno dei due vettori C - M e $\widehat{\varphi'}$. Avremo indicando con $\hat{P}$ il risultato e ricordando la formula 19) della pag. 15:

$$13) \quad \widehat{P} = (C-M) \wedge \widehat{\varphi'} = \begin{vmatrix} \overline{I} & \overline{J} & \overline{K} \\ a-X & b-Y & 0 \\ 0 & 0 & \varphi' \end{vmatrix}$$

Infatti il vettore $C-M$ ha per componenti secondo i tre assi $a-X$ $b-Y$ e 0; mentre il vettore $\widehat{\varphi'}$ ha per componenti $0, 0, \varphi'$.

Svolgendo il determinante abbiamo:

$$14) \quad \widehat{P} = \overline{I}(b-Y)\varphi' + \overline{J}(X-a)\varphi'$$

Cioè, il vettore $\widehat{P}$ ha per componenti secondo gli assi $(b-Y)\varphi'$, $(X-a)\varphi'$ e 0. Ma la 12) ci mostra che la velocità $\widehat{V}$ del punto M ha per componente $(b-Y)\varphi'$ secondo l'asse X, e la 11) c'indica ancora che $\widehat{V}$ ha per componente $(X-a)\varphi'$ secondo l'asse Y. Di più la componente di $\widehat{V}$ secondo l'asse Z è evidentemente uguale a zero, giacchè il moto della figura avviene nel piano XY. Dunque i due vettori $\widehat{P}$ e $\widehat{V}$ avendo le medesime componenti sono uguali, e la 13) diviene:

$$15) \quad \widehat{V} = (C-M) \wedge \widehat{\varphi'}$$

La 15) ci mostra che la velocità del punto M giace (come è chiaro) nel piano XY ed è normale alla retta CM. Di più, secondo il senso che abbiamo dato al vettore $\widehat{\varphi}'$, un osservatore disteso sopra di esso, con i piedi in C, vedrebbe il movimento aver luogo da destra verso sinistra.

Indicando ora con r la distanza di M da C, poichè i due vettori C-M e φ' sono ortogonali, il seno dell'angolo che essi formano tra loro è uguale all'unità; e quindi il valore numerico di $\widehat{V}$ è uguale ad $r\varphi'$.

Ora M è un punto qualsiasi del piano mobile, e, per conseguenza, ciò che diciamo per M possiamo ripeterlo per ogni altro punto.

Dunque, <u>nell'istante considerato la velocità di ogni punto del sistema rigido piano è diretta normalmente al raggio che lo unisce col punto C ed è proporzionale alla sua distanza da C.</u>

Ciò, il <u>sistema rigido piano si muove come se ruotasse intorno al punto C con velocità angolare φ'.</u>

Questo teorema importantissimo sembra dovuto a Giovanni Bernoulli (1742), il quale diede al punto C il nome di "Centrum spontaneum Rotationis."

I moderni, come abbiamo già visto, lo chiamano Centro Istantaneo di Rotazione o Polo del Movimento (dal verbo greco πολέω che significa "io giro.")

Le coordinate a e b del punto C sono date dalle formule 8) e 9). Cerchiamo ora le sue coordinate a_1 e b_1 rispetto agli assi mobili x_1 ed y_1.

Riprendiamo a tale scopo le formule 1) e 2) e sostituiamo al posto di X ed Y le coordinate a e b; ed al posto di x_1 ed y_1 le coordinate a_1 e b_1. Avremo immediatamente:

$$a - \xi = a_1 \cos\varphi - b_1 \operatorname{sen}\varphi$$
$$b - \eta = a_1 \operatorname{sen}\varphi + b_1 \cos\varphi$$

Risolviamo queste due equazioni rispetto ad a_1 e b_1. Avremo:

$$17) \qquad a_1 = \frac{\begin{vmatrix} a - \xi & -\operatorname{sen}\varphi \\ b - \eta & \cos\varphi \end{vmatrix}}{\begin{vmatrix} \cos\varphi & -\operatorname{sen}\varphi \\ \operatorname{sen}\varphi & \cos\varphi \end{vmatrix}}$$

$$18) \qquad b_1 = \frac{\begin{vmatrix} \cos\varphi & a-\xi \\ \operatorname{sen}\varphi & b-\eta \end{vmatrix}}{\begin{vmatrix} \cos\varphi & -\operatorname{sen}\varphi \\ \operatorname{sen}\varphi & \cos\varphi \end{vmatrix}}$$

Sviluppando i determinanti, abbiamo immediatamente

$$19) \qquad a_1 = (a-\xi)\cos\varphi + (b-\eta)\operatorname{sen}\varphi$$

$$20) \qquad b_1 = (b-\eta)\cos\varphi - (a-\xi)\operatorname{sen}\varphi$$

Ma abbiamo dalla 8) e dalla 9)

$$21) \qquad a-\xi = -\frac{\eta'}{\varphi'}$$

$$22) \qquad b-\eta = \frac{\xi'}{\varphi'}$$

Sostituendo questi valori nella 19) e nella 20) si ottiene in fine

$$23) \qquad a_1 = -\frac{\eta'}{\varphi'}\cos\varphi + \frac{\xi'}{\varphi'}\operatorname{sen}\varphi$$

$$24) \qquad b_1 = \frac{\xi'}{\varphi'}\cos\varphi + \frac{\eta'}{\varphi'}\operatorname{sen}\varphi$$

Queste due formule ci danno le coordinate del punto C rispetto agli assi mobili x_1 ed y_1; come la 8) e la 9) ci danno le sue coordinate a e b rispetto agli assi fissi X ed Y.

Vediamo ora immediatamente che

a e b, come pure a_1 e b_1, sono funzioni del tempo (che entra in ξ, η, φ e nelle loro derivate ξ', η' e φ') e quindi la posizione del punto C varia col tempo rispetto agli assi fissi che agli assi mobili.

Il luogo geometrico delle posizioni da esso occupate sul piano fisso si chiama <u>Polare Fissa</u> e s'indica per consuetudine con la lettera greca Γ; il luogo geometrico delle posizioni da esso occupate sul piano mobile si chiama <u>Polare Mobile</u> e s'indica con Γ_1.

Per trovare l'equazione della polare fissa basta eliminare il tempo tra la 8) e la 9): avremo allora una certa equazione $F(a, b) = 0$ che rappresenta la curva cercata. Analogamente, per trovare l'equazione della polare mobile basta eliminare il tempo tra la 23) e la 24).

In molti casi però non occorre seguire questo metodo analitico, giacchè il centro istantaneo di rotazione e le due polari possono spesso determinarsi ricordando che la velocità di un punto qualsiasi M è normale alla retta che unisce M con C.

Immaginiamo ora di disegnare nuovamente la polare fissa Γ e la polare mobile Γ_1; la prima sul piano fisso e l'altra sul foglio di carta trasparente. Nell'istante considerato t, sia C il centro istantaneo di rotazione, punto comune ad ambedue le curve.

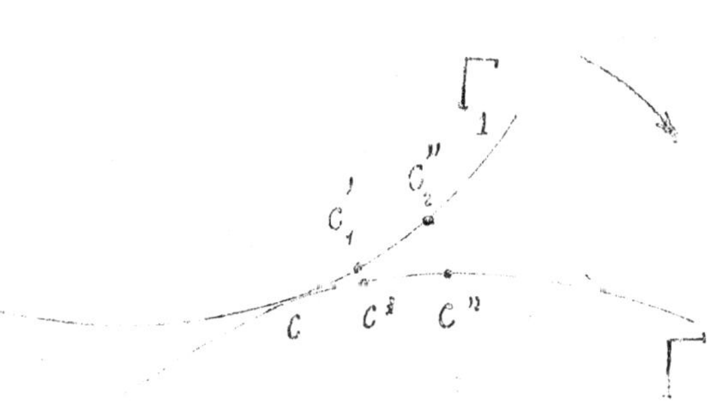

Il foglio di carta trasparente e quindi la polare mobile Γ_1 disegnata su di esso, si muoverà allora ruotando intorno a C.

Dopo un intervallo infinitesimo di tempo dt, il polo avrà assunto la posizione C' sulla polare fissa e C'_1 sulla polare mobile e quindi nell'istante t + dt il punto C'_1 sarà venuto a sovrapporsi a C'. Analogamente in un istante successivo il polo avrà la posizione C_1'' sulla polare mobile e C'' sulla polare fissa e quindi C_1'' sarà venuto a sovrapporsi a C'' ecc.

Indichiamo ora con ds il segmento infinitesimo CC' e con ds_1 il segmento infinitesimo CC_1'. Ora la curva Γ è fissa mentre Γ_1 disegnata sul foglio trasparente ruota intorno a C; dunque, nell'intervallo di tempo dt, il punto C_1' descriverà un piccolo arco di cerchio avente per centro C e per raggio CC_1' ossia ds_1. E poichè esso va a sovrapporsi a C' ne segue che CC_1' sarà uguale a CC' ossia ds_1 sarà uguale a ds.

Calcoliamo ora la distanza $C'C_1'$ cioè l'arco infinitesimo di cui ruota il punto C_1' nell'intervallo di tempo dt.

Essendo φ' la velocità angolare e ds il raggio avremo evidentemente $C'C_1' = \varphi' ds\, dt$; cioè $C'C_1'$ sarà infinitamente piccolo di secondo ordine.

Dunque se prendiamo sulle curve Γ e Γ_1 due punti C_1 e C_1' a distanza infinitesima dal loro punto comune C, questi due punti C_1 e C'_1 disteranno fra loro di una quantità infinitesima di secondo ordine. Cioè la polare mobile e la polare fissa si toccano in C, centro istantaneo di rotazione; quindi nel movimento la polare mobile Γ_1 disegnata sul foglio trasparente, rotola sopra la polare fissa Γ.

Siccome poi Γ è immobile ed il punto di contatto C tra le due curve ha anche esso velocità nulla (essendo il centro istantaneo di rotazione) ne segue che Γ_1 rotola senza slittare su Γ. Questo ultimo teorema è dovuto a Cauchy (1827) e del resto risulta evidente ricordando che si ha $ds = ds_1$.

Riepilogando dunque il moto continuo di una figura piana nel proprio piano si ottiene disegnando la polare mobile Γ_1 e facendola rotolare, senza slittare, sopra la polare fissa Γ.

Ad un tal movimento i geometri hanno dato il nome di movimento cicloidale, per analogia con la generazione della cicloide; possiamo dunque concludere il nostro studio, affermando che il moto di un sistema rigido piano è un movimento cicloidale.

Es. I. Movimento della ruota di un veicolo.

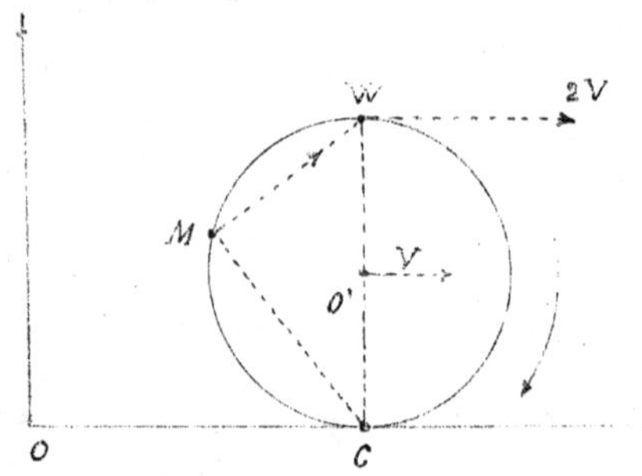

Consideriamo per es. la ruota di un carro che si avanzi senza slittare sulla sua rotaia.

Prendiamo la rotaia stessa come asse X, un suo punto arbitrario come origine O e la perpendicolare come asse Y

S'intuisce immediatamente che in questo caso semplicissimo il centro istantaneo di rotazione C è il punto di contatto della ruota col binario; infatti, poichè non si ha slittamento, il punto C ha velocità nulla. Del resto ciò potrebbe dimostrarsi immediatamente calcolando le coordinate di C con le formole 8) e 9) della pag. 409)

Ne segue che la polare fissa Γ è la rotaia, e la polare mobile Γ_1 è la periferia della ruota.

La velocità di un punto qualsiasi M della circonferenza è quindi perpendicolare alla congiungente MC (e per conseguenza diretta verso il vertice W) ed è numericamente uguale alla lunghezza del segmento MC moltiplicata per la velocità angolare φ'.

In particolare la velocità del vertice W risulta parallela al binario ed uguale a $2 r \varphi'$ essendo r il raggio della ruota. Il punto W è il più veloce del disco perchè è il più lontano dal centro istantaneo C.

La velocità del centro della ruota O' è normale ad O'C e quindi parallela al binario, ed è uguale ad $r \varphi'$ cioè alla metà della velocità di W. La ruota avanza dunque sul binario con velocità $r\varphi' = V$, mentre la velocità del vertice è uguale a 2V.

Queste semplici considerazioni spiegano molti fatti che si offrono ogni giorno alla nostra osservazione.

Immaginiamo per es. un masso di pietra spinto sopra un terreno orizzontale e sovrapposto ad alcuni rulli per facilitarne il movimento. È noto che, mentre esso si avanza da A verso B, i rulli ruotano indietro e finalmente sfuggono dalla parte posteriore del masso stesso.

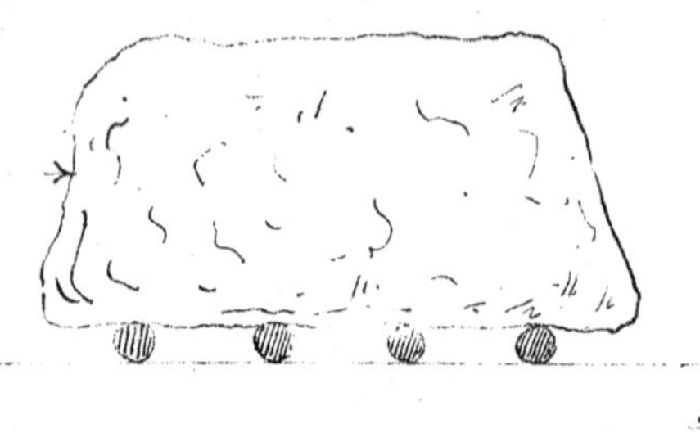

La spiegazione è chiara dopo ciò che abbiamo detto.

Infatti il masso muovendosi senza slittare si avanza con una velocità 2V uguale a quella del vertice dei rulli. Ogni rullo invece si avanza sul terreno con una velocità uguale a quella del proprio centro di sezione, cioè con velocità V. E quindi la velocità dei rulli essendo uguale alla metà di quella del masso, il fenomeno osservato risulta evidente.

Così pure vediamo che un ciclista, correndo sopra una strada fangosa, viene inzaccherato nella schiena dal fango slanciato dalla ruota posteriore della propria macchina. Infatti la macchina ed il ciclista si avanzano con velocità uguale a quella del centro delle ruote; mentre il fango slanciato dalla parte superiore della ruota posteriore, ha una velocità circa doppia e quindi arriva l'uomo e lo colpisce con violenza nel dorso, ecc.

Es. II Moto di un'asta rigida i cui estremi scorrono sopra due guide ortogonali.

Immaginiamo di avere un'asta rigida AB i cui estremi si muovano sopra due guide ortogonali; cerchiamo il centro istantaneo di rotazione, la polare mobile e la polare fissa. Per esercizio risolveremo il problema sia analiticamente con le formole date, sia geometricamente. Scegliamo a tale scopo le guide stesse come assi fissi X ed Y, l'asta mobile come asse y_1,

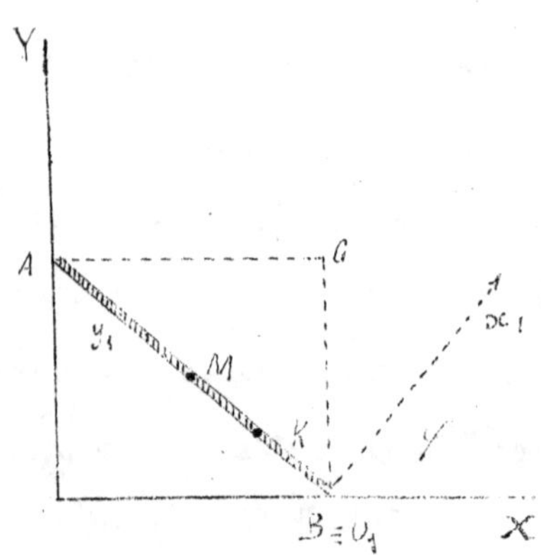

il suo estremo B come origine mobile O_1 e la perpendicolare come asse x_1. Sia l la lunghezza dell'asta.

Paragonando allora il nostro caso particolare con la figura generale della pag. 405, abbiamo immediatamente:

$$25) \quad \xi = l \operatorname{sen} \varphi$$

$$26) \quad \eta = 0$$

mentre la 8) e la 9) divengono:

$$27) \quad a = l \operatorname{sen} \varphi$$

$$28) \quad b = l \cos \varphi$$

e quindi il centro istantaneo di rotazione C è il punto d'incontro delle perpendicolari agli assi innalzate da A e da B.

Cerchiamo ora le due polari Γ e Γ_1. Come è stato detto a pag. 416 per avere la polare fissa basta eliminare il tempo tra l'espressione di a e quella di b. Ma l è costante, mentre φ varia col tempo ed è perciò funzione di t. Quindi nel nostro caso particolare dovremo eliminare φ tra la 27 e la 28).

A tale scopo dividendo ambedue le equazioni per l, otteniamo:

29) $$\frac{a}{l} = \operatorname{sen} \varphi$$

30) $$\frac{b}{l} = \cos \varphi$$

e quindi quadrando e sommando si ha

31) $$\left(\frac{a}{l}\right)^2 + \left(\frac{b}{l}\right)^2 = 1$$

cioè

32) $$a^2 + b^2 = l^2$$

Ricordiamo ora dalla Geometria Analitica che l'equazione di un cerchio avente per centro il punto di coordinate α e β e per raggio r può scriversi sotto la forma:

33) $$(X-\alpha)^2 + (y-\beta)^2 = r^2$$

La 32) ci rappresenta quindi <u>un cerchio avente per centro l'origine O</u> (perchè α e β sono uguali a zero) <u>e per raggio l</u>.

Cerchiamo ora la polare mobile. A tale scopo dovremo prima trovare a_1 e b_1 (<u>cioè le coordinate di C</u> riferite agli assi mobili x_1 ed y_1) con l'aiuto delle formule 23) e 24) e poi eliminare tra esse il tempo, cioè nel nostro caso l'angolo φ.

Derivando intanto la 25) e la 26) rispetto a t otteniamo:

34) $\xi' = l \cos\varphi \varphi'$

35) $\eta' = 0$

e quindi la 23) e la 24) divengono:

36) $a_1 = -\frac{\eta'}{\varphi'} \cos\varphi + \frac{\xi'}{\varphi'} \operatorname{sen}\varphi = l \cos\varphi \operatorname{sen} = \frac{l}{2} \operatorname{sen} 2\varphi$

37) $b_1 = -\frac{\xi'}{\varphi'} \cos\varphi + \frac{\eta'}{\varphi'} \operatorname{sen}\varphi = l \cos^2\varphi = \frac{l}{2}(1 + \cos 2\varphi)$

Per eliminare ora φ tra la 36) e la 37) risolviamo queste equazioni rispetto a sen 2φ e cos 2φ. Avremo:

38) $\operatorname{sen} 2\varphi = \frac{2a_1}{l}$

39) $\cos 2\varphi = \frac{2b_1}{l} - 1$

da cui quadrando e sommando otterremo:

40) $\left(\frac{2a_1}{l}\right)^2 + \left(\frac{2b_1}{l} - 1\right)^2 = 1$

cioè riducendo

41) $a_1^2 + \left(b_1 - \frac{l}{2}\right)^2 = \left(\frac{l}{2}\right)^2$

Paragonando allora la 41) con la 33)

vediamo che essa ci rappresenta un cerchio avente per centro il punto di coordinate $x_1 = 0$ ed $y_1 = \frac{l}{2}$ (cioè il punto medio M dell'asta mobile) e per raggio $\frac{l}{2}$.

Cerchiamo ora le due polari con metodi geometrici.

A tale scopo riflettiamo che la velocità del punto B è certamente diretta lungo l'asse delle X. Se quindi dal punto B innalziamo la perpendicolare all'asse X il punto C, per quanto fu detto a pag. 413, si troverà certamente su questa perpendicolare. Per analoga ragione C cadrà pure sulla perpendicolare innalzata da A all'asse Y e quindi sarà il punto d'incontro di queste due normali.

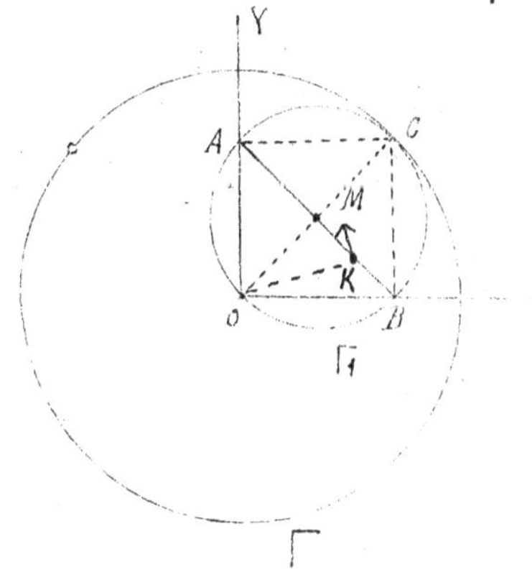

Si vede immediatamente che quando AB si muove, anche il punto C cambia di posizione. Osserviamo però che, per la costruzione fatta, la figura OACB sarà sempre un ret- tangolo. Ma nel rettangolo le diagonali sono uguali e quindi CO, dovunque si trovi C si conserverà sempre uguale ad AB.

Ora AB è costante trattandosi di un'asta rigida, quindi anche CO si conser- verà costante. Cioè il <u>luogo geometrico del punto C sul piano fisso (polare fissa Γ) sarà un cerchio avente per centro O e per raggio la lunghezza dell'asta l.</u>

Cerchiamo ora la polare mobile Γ_1 cioè la traiettoria descritta da C sul piano mobile.

Immaginiamo a tale scopo che sul foglio di carta trasparente, su cui è anche disegnata l'asta AB, vi sia un osservatore. Esso si crederà di restare in riposo insieme con AB e vedrà invece muoversi gli assi X ed Y ed il punto C. Siccome l'angolo ACB è sem- pre retto egli vedrà allora che il punto C descri- ve un cerchio avente per diametro l'asta AB.

<u>La polare mobile Γ_1 è dunque un cer- chio avente per diametro AB.</u>

Ogni punto dell'asta, per es. il punto K (si veda la figura antecedente) ha poi una velocità diretta normalmente alla retta KC ed uguale in valore numerico alla lunghezza del segmento KC moltiplicata per la velocità angolare φ'.

Troviamo ora la traiettoria di un punto generico dell'asta, per es. del punto K. A tale scopo indichiamo rispettivamente con α e con β i segmenti AK e KB. Poichè l'angolo OAB è uguale a φ, e l'angolo OBA è il complemento di φ, le coordinate X ed Y del punto K saranno:

$$42) \quad X = \alpha \operatorname{sen} \varphi$$

$$43) \quad Y = \beta \cos \varphi$$

da cui ricaviamo:

$$44) \quad \frac{X^2}{\alpha^2} + \frac{Y^2}{\beta^2} = 1$$

che è l'equazione di un'ellisse. Il punto K quando l'asta si sposta, descrive quindi un'ellisse avente per centro O, per direzioni degli assi X ed Y e per lunghezze dei semiassi α e β. Su questa nota proprietà è fondato il <u>Compasso ellittico</u>.

Es. III. Un disco rotola senza slittare nell'interno di una circonferenza fissa di raggio doppio. Determinare la traiettoria di ogni punto del disco.

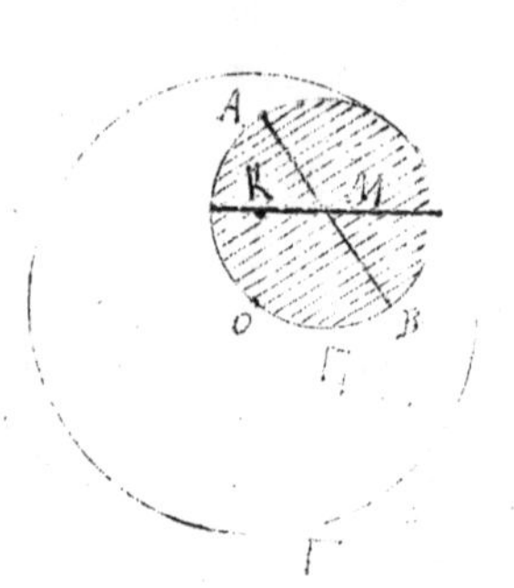

La soluzione di questo problema è immediata dopo quanto abbiamo visto nell'esempio precedente.

Consideriamo per es. un punto A della periferia del disco piccolo. Per trovarne la traiettoria immaginiamo materializzato il diametro AMB. Esso costituisce allora un'asta rigida raccomandata alla sua polare mobile Γ_1 la quale scorre sopra la polare fissa Γ. Di più Γ_1 è un cerchio avente per diametro l'asta stessa AB e Γ è un cerchio di raggio doppio. Dunque in virtù dell'esempio precedente il punto A descriverà il diametro OA del cerchio grande.

<u>Ogni punto della periferia del disco</u>

mobile descrive dunque una traiettoria rettilinea e precisamente un diametro del cerchio maggiore.

Questa proprietà è usata in Meccanica Applicata per la trasformazione del moto circolare in moto rettilineo.

Troviamo ora la traiettoria di un punto interno del disco, per esempio del punto K. Immaginiamo allora materializzato il diametro MK e ripetiamo il ragionamento precedente. Troveremo che il punto generico K, e quindi ogni punto interno del disco mobile descrive un'ellisse avente per centro O.

L'ellisse può essere dunque considerata come una speciale ipocicloide.

Infine il centro M del disco mobile descriverà un cerchio avente per centro O; infatti la distanza MO si conserva costante nel moto.

Es. IV. Antiparallelogrammo articolato.

Consideriamo il sistema formato da quattro aste rigide disposte come in figura (in modo cioè da rappresentare i lati obliqui e le diagonali di un trapezio isoscele) ed articolate a cerniera agli estremi A, B, C, D. L'asta AD è uguale a CB; e l'asta CA è uguale a DB. Le due aste CB e AD si sovrappongono poi in E senza essere collegate tra loro.

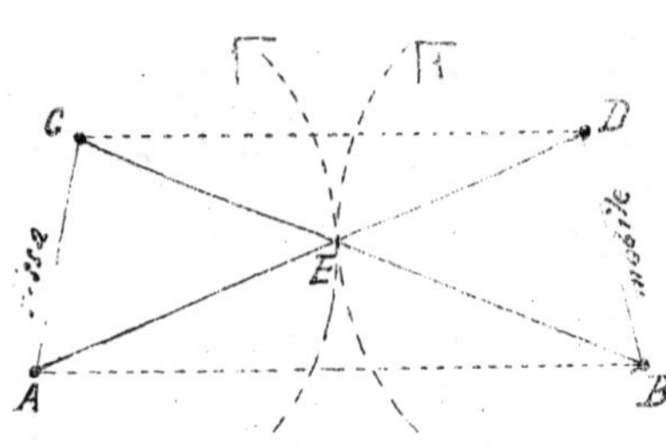

A questo sistema articolato si dà il nome di <u>Antiparallelogramma</u>, giacchè ribaltando il triangolo ADB intorno alla sua base AB, si otterrebbe un parallelogramma. È evidente intanto che l'antiparallelogramma è un sistema deformabile. Infatti esso ha 4 nodi, e quindi, per la formula 1) della pag. 403, per essere rigido dovrebbe avere almeno 5 aste, mentre ne ha soltanto 4.

Ciò posto, manteniamo ferma l'asta CA, e muoviamo invece l'asta DB spostandola nel piano del foglio. Vogliamo trovare la polare mobile e la polare fissa.

Si potrebbe al solito ricorrere alle formole analitiche generali, ma è più facile servirsi di metodi geometrici.

Consideriamo a tale scopo i due triangoli ACB ed ADB: Il lato AB è comune, l'asta CA si conserva sempre uguale a DB, e l'asta CB si conserva sempre uguale a DA. Dunque i due triangoli saranno uguali e quindi <u>nel moto l'angolo in C resterà sempre uguale all'angolo in D.</u>

Analogamente si dimostra che l'angolo in A si mantiene uguale all'angolo in B, e quindi che i due triangoli ACE e BDE restano sempre uguali. <u>Ne segue che nel movimento il segmento DE si manterrà sempre uguale al segmento CE.</u> Troviamo allora la traiettoria del punto E.

La somma S delle distanze di E dai punti fissi A e C è uguale ad AE + EC. Ossia essendo EC uguale a ED, si ha S = AE + ED = AD; cioè S è uguale alla lunghezza della sbarra AD.

Dunque la somma delle distanze del <u>punto mobile E dai punti fissi A e C è costante</u>

e quindi E descrive un'ellisse avente per fuochi A e C.

Cerchiamo ora il centro istantaneo rotazione. A tale scopo osserviamo che nel movimento D descrive un cerchio avente per cent A e per raggio AD. La velocità del punto D è dunque sempre normale all'asta AD e per conseguenza il centro istantaneo di rotazione cadrà su AD. Con analogo ragionamento si dimostra che esso deve cadere su CB, e quindi ne segue che il centro istantaneo di rotazione coincide col punto E.

La polare fissa Γ sarà allora la traiettoria descritta da E, cioè un'ellisse avente per fuochi A e C.

Cerchiamo ora la polare mobile Γ_1. A tale scopo immaginiamo un osservatore collegato con l'asta mobile DB. Esso crederà di essere in quiete e vedrà invece muoversi l'asta fissa AC. Ripetendo allora il ragionamento precedente troviamo che la polare mobile Γ_1 è una seconda ellisse avente per fuochi D e B.

Il movimento della sbarra BD può quindi essere realizzato facendo rotolare, senza slittamenti, una ellisse sopra un'altra.

Come notizia aggiungeremo che la teoria dei sistemi articolati è assai importante nella Meccanica Applicata, specialmente per la trasformazione del moto circolare in rettilineo. Nomineremo su tale argomento l'inversore di Peaucellier (1864) e lo stesso antiparallelogramma ora studiato.

Haart infatti ha dimostrato (1874) che, se consideriamo la mediana LM, fissiamo il punto M ed obblighiamo il punto P a descrivere un cerchio Q descriverà una retta.

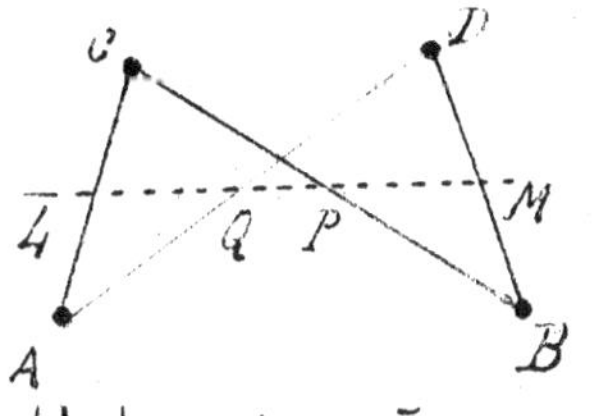

Nelle macchine però si usa in generale il parallelogramma di Watt, il quale sebbene dia solo l'inversione approssimata, è di costruzione più semplice. I sistemi articolati sono pure applicati in geometria per descrivere curve speciali; e noi termineremo l'argomento enunciando l'importante teorema di Kempe

(1876) il quale insegna che, facendo uso di un opportuno sistema articolato, noi possiamo disegnare qualsiasi curva algebrica piana.

Es. V. Tangenti alla ellisse, alla cicloide, alla epicicloide, ecc.

La teoria del movimento dei sistemi rigidi piani può essere anche applicata alla ricerca delle tangenti alle curve. Consideriamo come casi particolari l'ellisse, la cicloide e l'epicicloide.

Supponiamo dunque di avere una ellisse e di ricercarne la tangente in un suo punto generico K.

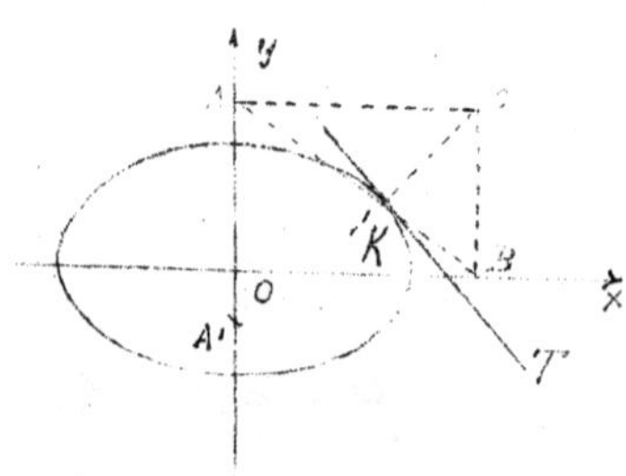

A tale scopo immaginiamo che la nostra ellisse sia stata disegnata col compasso ellittico come abbiamo visto nell'esempio II. Chiamando con a la lunghezza del semiasse maggiore è facile intanto trovare la posizione occupata dal compasso stesso quando la punta scrivente era in K. Infatti, poichè il segmento K A, come abbiamo visto nell'esempio II, è uguale in lunghezza ad α, fatto centro in K con raggio α intersechiamo l'asse y trovando così due possibili posizioni dell'estremo del compasso, A ed A' tra cui è facile sapere quale dobbiamo scegliere. Unito poi A con K prolunghiamo la A K fino a tagliare l'asse delle x in B ed avremo così la posizione cercata del compasso ellittico. Ciò posto, innalzando da A e da B le perpendicolari agli assi, il loro punto d'incontro C sarà il centro istantaneo di rotazione e quindi la velocità del punto K sarà normale alla retta K C. Per ottenere dunque la tangente T basta unire il punto K con C e poi innalzare la perpendicolare a KC.

Passiamo ora alla cicloide e cerchiamo la tangente in un suo punto generico M. Anche qui dovremo anzitutto trovare la posizione occupata dal cerchio generatore quando il punto che traccia la curva si trova in M. Questo primo problema si risolve immediatamente

diatamente considerando che il diametro del cerchio generatore è uguale all'altezza del vertice W della cicloide e che il suo centro O' nel moto descriva una retta r parallela all'asse delle x. ed equidistante dall'asse stesso e dal punto W. Una volta determinato O' e disegnata quindi la posizione del cerchio generatore, basta ricordare che, poichè esso rotola senza slittare sull'asse delle x, il centro istantaneo di rotazione sarà il suo punto di contatto C con l'asse delle x. stesso (es. I:).

Ricordando allora che la velocità di M è normale alla retta che unisce M con C, la costruzione della tangente T risulta immediata. Basta infatti unire MC ed innalzare quindi da M la perpendicolare alla MC.

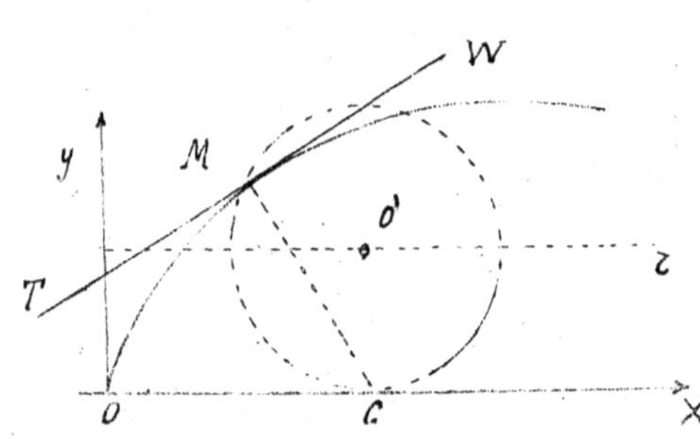

Con analogo procedimento possiamo costruire la tangente alla Epicicloide e alla Ipocicloide, cioè alle curve generate da un cerchio che rotola senza slittare, esternamente od internamente alla periferia di un cerchio fisso.

Queste curve sono assai importanti per l'ingegnere nello studio del profilo dei denti delle ruote dentate.

2. Cinematica dei Sistemi Rigidi mobili intorno ad un punto fisso

Dopo lo studio del movimento dei sistemi rigidi piani passiamo a quello dei sistemi rigidi a tre dimensioni, procedendo sempre dai casi più semplici ai più complicati.

Tralasciando il moto di traslazione e di rotazione intorno ad un asse fisso, che abbiamo già studiato nella prima parte, occupiamoci ora della cinematica dei sistemi rigidi che si muovono intorno ad un punto fisso. La teoria che esporremo è stata fondata dal D'Alembert e perfezionata poi da Eulero

Per fissare le idee immaginiamo per es. di avere un masso M mobile in tutti i sensi intorno ad un centro fisso O.

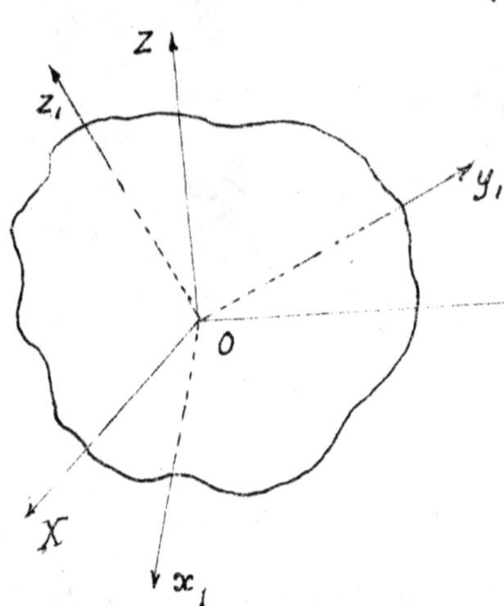

Sceglieremo O come origine e da esso faremo partire due terne di assi cartesiani: una X Y Z fissa nello spazio, l'altra x_1 y_1 z_1 collegata invece col corpo stesso. È evidente allora che la posizione del masso M sarà perfettamente determinata se noi conosciamo in ogni istante la posizione della terna mobile x_1 y_1 z_1 rispetto alla terna fissa X Y Z. A tale scopo costruiamo la seguente tabella a doppia entrata

	x_1	y_1	z_1
X	a_{11}	a_{12}	a_{13}
Y	a_{21}	a_{22}	a_{23}
Z	a_{31}	a_{32}	a_{33}

ta dove a_{11} indica il coseno dell'angolo che l'asse x_1 forma con l'asse X, a_{21} il coseno dell'angolo che x_1 forma con Y ecc. e formiamo il determinante (detto Determinante dei nove coseni)

$$1) \qquad D = \begin{vmatrix} a_{11} & a_{12} & a_{13} \\ a_{21} & a_{22} & a_{23} \\ a_{31} & a_{32} & a_{33} \end{vmatrix}$$

di cui vogliamo studiare le proprietà.

Ricordando che la somma dei quadrati dei coseni che una retta, per es. l'asse x_1, forma con i tre assi è uguale all'unità, avremo:

$$2) \qquad a_{11}^2 + a_{21}^2 + a_{31}^2 = 1$$

E con analogo ragionamento si trova:

$$3) \qquad \begin{aligned} a_{12}^2 + a_{22}^2 + a_{32}^2 &= 1 \\ a_{13}^2 + a_{23}^2 + a_{33}^2 &= 1 \\ a_{11}^2 + a_{12}^2 + a_{13}^2 &= 1 \\ a_{21}^2 + a_{22}^2 + a_{23}^2 &= 1 \\ a_{31}^2 + a_{32}^2 + a_{33}^2 &= 1 \end{aligned}$$

Cioè la somma dei quadrati dei termini di una linea o di una colonna del determinante

<u>D è uguale all'unità</u>

Calcoliamo ora il coseno dell'angolo che x_1 forma per esempio con y_1. Poichè i coseni degli angoli che x_1 fa con i tre assi sono uguali rispettivamente ad a_{11} a_{21} a_{31} e quelli che y_1 fa con gli assi ad a_{12} a_{22} a_{32} avremo per una nota formula di Geometria Analitica:

$$4)\quad \cos(x_1, y_1) = a_{11}\,a_{12} + a_{21}\,a_{22} + a_{31}\,a_{32}$$

Ma l'asse x_1 per costruzione è normale ad y_1 e quindi il coseno cercato sarà uguale a zero. La 4) diviene quindi:

$$5)\quad a_{11}\,a_{12} + a_{21}\,a_{22} + a_{31}\,a_{32} = 0.$$

Analogamente si ha:

$$6)\quad \begin{aligned} a_{11}\,a_{13} + a_{21}\,a_{23} + a_{31}\,a_{33} &= 0 \\ a_{12}\,a_{13} + a_{22}\,a_{23} + a_{32}\,a_{33} &= 0 \\ a_{11}\,a_{21} + a_{12}\,a_{22} + a_{13}\,a_{23} &= 0 \\ a_{11}\,a_{31} + a_{12}\,a_{32} + a_{13}\,a_{33} &= 0 \\ a_{21}\,a_{31} + a_{22}\,a_{32} + a_{23}\,a_{33} &= 0 \end{aligned}$$

Cioè <u>la somma dei prodotti dei termini di due orizzontali o di due colonne del determinante D è uguale a zero.</u>

Cerchiamo ora il valore numerico di

D stesso. A tal fine elevandolo a quadrato, con le note regole dell'Algebra, avremo:

$$7)\qquad D^2 = \begin{vmatrix} a_{11} & a_{12} & a_{13} \\ a_{21} & a_{22} & a_{23} \\ a_{31} & a_{32} & a_{33} \end{vmatrix} \times \begin{vmatrix} a_{11} & a_{12} & a_{13} \\ a_{21} & a_{22} & a_{23} \\ a_{31} & a_{32} & a_{33} \end{vmatrix} =$$

$$= \begin{vmatrix} a_{11}^2 + a_{12}^2 + a_{13}^2 & a_{11}a_{21} + a_{12}a_{22} + a_{13}a_{23} & a_{11}a_{31} + a_{12}a_{32} + a_{13}a_{33} \\ a_{21}a_{11} + a_{22}a_{12} + a_{23}a_{13} & a_{21}^2 + a_{22}^2 + a_{23}^2 & a_{21}a_{31} + a_{22}a_{32} + a_{23}a_{33} \\ a_{31}a_{11} + a_{32}a_{12} + a_{33}a_{13} & a_{31}a_{21} + a_{32}a_{22} + a_{33}a_{23} & a_{31}^2 \; a_{32}^2 \; a_{33}^2 \end{vmatrix}$$

Cioè, tenendo presenti le equazioni 2) 3) 5) e 6) si ha:

$$8)\qquad D^2 = \begin{vmatrix} 1 & 0 & 0 \\ 0 & 1 & 0 \\ 0 & 0 & 1 \end{vmatrix} = 1$$

da cui risulta infine, estraendo la radice:

$$9)\qquad D = \pm 1$$

Per decidere poi quale segno dobbiamo adottare, distingueremo due casi e cioè:

I. <u>Le due terne</u> XYZ <u>ed</u> $x_1\, y_1\, z_1$ <u>sono congruenti</u>, cioè possono essere sovrapposte in modo che le direzioni positive della prima coincidono con le direzioni positive della seconda.

In questo caso, se immaginiamo che la sovrapposizione abbia luogo nell'istante iniziale, per $t=0$ si avrà $a_{11}=a_{22}=a_{33}=1$ mentre gli altri coseni saranno tutti uguali a zero. Dunque per $t=0$ sarà $D=1$, ed è chiaro che D dovrà conservare questo valore in ogni altro istante. Infatti, essendo il movimento continuo, D non potrebbe passare da $+1$ a -1 se non attraverso il valore zero; ora ciò è escluso dalla 9).

II. <u>Le due terne</u> X, Y, Z <u>ed</u> $x_1\ y_1\ z_1$ <u>non sono congruenti</u> - Un analogo ragionamento mostra allora che si ha $D=-1$.

Nel seguito della trattazione supporremo sempre le due terne congruenti.

Come abbiamo visto i nove coseni $a_{11}\ a_{12}$ ecc sono legati dalle equazioni 2) 3) 5) e 6) cioè da dodici equazioni. È facile però di mostrare che di esse soltanto sei sono indipendenti, mentre le altre sono conseguenze delle prime.

Abbiamo quindi un sistema di sei equazioni con nove incognite: e quindi se noi assegniamo il valore di tre coseni indipendenti tra loro (per es. a_{11} a_{22} a_{13}) tutti gli altri restano determinati.

Vediamo quindi che la posizione di un corpo rigido mobile intorno ad un punto fisso è individuata da tre parametri.

Angoli di Eulero _ Fondandosi su questo fatto, Eulero introdusse tre parametri φ, ψ, ϑ (conosciuti in meccanica col nome di Angoli di Eulero) i quali determinano in modo semplicissimo ed immediato la posizione della terna mobile x_1 y_1 z_1 rispetto alla terna fissa X Y Z.

Questi parametri sono definiti nel modo seguente:

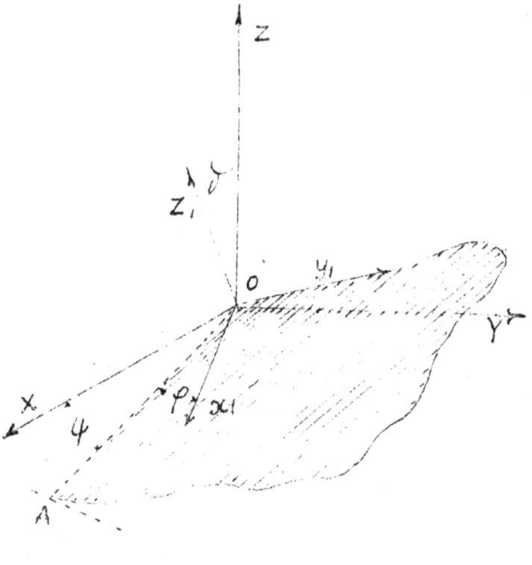

Consideriamo l'intersezione OA del piano x_1 y_1 (che in figura abbiamo tratteggiato) col piano XY. Chiameremo allora con ψ l'angolo che OA forma con l'asse X, con φ l'angolo che x_1 forma con OA ed infine con ϑ l'angolo che il piano $x_1 y_1$ forma con XY; o, ciò che è lo stesso, l'angolo che Z_1 forma con Z. È evidente allora che conoscendo i valori di ψ, φ, ϑ possiamo sempre disegnare la posizione della terna mobile $x_1\ y_1\ z_1$ rispetto alla terna fissa.

In linguaggio astronomico ψ rappresenterebbe la longitudine del nodo ascendente (☊), φ rappresenterebbe la distanza del perielio dal nodo (ω) e ϑ l'inclinazione dell'orbita sul piano dell'eclittica (i). Conoscendo i tre angoli φ, ψ e ϑ, è facile trovare i nove coseni a_{11} a_{12} ecc per mezzo dei teoremi della trigonometria sferica.

Troviamo per es. l'angolo che Z forma con x_1, cioè a_{31}. A tale scopo costruiamo una sfera S di raggio unitario avente per centro il punto O, ed indichiamo per semplicità con Z z_1 x_1 i punti in cui gli assi Z z_1 x_1 tagliano S.

Avremo allora il triangolo sferico Z z_1 x_1 qui disegnato, in cui il lato z_1 Z sarà uguale a ϑ, ed il lato $z_1\, x_1$ a 90°. Osserviamo poi che OA giacendo sul piano XY sarà normale a Z, e giacendo sul piano $x_1\, y_1$ lo sarà anche a z_1. Quindi essa riesce normale al piano $Z z_1$.

È facile allora vedere che l'angolo che x_1 forma con questo piano (cioè l'angolo in z_1 nel nostro triangolo sferico) riesce uguale a $90-\varphi$. La trigonometria sferica ci dà allora:

$$10)\quad \cos Z x_1 = a_{31} = \operatorname{sen} \vartheta \operatorname{sen} \varphi$$

Analogamente si avrebbe:

$$11)\quad \cos Z y_1 = a_{32} = \operatorname{sen} \vartheta \cos \varphi .$$

Velocità di un punto generico del corpo.

Consideriamo ora un punto qualsiasi B del corpo rigido ed indichiamo rispettivamente con $x\, y\, z$ ed $x_1\, y_1\, z_1$ le sue coordinate rispetto alle due terne di assi, fissa e mobile.

Allora, secondo quanto insegna la Geometria Analitica, tra le due terne di coordinate, passeranno le seguenti relazioni:

$$12) \qquad \begin{aligned} x &= a_{11} x_1 + a_{12} y_1 + a_{13} z_1 \\ y &= a_{21} x_1 + a_{22} y_1 + a_{23} z_1 \\ z &= a_{31} x_1 + a_{32} y_1 + a_{33} z_1 \end{aligned}$$

$$13) \qquad \begin{aligned} x_1 &= a_{11} x + a_{21} y + a_{31} z \\ y_1 &= a_{12} x + a_{22} y + a_{32} z \\ z_1 &= a_{13} x + a_{23} y + a_{33} z \end{aligned}$$

Quando il corpo si muove $x\ y\ z$ ed i nove coseni $a_{11}\ a_{12}$ ecc variano evidentemente col tempo, mentre $x_1\ y_1\ z_1$ restano costanti perchè la terna di assi $x_1\ y_1\ z_1$ è solidale col corpo mobile.

Per trovare la velocità del punto B basta allora, come vedemmo nella Cinematica del Punto, derivare le sue coordinate $x\ y\ z$ (Avremo allora dalla prima delle 12)

$$14) \qquad v_x = \frac{dx}{dt} = a'_{11} x_1 + a'_{12} y_1 + a'_{13} z_1$$

dove per semplicità abbiamo indicato con un accento le derivate delle a.

Ora ricavando i valori di $x_1\ y_1\ z_1$ delle 13) e sostituendo nella 14) abbiamo:

$$15)\qquad \begin{aligned} v_x = {} & a'_{11}\,(a_{11}x + a_{21}y + a_{31}z) + \\ & + a'_{12}\,(a_{12}x + a_{22}y + a_{32}z) + \\ & + a'_{13}\,(a_{13}x + a_{23}y + a_{33}z) \end{aligned}$$

ed ordinando rispetto ad $x\,y\,z$.

$$16)\qquad \begin{aligned} v_x = {} & x(a_{11}a'_{11} + a_{12}a'_{12} + a_{13}a'_{13}) + y(a_{21}a'_{11} + a_{22}a'_{12} + a_{23}a'_{13}) + \\ & + z(a_{31}a'_{11} + a_{32}a'_{12} + a_{33}a'_{13}) \end{aligned}$$

Analogamente avremo ottenuto

$$17)\qquad \begin{aligned} v_y = {} & x(a_{11}a'_{21} + a_{12}a'_{22} + a_{13}a'_{23}) + y(a_{21}a'_{21} + a_{22}a'_{22} + a_{23}a'_{23}) + \\ & + z(a_{31}a'_{21} + a_{32}a'_{22} + a_{33}a'_{23}) \end{aligned}$$

$$18)\qquad \begin{aligned} v_z = {} & x(a_{11}a'_{31} + a_{12}a'_{32} + a_{13}a'_{33}) + y(a_{21}a'_{31} + a_{22}a'_{32} + a_{23}a'_{33}) + \\ & + z(a_{31}a'_{31} + a_{32}a'_{32} + a_{33}a'_{33}) \end{aligned}$$

Ma, come abbiamo visto, si ha:

$$a_{11}^2 + a_{12}^2 + a_{13}^2 = 1$$

e quindi derivando

$$19)\qquad a_{11}a'_{11} + a_{12}a'_{12} + a_{13}a'_{13} = 0$$

Analogamente avremo:

$$20)\qquad \begin{aligned} & a_{21}a'_{21} + a_{22}a'_{22} + a_{23}a'_{23} = 0 \\ & a_{31}a'_{31} + a_{32}a'_{32} + a_{33}a'_{33} = 0 \end{aligned}$$

Di più sappiamo che si ha:

$$21)\qquad a_{21}a_{31} + a_{22}a_{32} + a_{23}a_{33} = 0$$

da cui derivando otteniamo

22) $a_{21}a'_{31}+a_{22}a'_{32}+a_{23}a_{33}+a'_{21}a_{31}+a'_{22}a_{32}+a'_{23}a_{33}=0$
cioè

23) $a_{21}a'_{31}+a_{22}a'_{32}+a_{23}a'_{33}=-(a'_{21}a_{31}+a'_{22}a_{32}+a'_{23}a_{33})=P$
dove abbiamo chiamato con P il valore comune dei due membri della 23)

Analogamente otterremo:

24) $a_{31}a'_{11}+a_{32}a'_{12}+a_{33}a'_{13}=-(a'_{31}a_{11}+a'_{32}a_{12}+a'_{33}a_{13})=Q$

25) $a_{11}a'_{21}+a_{12}a'_{22}+a_{13}a'_{23}=-(a'_{11}a_{21}+a'_{12}a_{22}+a'_{13}a_{23})=R$
Servendosi della 19) 20) 23) 24) 25), le nostre equazioni 16) 17) 18) si riducono immediatamente a:

$$
\text{26)}\quad \begin{aligned} V_x &= Qz - Ry \\ V_y &= Rx - Pz \\ V_z &= Py - Qx \end{aligned}
$$

Se conosciamo gli angoli di Eulero, oppure tre dei nove coseni, potremo calcolare tutte le a e quindi P Q R. Sostituendo allora questi valori nelle 26), avremo immediatamente le componenti della velocità di ciascun punto del corpo rigido.

Asse istantaneo di rotazione - Ed ora, in perfetta analogia con quanto vedemmo nella Cinematica dei sistemi piani, cominciamo a domandarci se esista, oltre l'origine, qualche altro punto del corpo rigido che nell'istante t abbia velocità uguale a zero.

Supponiamo che $x\ y\ z$ siano le coordinate di un tal punto; poichè, per esso si ha $\hat{V}=0$, le 26) ci daranno:

$$
27) \quad \begin{aligned} 0 &= Qz - Ry \\ 0 &= Rx - Pz \\ 0 &= Py - Qx \end{aligned}
$$

Ora le 27) come è facile vedere, possono porsi sotto la forma:

$$
28) \quad \frac{x}{P} = \frac{y}{Q} = \frac{z}{R}
$$

e rappresentano quindi una retta passante per l'origine. Questa retta, che è il luogo dei punti che in un istante generico t hanno velocità uguale a zero, si chiama <u>Asse istantaneo di rotazione</u>. La sua posizione nello spazio varia col tempo, perchè P, Q, R sono funzioni di t.

Vediamo ora come si possa rappresentare geometricamente il moto del corpo, e la velocità di un suo punto generico B. A tale scopo, partendo dall'origine O, conduciamo un vettore $\widehat{\Omega}$ il quale abbia per proiezioni sugli assi P, Q ed R.

Come è chiaro, $\widehat{\Omega}$ cadrà sull'asse istantaneo di <u>rotazione</u> ed il suo modulo sarà uguale a $\sqrt{P^2+Q^2+R^2}$. Conduciamo poi il vettore O-B e facciamo il prodotto esterno:

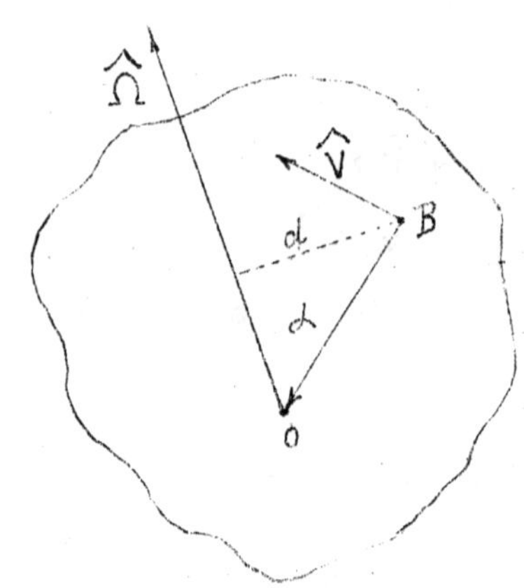

29) $(O-B)\wedge\widehat{\Omega} = \widehat{S}$

che abbiamo indicato con $\widehat{S}$.

Ricordando quanto fu detto nell'introduzione sarà facile trovare $\widehat{S}$. Infatti poichè il punto B ha per coordinate x y, z, le componenti del vettore O-B sono uguali a: $-x, -y, -z$. Quelle di $\widehat{\Omega}$ sono P, Q, R e quindi avremo:

30) $$\hat{S} = \begin{vmatrix} \overline{I} & \overline{J} & \overline{K} \\ -x & -y & -z \\ P & Q & R \end{vmatrix}$$

cioè, svolgendo;

31) $$\hat{S} = \overline{I}\,(Qz - Ry) + \overline{J}\,(Rx - Pz) + \overline{K}\,(Py - Qx)$$

e quindi le componenti di $\hat{S}$ lungo i tre assi sono date da $Qz - Ry$, $Rx - Pz$ ecc.

Paragonando questo risultato con le equazioni 26) vediamo dunque che le componenti di $\hat{S}$ sono precisamente uguali a quelle del vettore velocità $\hat{V}$; e perciò avremo $\hat{S} = \hat{V}$.

La 29) ci dà allora:

32) $$\hat{V} = (O - B) \wedge \hat{\Omega}$$

Questa formola semplicissima serve a trovare la velocità $\hat{V}$ di un punto generico B di un corpo, mobile intorno ad un centro fisso O. Vediamo intanto che $\hat{V}$ è diretta normalmente al piano determinato da $\hat{\Omega}$ e da O - B. Chiamiamo poi con ω il modulo di $\hat{\Omega}$, con d la distanza di B dall'asse istantaneo di rotazione, e con α l'angolo compreso tra il vettore O - B ed il vettore $\hat{\Omega}$.

Avremo allora dalla 32) per quanto fu visto nell'introduzione.

33) Mod $\hat{V} = \omega$. mod$(O-B)$.sen$\alpha = \omega d$ e quindi la velocità di ogni punto generico B è proporzionale alla sua distanza da $\hat{\Omega}$.

Confrontando queste proprietà del vettore $\hat{V}$ si vede immediatamente che in ogni istante il corpo si muove come se ruotasse con velocità angolare ω intorno alla retta su cui giace $\hat{\Omega}$. Per questa ragione appunto questa retta si chiama "Asse istantaneo di Rotazione". Questo teorema importantissimo è dovuto, come dicemmo, a d'Alembert e ad Eulero.

Cono polare fisso e Cono polare mobile

Come abbiamo visto la posizione dell'asse istantaneo di rotazione varia col tempo perchè P, Q ed R sono funzioni di t. Esso passa sempre però per il punto fisso O e quindi descriverà nello spazio una superficie conica avente il vertice in O.

Questo cono, che indicheremo con $\mathcal{J}$, si chiama Cono Polare Fisso ed è il luogo geometrico delle rette dello spazio fisso (cioè dello spazio ambiente) suscettibili di divenire assi istantanei di rotazione. È facile trovare la sua equazione.

A tal fine potremo porre le 28) sotto la forma:

$$34) \quad \frac{y}{x} = \frac{Q}{P}$$

$$35) \quad \frac{z}{x} = \frac{R}{P}$$

E poichè P, Q ed R dipendono da t, le 34) e 35) possono mettersi sotto la forma:

$$36) \quad \frac{y}{x} = F_1(t)$$

$$37) \quad \frac{z}{x} = F_2(t).$$

Eliminando allora il tempo t tra esse, avremo una sola equazione della forma:

$$38) \quad F\left(\frac{y}{x}, \frac{z}{x}\right) = 0$$

che è precisamente l'equazione di un cono avente l'origine per vertice.

Immaginiamo ora un osservatore collegato agli assi mobili x_1 y_1 z_1. Le equazioni dell'asse istantaneo rispetto a questi assi saranno:

$$39) \quad \frac{x}{p_1} = \frac{y}{q_1} = \frac{z}{r_1}$$

dove p_1 q_1 r_1 sono le proiezioni di Ω sugli assi mobili.

Ora eliminando il tempo tra queste due equazioni otterremo un'equazione della forma:

$$40) \quad f\left(\frac{y}{x}, \frac{z}{x}\right) = 0$$

che ci rappresenta ancora un cono (riferito però agli assi x_1 y_1 z_1) ed avente per vertice l'origine. Questo cono si chiama Cono Polare Mobile ed è il luogo geometrico delle rette del corpo (o meglio dello spazio mobile) suscettibili di divenire assi istantanei. Noi l'indicheremo con γ_1.

Cauchy poi ha dimostrato (1827) che il movimento può realizzarsi facendo rotolare il cono polare mobile, che è solidale col corpo, sul cono polare fisso. La dimostrazione è analoga a quella riguardante il rotolamento della polare mobile Γ_1 sulla polare fissa Γ, e noi per brevità la ometteremo.

Es. I. Supponiamo che si abbia: $a_{11} = a_{22} = \cos. t$, $a_{12} = \text{sen}\, t$. Si domanda il movimento del corpo-

Per risolvere questo esempio semplicissimo cominciamo a cercare gli altri coseni.

Intanto abbiamo le note equazioni:

$$1 = a_{11}^2 + a_{12}^2 + a_{13}^2 = \cos^2 t + \text{sen}^2 t + a_{13}^2$$

$$1 = a_{12}^2 + a_{22}^2 + a_{32}^2 = \text{sen}^2 t + \cos^2 t + a_{32}^2$$

le quali ci danno immediatamente

$$a_{13} = a_{32} = 0$$

Abbiamo ancora

$$0 = a_{11} a_{21} + a_{12} a_{22} + a_{13} a_{23} = a_{21} \cos t + \text{sen}\, t \cos t = 0$$

da cui ricaviamo dividendo per cos t.

$$a_{21} + \text{sen}\, t = 0$$

e quindi

$$a_{21} = -\ \text{sen}.\, t$$

Abbiamo poi

$$0 = a_{11} a_{31} + a_{12} a_{32} + a_{13} a_{33} = a_{31} \cos t.$$

che ci dà

$$a_{31} = 0$$

Infine si ha:

$$1 = a_{21}^2 + a_{22}^2 + a_{23}^2 = sen^2 t + cos^2 t + a_{23}^2$$

$$1 = a_{31}^2 + a_{32}^2 + a_{33}^2 = \quad a_{33}^2$$

da cui ricaviamo:

$$a_{23} = 0 \qquad\qquad a_{33} = 1$$

Abbiamo così trovato i valori dei nove coseni, ed il determinante D si riduce nel nostro caso a:

$$D = \begin{vmatrix} a_{11} & a_{12} & a_{13} \\ a_{21} & a_{22} & a_{23} \\ a_{31} & a_{32} & a_{33} \end{vmatrix} = \begin{vmatrix} cos\, t & sen\, t & 0 \\ -sen\, t & cos\, t & 0 \\ 0 & 0 & 1 \end{vmatrix} = 1$$

Ciò posto le formole 23) 24) e 25) divengono:

$$P = 0 \qquad Q = 0 \qquad R = -cos^2 t - sen^2 t = -1$$

Il vettore Ω giace quindi sull'asse Z ed è diretto verso la parte negativa: il suo modulo ω è poi uguale a $\sqrt{P^2 + Q_2 + R^2} = 1$

Quindi nell'es. studiato il corpo ruota intorno all'asse Z in senso negativo e con velocità angolare uguale ad uno. Il cono polare fisso γ degenera allora nell'asse z, ed il cono polare mobile γ_1 nell'asse z_1 (coincidente con z perchè nel nostro caso si ha $a_{33} = cos\, z z_1 = 1$.)

Es. II. Cono Polare fisso e cono polare mobile nel movimento della terra.

Immaginiamo un osservatore che si trovi nel baricentro G della terra. Egli crederà di essere in quiete e quindi immaginerà la terra come un corpo rigido mobile intorno al punto fisso G. Per quanto abbiamo visto, la terra ruoterà allora in ogni istante intorno ad un asse passante per G.

Il luogo geometrico delle posizioni occupate da questo asse <u>nello spazio</u> è il cono polare fisso γ, mentre il luogo geometrico delle posizioni da esso occupate nell'interno della terra costituisce il cono polare mobile γ_1.

Come vedemmo, il moto si ottiene facendo rotolare γ_1, connesso con la terra, sopra γ fisso nello spazio. Lo studio di questi due coni ha perciò grande importanza, e noi ce ne occuperemo brevemente.

Senza entrare in dettagli troppo minuti, diremo che il cono polare fisso γ è estremamente complicato, poichè ha per base una speciale epicicloide. Per servirci di una similitudine grossolana, ma molto espressiva, esso ha presso a poco la forma di un grande cono rotondo, ma formato però di lamiera ondulata nel senso delle generatrici. Per studiarlo quindi con maggiore facilità gli astronomi considerano un asse fittizio, a cui danno il nome di <u>asse medio</u>, il quale descriva un cono perfettamente circolare. L'asse istantaneo avrebbe poi un moto detto di <u>nutazione</u> (dal verbo latino "nuto„ che significa "io oscillo„) intorno all'asse medio.

Il cono J può quindi essere, per così dire, decomposto in altri coni più semplici, di cui i due principali sono i seguenti:

1) Il <u>grande cono fondamentale detto di precessione</u>, il quale è rotondo ed ha per asse la normale al piano dell'eclittica. Le generatrici di questo cono sono le posizioni <u>medie</u> dell'asse terrestre nello spazio.

2) <u>Il cono di nutazione</u>, il quale è

un piccolo cono a base ellittica, le cui generatrici sono le posizioni istantanee dell'asse della terra. In virtù di questo cono, come abbiamo detto, l'asse terrestre sembra oscillare intorno ad una posizione media, intanto che questa posizione media percorre in circa 26000 anni il cono di precessione.

Il cono polare mobile γ_1 ha invece un'apertura assai piccola (minore di un secondo d'arco) ed è estremamente irregolare. La sua forma non è ancora ben nota. Per effetto del cono γ l'asse di rotazione si sposta nel cielo, e per effetto di γ_1 esso si sposta anche nell'interno della terra. Il primo ha quindi per risultato di far variare i poli celesti (cioè quei due punti opposti intorno a cui sembra ruotare la sfera Celeste) mentre l'altro fa variare i poli terrestri. I poli della terra oscillano dunque sulla sua superficie intorno a due posizioni medie, ed a questo fatto si collega il noto fenomeno della Variazione delle Latitudini.

3. Moto di un Sistema rigido interamente libero

Passiamo ora al caso generale di un corpo rigido che si muova liberamente nello spazio.

Per studiare il movimento prendiamo un'origine fissa O e da essa facciamo partire tre assi fissi X Y e Z. Prendiamo ancora a piacere un punto A del corpo di coordinate ξ η ζ e da esso facciamo partire tre assi x_1 y_1 z_1 collegati col corpo.

Il punto A si chiama <u>centro di riduzione</u> ed in generale, nei casi pratici, si sceglie come centro di riduzione il Baricentro. Ciò posto, scelto un punto qualsiasi M del corpo mobile, indichiamo al solito con x y z ed x_1 y_1 z_1 le sue coordinate rispetto alle due terne di assi.

Avremo allora dalla Geometria Analitica le note relazioni:

$$
1) \quad \begin{aligned} x &= \xi + a_{11} x_1 + a_{12} y_1 + a_{13} z_1 \\ y &= \eta + a_{21} x_1 + a_{22} y_1 + a_{23} z_1 \\ z &= \zeta + a_{31} x_1 + a_{32} y_1 + a_{33} z_1 \end{aligned}
$$

dove a_{11} a_{12} ecc indicano al solito i coseni degli angoli che gli assi mobili formano con gli assi fissi. Ed ora se vogliamo i componenti della velocità del punto M ci basterà derivare le 1) rispetto al tempo. Poichè x_1 y_1 z_1 sono costanti, otterremo:

$$
2) \quad \begin{aligned} v_x &= \xi' + a'_{11} x_1 + a'_{12} y_1 + a'_{13} z_1 \\ v_y &= \eta' + a'_{21} x_1 + a'_{22} y_1 + a'_{23} z_1 \\ v_z &= \zeta' + a'_{31} x_1 + a'_{32} y_1 + a'_{33} z_1 \end{aligned}
$$

Eseguendo ora le medesime trasformazioni già fatte nel numero precedente le 2) divengono:

$$
3) \quad \begin{aligned} v_x &= \xi' + Q(z - \zeta) - R(y - \eta) \\ v_y &= \eta' + R(x - \xi) - P(z - \zeta) \\ v_z &= \zeta + P(y - \eta) - Q(x - \xi) \end{aligned}
$$

Indicando ora con $\widehat{V_A}$ la velocità del Centro di riduzione A, le componenti del vettore $\widehat{V_A}$ saranno uguali, come è chiaro, a ξ' η' ζ'.

Con i medesimi ragionamenti già fatti nel § 2, le 3) si riducono allora all'unica equazione vettoriale:

$$4)\quad \hat{V}_M = \hat{V}_A + (A-M)\wedge\hat{\Omega}$$

dove $\hat{\Omega}$ al solito è un vettore le cui componenti sugli assi sono uguali a P, Q ed R.

La 4) si chiama l'<u>Equazione generale della Cinematica</u>, ed essa ci dà la velocità di un punto qualsiasi M di un corpo rigido in movimento.

Vediamo quindi che questa velocità $\hat{V}_M$ può scindersi in due parti: una $\hat{V}_A$ uguale per tutti i punti del corpo (e quindi costituente ad un moto di traslazione) e l'altra $(A-M)\wedge\hat{\Omega}$ la quale come vedemmo equivale ad un moto di rotazione intorno ad un asse passante per A. Possiamo dunque ricavare dal nostro studio la seguente conclusione:

<u>Dato un corpo rigido in movimento e scelto un punto qualsiasi A del corpo, il moto può sempre decomporsi in uno traslatorio con velocità uguale a quella del punto A, ed in uno rotatorio intorno ad un asse passante per A.</u>

Naturalmente tanto la velocità del

punto A, quanto il vettore rotazione $\hat{\Omega}$ variano col variare del tempo. Prendiamo ora come centro di riduzione un altro punto B del corpo: facendo lo stesso ragionamento avremo:

$$5)\quad \hat{V}_M = \hat{V}_B + (B - M)_\wedge \hat{\Omega}'$$

dove $\hat{\Omega}'$ è il vettore rotazione relativo al punto B. Paragonando la 4) con la 5) avremo

$$6)\quad \hat{V}_A + (A - M)_\wedge \hat{\Omega} = \hat{V}_B + (B - M)_\wedge \hat{\Omega}'$$

Ora la 4) è valida qualunque sia il punto M e quindi anche quando M coincide con B; facendo dunque M = B, avremo:

$$7)\quad \hat{V}_B = \hat{V}_A + (A - B)_\wedge \hat{\Omega}$$

Sostituendo questo valore nel secondo membro della 6) essa diviene:

$$8)\quad \hat{V}_A + (A - M)_\wedge \hat{\Omega} = \hat{V}_A + (A - B_\wedge \hat{\Omega} + (B - M)_\wedge \hat{\Omega}'$$

Da essa ricaviamo:

$$9)\quad \left[(A - M) - (A - B)\right]_\wedge \hat{\Omega} = (B - M)_\wedge \hat{\Omega}'$$

cioè riducendo

$$10)\quad (B - M)_\wedge \hat{\Omega} = (B - M)_\wedge \hat{\Omega}'$$

e quindi:

$$11)\quad \hat{\Omega} = \hat{\Omega}'$$

Dunque il vettore rotazione è indipendente dal centro di riduzione.

Vediamo ora se esista qualche punto K la cui velocità $\widehat{V}_K$ sia parallela ad $\widehat{\Omega}$. In tal caso dovremo avere in virtù della 4), indicando con λ una quantità scalare:

$$12) \qquad \lambda \widehat{\Omega} = \widehat{V}_K = \widehat{V}_A + (A-K)_\wedge \widehat{\Omega}$$

e proiettando sopra i tre assi otterremo:

$$13) \qquad \begin{aligned} \lambda P &= \xi' + Q(z-\zeta) - R(y-\eta) \\ \lambda Q &= \eta' + R(x-\xi) - P(z-\zeta) \\ \lambda R &= \zeta' + P(y-\eta) - Q(x-\xi) \end{aligned}$$

Uguagliando quindi i tre valori di λ, ricavati dalle 13 otterremo:

$$14) \quad \frac{\xi'+Q(z-\zeta)-R(y-\eta)}{P} = \frac{\eta'+R(x-\xi)-P(z-\zeta)}{Q} = \frac{\zeta'+P(y-\eta)-Q(x-\xi)}{R}$$

Le 14) sono due equazioni lineari in x, y, z; esse individuano quindi una retta dello spazio luogo geometrico dei punti la cui velocità è parallela ad $\widehat{\Omega}$.

Questa retta si chiama "Asse di rotazione e scorrimento" od Asse di moto elicoidale, per le ragioni che ora vedremo.

Ciò posto dal Centro di riduzione A

conduciamo una retta parallela al vettore $\widehat{\Omega}$; poichè $\widehat{\Omega}$ ha per proiezioni P, Q ed R le equazioni di questa retta saranno:

$$15)\qquad \frac{x-\xi}{P} = \frac{y-\eta}{Q} = \frac{z-\zeta}{R}$$

che possiamo anche scrivere sotto la forma:

$$16)\qquad \frac{Q(z-\zeta)-R(y-\eta)}{P} = \frac{R(x-\xi)-P(z-\zeta)}{Q} = \frac{P(y-\eta)-Q(x-\xi)}{R}$$

Paragonando ora la 14) con la 16) vediamo immediatamente che l'<u>Asse di moto Elicoidale è parallelo al vettore $\widehat{\Omega}$</u>.

Prendiamo allora come centro di riduzione un punto dell'asse di moto elicoidale, per es. il punto K. Allora tutto il corpo avrà un moto di traslazione con velocità uguale a $\widehat{V}_K$ (e quindi parallela all'asse di moto elicoidale) e di più ruoterà intorno a questo stesso, giacchè $\widehat{\Omega}$ dovendo passare per il centro di riduzione K, ed essendo parallelo all'asse di moto elicoidale, cadrà sopra di esso.

<u>Prendendo dunque per centro di riduzione un punto qualsiasi K dell'asse di</u>

<u>moto elicoidale, il movimento istantaneo del corpo si riduce ad uno scorrimento lungo l'asse accompagnato da una rotazione intorno all'asse stesso, cioè ad un movimento ad elice</u>.

Questo teorema importantissimo fu scoperto da G. Mozzi (1730-1813) illustre matematico italiano, e ritrovato più tardi da Cauchy e Chasles.

Naturalmente, poichè ξ', η', ζ', P, Q ed R sono funzioni del tempo, la posizione dell'asse di moto elicoidale, varierà col tempo.

Se quindi costruiamo il luogo geometrico delle posizioni che esso assume nello spazio fisso (spazio ambiente) avremo una certa <u>superficie rigata</u> g. Se invece costruiamo il luogo geometrico delle posizioni che esso assume nel corpo (o meglio nello spazio mobile $x_1\ y_1\ z_1$ collegato col corpo) avremo una seconda superficie rigata g_1.

Queste due rigate sono state considerate dal Poncelet (1838), il quale ha dimostrato che il movimento continuo del corpo può ottenersi ponendo successivamente in contatto le generatrici della rigata mobile g_1 con quelle della rigata fissa g e facendole ruotare e scorrere sopra queste.

Es. I. Asse del moto elicoidale della terra.

La terra è un corpo rigido che si muove liberamente nello spazio. Come esempio possiamo quindi applicare ad essa la teoria esposta e ricercare la posizione del suo asse di moto elicoidale in un dato tempo.

Per semplicità per esempio, consideriamo l'istante del solstizio d'estate. Prendiamo come origine O la posizione occupata dal baricentro della terra in questo istante, l'asse X diretto lungo il raggio vettore nel senso positivo, l'asse Z normale al piano dell'eclittica e l'asse Y giacente sul piano dell'eclittica e diretto in modo che la terna X Y Z abbia la solita disposizione. Ricordando che nel momento del solstizio la terra si trova presso a poco al suo afelio (cioè alla massima distanza dal sole) e che il suo movimento intorno al sole è sinistrorso è facile vedere che la velocità di O sarà diretta lungo l'asse Y e nel senso positivo. D'altra parte trovandosi la terra nel solstizio d'estate l'asse di rotazione $\hat{\Omega}$ si troverà sul piano Z X e formerà col

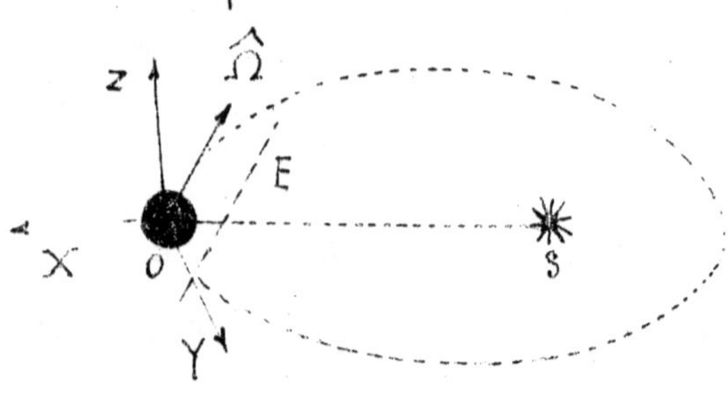

piano dell'eclittica un angolo di circa 67° 33' cioè uguale alla latitudine del circolo polare artico.

Avremo dunque dalla figura, indicando con ω il modulo del vettore $\hat{\Omega}$:

$$P = -\omega \cos 67^\circ 33'$$

$$Q = 0$$

$$R = \omega \operatorname{sen} 67^\circ 33'$$

Di più poichè la velocità del baricentro O è diretta lungo l'asse Y sarà:

$$\xi' = 0 \qquad \eta' = v \qquad \zeta' = 0$$

Infine poichè nell'istante considerato l'origine degli assi mobili coincide con quelli degli assi fissi avremo ancora

$$\xi = \eta = \zeta = 0$$

Le equazioni 14) divengono dunque nel nostro caso particolare

$$y = 0$$

$$v + x\,\omega \operatorname{sen} 67°33' + z\,\omega \cos 67°33' = 0$$

L'asse di moto elicoidale E è dunque parallelo, come già sapevamo, ad $\widehat{\Omega}$ e taglia l'asse X in un punto di ascissa uguale a $\frac{-v}{\omega \operatorname{sen} 67°33'}$. Prendendo per unità di lunghezza il chilometro e per unità di tempo il giorno sidereo, v sarà uguale al cammino percorso dalla terra in un giorno, cioè a circa 2580000 Km, mentre ω vale un'intiera rotazione, cioè 2π. Sostituendo questi valori nella nostra formula vediamo che la retta E è parallela ad $\widehat{\Omega}$ e taglia l'asse X in punto la cui ascissa è uguale a $-445\,000$ Km circa. In tal modo si potrebbe calcolare la posizione dell'asse elicoidale per ogni altro istante e quindi costruire le rigate di Poncelet.

4. Moto Relativo

Termineremo la cinematica dei Corpi rigidi occupandoci del moto relativo.

A tale scopo immaginiamo una terna di assi X Y Z che per definizione chiameremo <u>fissa</u>; per esempio una terna congiunta con gli assi assoluti. Consideriamo poi una seconda terna d'assi $x_1\ y_1\ z_1$ che si muova rispetto alla prima, ed un punto P che si muova anch'esso liberamente nello spazio.

Immaginiamo poi due osservatori congiunti con le due terne di assi, i quali esaminino il movimento di P. È chiaro che la velocità e l'accelerazione di P sembrerà ad essi diversa; e noi quindi chiameremo <u>Velocità Assoluta e Accelerazione assoluta</u> $(\hat{V}_a, \hat{A}_a)$ i loro valori quali appariscono all'osservatore fisso, mentre diremo <u>Velocità Relativa</u> ed <u>Accelerazione Relativa</u> i loro valori quali appariscono all'osservatore mobile. $(\hat{V}_r \ \hat{A}_r)$

Ciò premesso ci proponiamo di ricercare quale relazione passa tra le grandezze assolute, quelle relative ed il movimento della terna di assi.

A tale scopo cominciamo col considerare un punto ausiliario Q, il quale nell'istante considerato abbia la stessa posizione di P e sia solidamente collegato alla terna $x_1\ y_1\ z_1$. È chiaro che la velocità e l'accelerazione di Q saranno nulle rispetto all'osservatore mobile, mentre avranno un certo valore $(\hat{V}_t, \hat{A}_t)$ rispetto all'osservatore fisso. Chiameremo i vettori $\hat{V}_t$ ed $\hat{A}_t$ col nome di velocità di trascinamento ed Accelerazione di trascinamento, giacchè essi provengono dal fatto che Q è trascinato nel suo movimento dalla terna x_1 $y_1\ z_1$ alla quale è rigidamente collegato

Ciò posto consideriamo tre vettori unitari $\overline{I}_1\ \ \overline{J}_1\ \ \overline{K}_1$ disposti sugli mobili $x_1\ y_1\ z_1$ e chiamiamo con $x_1\ y_1\ z_1$ le coordinate di P rispetto a questi assi; avremo:

$$1) \quad P = O_1 + \overline{I}_1 x_1 + \overline{J}_1 y_1 + \overline{K}_1 z_1$$

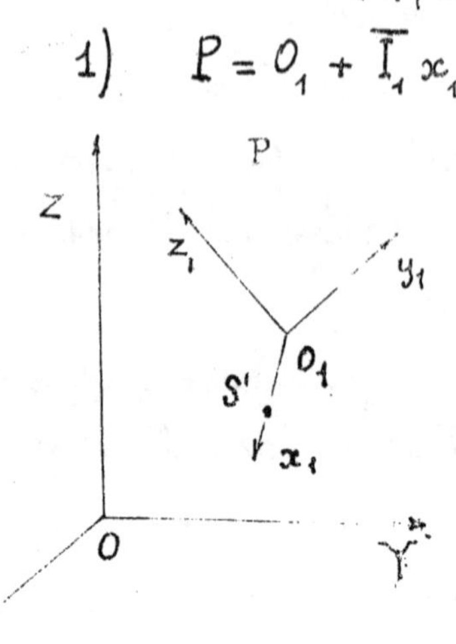

Se vogliamo ora la velocità di P, basterà derivare il punto rispetto al tempo. Qui però occorre distinguere: L'osservatore mobile non si accorge del movimento della terna $x_1 y_1 z_1$ quindi per lui O_1 $\overline{I}_1$ $\overline{J}_1$ e K_1 sono costanti.
L'osservatore fisso vede invece muoversi la terna x_1 y_1 z_1 e quindi egli giudica O_1 $\overline{I}_1$ $\overline{J}_1$ e $\overline{K}_1$ come variabili. Perciò se vogliamo la velocità relativa dovremo derivare solo x_1 y_1 z_1 ed avremo:

$$2) \quad \widehat{V}_r = \overline{I}_1 \frac{dx_1}{dt} + \overline{J}_1 \frac{dy_1}{dt} + \overline{K}_1 \frac{dz_1}{dt}$$

Se invece vogliamo la velocità assoluta dovremo derivare anche $\overline{O}_1$ $\overline{I}_1$ $\overline{J}_1$ $\overline{K}_1$ ed avremo:

$$3) \quad \widehat{V}_a = \frac{dO_1}{dt} + \overline{I}_1 \frac{dx_1}{dt} + \overline{J}_1 \frac{dy_1}{dt} + \overline{K}_1 \frac{dz_1}{dt} +$$

$$+ x_1 \frac{d\overline{I}_1}{dt} + y_1 \frac{d\overline{J}_1}{dt} + z_1 \frac{d\overline{K}_1}{dt}$$

Cerchiamo ora la velocità di trascinamento. A tal fine dobbiamo ricordare che Q è collegato rigidamente con la terra mobile e quindi che per esso x_1 y_1 z_1 sono costanti: derivando otterremo dunque:

$$4) \quad \hat{V}_t = \frac{dO_1}{dt} + x_1 \frac{d\bar{I}_1}{dt} + y_1 \frac{d\bar{J}_1}{dt} + z_1 \frac{d\bar{K}_1}{dt}$$

Sommando ora membro a membro la 2) con la 4) e paragonando con 3) otteniamo immediatamente:

$$5) \qquad \hat{V}_a = \hat{V}_r + \hat{V}_t$$

cioè <u>la velocità assoluta è uguale alla somma geometrica della velocità relativa e della velocità di trascinamento.</u>

Passiamo ora alle accelerazioni. A tal fine cominciamo col costruirci il vettore:

$$6) \quad \hat{A}_c = 2\frac{dx_1}{dt}\frac{d\bar{I}_1}{dt} + 2\frac{dy_1}{dt}\frac{d\bar{J}_1}{dt} + 2\frac{dz_1}{dt}\frac{d\bar{K}_1}{dt}$$

che chiameremo col nome di <u>Accelerazione complementare.</u>

Ciò posto derivando la 2) e considerando, come fu detto, costanti $\bar{I}_1$, $\bar{J}_1$, e $\bar{K}_1$ avremo:

$$7) \quad \hat{A}_r = \bar{I}_1 \frac{d^2x_1}{dt^2} + \bar{J}_1 \frac{d^2y_1}{dt^2} + \bar{K}_1 \frac{d^2z_1}{dt^2}$$

Analogamente derivando la 4) e considerando $x_1\ y_1\ z_1$ costanti si ottiene:

$$8)\quad \widehat{A}_\tau = \frac{d^2 O_1}{dt^2} + x_1 \frac{d^2 \overline{I}_1}{dt^2} + y_1 \frac{d^2 \overline{J}_1}{dt^2} + z_1 \frac{d^2 \overline{K}}{dt^2}$$

Infine derivando la 3) abbiamo:

$$9)\ \widehat{A}_a = \frac{d^2 O_1}{dt^2} + 2 \frac{d\overline{I}_1}{dt} \frac{dx_1}{dt} + 2 \frac{d\overline{J}_1}{dt} \frac{dy_1}{dt} + 2 \frac{d\overline{K}_1}{dt} \frac{dz_1}{dt} +$$

$$+ \overline{I}_1 \frac{d^2 x_1}{dt^2} + \overline{J}_1 \frac{d^2 y_1}{dt^2} + \overline{K}_1 \frac{d^2 z_1}{dt^2} +$$

$$+ x_1 \frac{d^2 \overline{I}_1}{dt^2} + y_1 \frac{d^2 \overline{J}_1}{dt^2} + z_1 \frac{d^2 \overline{K}_1}{dt^2}$$

Sommando membro a membro la 6) la 7) e la 8) e paragonando con la 9) abbiamo allora:

$$10)\ \widehat{A}_a = \widehat{A}_r + \widehat{A}_\tau + \widehat{A}_c$$

Cioè l'accelerazione assoluta è uguale alla somma geometrica dell'accelerazione relativa, dell'accelerazione di trascinamento e dell'accelerazione complementare.

Questo teorema è chiamato spesso in Meccanica col nome di teorema di Coriolis, essendo stato posto in luce appunto dal Coriolis (1835). Molti meccanici anzi, chiamano l'accelerazione complementare col nome di

<u>accelerazione di Coriolis</u>" o di "<u>accelerazione centrifuga composta</u>"

Vediamo ora di porre quest'ultima accelerazione sotto una forma più semplice. A tale fine consideriamo sull'asse x_1 un posto S collegato con l'asse stesso e posto a distanza unitaria dall'origine. Avremo allora:

$$11) \qquad S - O_1 = \overline{I}_1$$

Di più la terna mobile $x_1 y_1 z_1$ forma un corpo rigido che si muove liberamente nello spazio. Se dunque prendiamo come centro di riduzione O_1 e indichiamo con $\widehat{\Omega}$ il vettore rotazione, avremo in virtù dell'equazione fondamentale della cinematica, studiata nel paragrafo precedente.

$$12) \qquad \frac{dS}{dt} = \frac{dO_1}{dt} + (O_1 - S)_\wedge \Omega = \frac{dO_1}{dt} + \widehat{\Omega}_\wedge (S - O_1)$$

cioè

$$13) \qquad \frac{d}{dt}(S - O_1) = \widehat{\Omega}_\wedge (S - O_1)$$

Tenendo presente la 11), la 13) diviene allora:

$$14) \qquad \frac{d\overline{I}_1}{dt} = \widehat{\Omega}_\wedge \overline{I}_1$$

Analogamente si avrebbe:

$$15) \qquad \frac{d\overline{J}_1}{dt} = \widehat{\Omega}_\wedge J_1 \qquad \frac{d\overline{K}_1}{dt} = \widehat{\Omega}_\wedge \overline{K}_1$$

L'equazione 6) diviene quindi:

$$16) \quad \widehat{A}_c = 2\frac{dx}{dt}\widehat{\Omega}\wedge\overline{I}_1 + 2\frac{dy}{dt}\widehat{\Omega}\wedge\overline{J}_1 + 2\frac{dz}{dt}\Omega\wedge\overline{K}_1 =$$

$$= 2\widehat{\Omega}\wedge\left(\overline{I}_1\frac{dx_1}{dt} + \overline{J}_1\frac{dy_1}{dt} + \overline{K}_1\frac{dz_1}{dt}\right)$$

Ma in virtù dell'equazione 2) il trinomio tra parentesi è precisamente uguale a $\widehat{V}_r$; avremo dunque dalla 16)

$$17) \qquad \widehat{A}_c = 2\widehat{\Omega}\wedge\widehat{V}_r$$

L'accelerazione complementare è dunque uguale al doppio prodotto esterno del vettore rotazione per la velocità relativa.

Essa quindi si annulla:

1°) quando la terna $x_1\, y_1\, z_1$ ha un moto di semplice traslazione, perchè allora si ha $\widehat{\Omega} = 0$

II°) Quando la velocità relativa è uguale a zero oppure è parallela al vettore $\widehat{\Omega}$.

Es. I - Applicazione al caso della terra - Cenno sulla deviazione dei gravi cadenti

Immaginiamo un corpo pesante, il quale cada liberamente da un torre posta in un luogo della terra avente una latitudine boreale λ. Vogliamo trovare l'accelerazione complementare durante il movimento del grave.

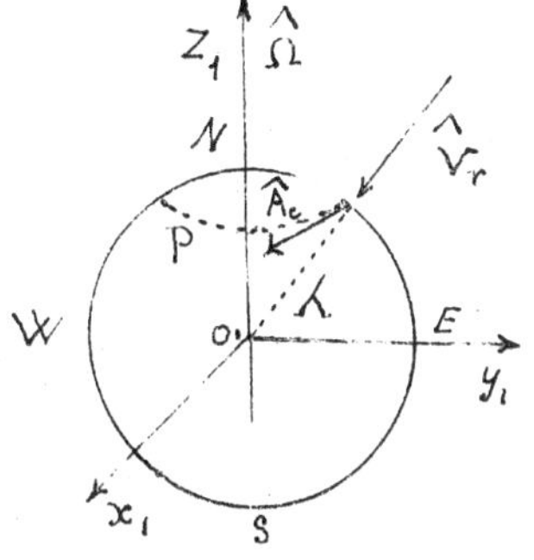

Supponiamo per semplicità, la terra sferica e prendiamo come centro di riduzione il suo centro di figura O_1, come asse z_1 l'asse di rotazione e scegliamo l'asse y_1 in modo che il piano $z_1\,y_1$ coincida col meridiano della torre.

Allora indicando con ω e con v_r i moduli dei due vettori $\hat{\Omega}$ e $\hat{V}_r$, e con a_c il modulo di $\hat{A}_c$, avremo dalla 17)

$$18) \qquad a_c = 2\,\omega\, v_r \cos\lambda$$

Prendendo per unità di tempo il minuto secondo del giorno solare medio, poichè la terra compie una rotazione in un giorno siderale cioè in 86184 secondi, sarà $\omega = \dfrac{2\pi}{86164} = 0{,}00007292$ e quindi la 18) ci dà

$$19) \qquad a_c = 0{,}00014594\, v_r \cos\lambda$$

Come vediamo, se la velocità non è molto grande, l'accelerazione complementare risulta sempre assai piccola: e quindi gl'ingegneri ordinariamente la trascurano. Quanto alla direzione ed al senso del vettore $\hat{A}_c$ ricordiamo che la terra ruota da ovest verso est e perciò con le nostre convenzioni il vettore $\hat{\Omega}$ ha il senso diretto verso il nord. Perciò se il grave cade liberamente per es. nell'emisfero boreale $\hat{A}_c$ come ci mostra la 17) è diretta tangenzialmente al parallelo p ed ha il senso da Est verso ovest. Ora la forza con cui la terra supposta sferica attira il grave è diretta verso il proprio centro O_1; e quindi la sua accelerazione assoluta $\hat{A}_a$ sarà diretta verso O_1.

Per calcolare poi A_τ supponiamo per un momento che il grave sia fermo: allora esso prende parte soltanto al moto di rotazione della terra e quindi la sua accelerazione è centripeta, cioè diretta verso il centro del parallelo p.

Se quindi proiettiamo ambo i membri della 10) sulla tangente al parallelo p otteniamo:

$$20) \quad 0 = A_{rp} + A_{cp}$$

Se invece proiettiamo su $\hat{\Omega}$ avremo:

$$21) \quad A_{a\omega} = A_{r\omega}$$

Poichè, secondo la 20) la somma di A_{rp} ed A_{cp} è uguale allo zero, e poichè $\hat{A}_{cp}$ è diretta lungo il parallelo da Est verso ovest, ne segue che A_{rp} sarà diretta da ovest verso est.

D'altra parte, poichè $\hat{A}_a$ è diretta verso il centro della terra, la sua proiezione sull'asse di rotazione, cioè $A_{a\omega}$, riuscirà negativa e quindi anche $A_{r\omega}$ sarà negativa, cioè diretta verso il sud.

Vediamo quindi che l'accelerazione relativa di un grave cadente, cioè l'accelerazione $\hat{A}_r$ che noi collegati con la terra effettivamente osserviamo, ha tre componenti. La prima è diretta verso l'est, la seconda verso il sud, e la terza come è chiaro, verso il centro della terra. Ne segue che un grave cadente nell'emisfero boreale devia lievemente verso l'est e verso il sud. Il calcolo mostra poi che la deviazione verso sud è assai più debole di quella verso l'est: ed infatti numerose osservazioni fatte sopra corpi gettati in pozzi profondi o dall'alto di torri, mentre hanno chiaramente dimostrato la deviazione verso est non ci danno invece alcuna deviazione sensibile verso sud. Come notizia storica ricorderemo poi che le prime esperienze furono fatte con successo dal Guglielmini servendosi della torre degli Asinelli a Bologna (1790) e poi dal Tadini a Bergamo (1795). Recentemente il P. Hagen ha proposto di servirsi della macchina di Atwood, con la quale si otterrebbero deviazioni maggiori.

Es. II - Formule di Eulero e Poisson -

Immaginiamo per un momento che l'origine O_1 coincida con l'origine fissa O. Allora poichè il vettore $\overline{I}_1$ è di lunghezza unitaria, le sue proiezioni sugli assi fissi X Y Z sono uguali ai coseni degli angoli che

x_1 forma con questi assi cioè ad a_{11} a_{21} a_{31}.
Avremo dunque:

$$22)\qquad \overline{I}_1 = \overline{I}a_{11} + \overline{J}a_{21} + \overline{K}a_{31}$$

D'altra parte perchè le proiezioni di $\hat{\Omega}$ sui tre assi X Y Z sono uguali a P, Q ed R avremo:

$$23)\qquad \hat{\Omega}_\wedge \overline{I}_1 = \begin{vmatrix} \overline{I} & \overline{J} & \overline{K} \\ P & Q & R \\ a_{11} & a_{21} & a_{31} \end{vmatrix}$$

Servendoci allora della 22) e 23) l'equazione 14) diviene:

$$24)\quad \overline{I}\frac{da_{11}}{dt} + \overline{J}\frac{da_{21}}{dt} + \overline{K}\frac{da_{31}}{dt} = \overline{I}(Qa_{31} - Ra_{21}) + \overline{J}(Ra_{11} - Pa_{31}) +$$

$$+ \overline{K}(Pa_{21} - Qa_{11})$$

Uguagliando allora i coefficienti di $\overline{I}$, $\overline{J}$ e $\overline{K}$ otteniamo:

$$25)\qquad \begin{aligned} \frac{da_{11}}{dt} &= Qa_{31} - Ra_{21} \\ \frac{da_{21}}{dt} &= Ra_{11} - Pa_{31} \\ \frac{da_{31}}{dt} &= Pa_{21} - Qa_{11} \end{aligned}$$

Altre tre equazioni analoghe alla 25) otterremo proiettando i due membri dell'equazione

$\frac{d\overline{J}_1}{dt} = \widehat{\Omega}_\wedge \overline{J}_1$ ed altre tre dall'equazione $\frac{d\overline{K}}{dt} = \widehat{\Omega}_\wedge \overline{K}$.

Avremo dunque in fine nove equazioni le quali ci danno le derivate dei nove coseni a_{11} a_{12} ecc. in funzione dei coseni stessi e di P, Q, R. Esse sono conosciute in Meccanica col nome di Formule di Poisson, sebbene in realtà appartengano piuttosto ad Eulero (1758).

CAPITOLO III

Statica dei Sistemi Rigidi e Problemi Iperstatici

Nella prima parte del corso, occupandoci della Meccanica Generale, abbiamo già dato le equazioni generali per l'equilibrio dei Sistemi Rigidi; ma ora, valendoci delle nostre cognizioni di cinematica potremo giungervi con un metodo assai più diretto.

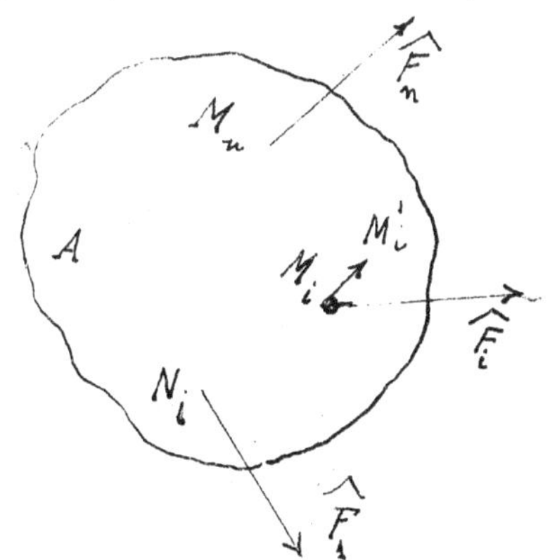

Immaginiamo dunque di avere un corpo o sistema rigido, e supponiamo che ai punti M_1 $M_2 \ldots M_n$ siano applicate le forze $\hat{F}_1$ $\hat{F}_2 \ldots \hat{F}_n$. Indichiamo con x_i y_i z_i le coordinate di M_i e con X_i Y_i Z_i le componenti di $\widehat{F}_i$.

Dando al sistema uno spostamento virtuale arbitrario, il punto M_i andrà in M'_i ponendo allora $M'_i - M_i = \widehat{f}_i$ il lavoro virtuale $\delta\mathcal{L}$ sarà dato dall'equazione

$$1) \quad \delta\mathcal{L} = \sum_1^n \widehat{F}_i \times \widehat{f}_i$$

Per l'equilibrio è necessario e sufficiente che sia

$$2) \quad \delta\mathcal{L} = 0$$

giacchè, se il corpo rigido è interamente libero, tutti gli spostamenti virtuali sono invertibili.

Se noi prendiamo un punto A, per es. l'origine, come centro di riduzione, la velocità virtuale $\widehat{V}_i$ del punto M_i sarà data, come abbiamo visto in cinematica, dall'equazione:

$$3) \quad \widehat{V}_i = \widehat{V}_A + (A - M_i)_\wedge \widehat{\Omega}$$

Ora lo spostamento virtuale di ogni punto del corpo rigido è proporzionale alla sua velocità virtuale, onde $\widehat{f}_i$ sarà uguale a $\widehat{V}_i$ moltiplicata per una quantità scalare λ. Perciò la 1) diviene, tenendo presente la 2)

$$4)\quad \sum_1^n \widehat{F}_i \times \lambda\left[\widehat{V}_A + (A-M_i)\wedge\widehat{\Omega}\right]=0$$

Portando la costante λ fuori del segno di sommazione e dividendo tutto per λ avremo allora:

$$5)\quad 0=\sum_1^n \widehat{F}_i\times\left[\widehat{V}_A+(A-M_i)\wedge\widehat{\Omega}\right]=\widehat{V}_A\times\sum_1^n\widehat{F}_i+\sum_1^n\widehat{F}_i\times\left[(A-M_i)\wedge\widehat{\Omega}\right]$$

Ma poichè lo spostamento virtuale è arbitrario, i due vettori $\widehat{V}_A$ ed $\widehat{\Omega}$ sono in nostro arbitrio. Se per es. facciamo $\widehat{\Omega}=0$ e prendiamo $\widehat{V}_A$ differente da zero la 5) diviene:

$$6)\quad \widehat{V}_A\times\sum_1^n\widehat{F}_i=0$$

E poichè essa deve essere verificata qualunque sia il vettore $\widehat{V}_A$, accorre che si abbia

$$7)\quad \sum_1^n\widehat{F}_i=0$$

cioè <u>la somma geometrica delle forze applicate deva essere uguale a zero</u>.

Facciamo ora invece $\widehat{V}_A$ uguale a zero e prendiamo $\widehat{\Omega}$ differente da zero: la 5) ci dà allora:

$$8)\quad \sum_1^n\widehat{F}_i\times\left[(A-M_i)\wedge\widehat{\Omega}\right]=0$$

Per eseguire ora questo prodotto vettoriale ricordiamo che se $\widehat{P}$ $\widehat{Q}$ ed $\widehat{R}$ sono tre vettori si ha identicamente:

$$9)\quad \widehat{P}\times\left[\widehat{Q}\wedge\widehat{R}\right]=\left[\widehat{P}\wedge\widehat{Q}\right]\times\widehat{R}$$

proprietà conosciuta col nome di "Teorema dello scambio dei segni di prodotto".
La 8) diviene allora:

$$10)\quad 0=\sum_1^n \left[\widehat{F}_i \wedge (A-M_i)\right] \times \widehat{\Omega} = \widehat{\Omega} \times \sum_1^n \widehat{F}_i \wedge (A-M_i)$$

E poichè essa deve annullarsi qualunque sia Ω occorre che si abbia:

$$11)\quad \sum_1^n \widehat{F}_i \wedge (A-M_i) = 0$$

cioè il momento delle forze rispetto all'origine deve essere uguale a zero.

Abbiamo così ritrovate le due equazioni vettoriali per l'equilibrio dei corpi rigidi. Proiettando la 7) e la 11) sopra i tre assi si otterrebbero di nuovo le sei equazioni scalari.

Accade alle volte che le incognite sono in numero maggiore di sei. Il problema allora si chiama iperstatico e a prima vista sembrerebbe indeterminato, giacchè noi disponiamo per la sua soluzione, soltanto di sei equazioni. Ma in pratica questa indeterminazione non esiste. Abbiamo infatti considerare che il corpo perfettamente rigido è puramente ideale; in natura tutti i corpi sono deformabili e queste deformazioni avvengono con la legge di Hooke (1660) cioè sono proporzionali alle forze che le producono. Tenendo presente questo fatto si possono ottenere le equazioni mancanti ed il problema diviene determinato. Qualche esempio servirà a rendere più chiaro questo procedimento.

Es. I - Una porta pesante è in equilibrio sopra i suoi cardini - Trovare le reazioni dei cardini.

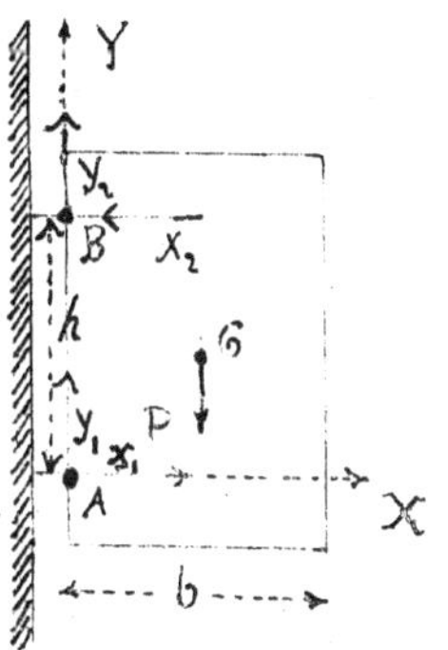

Sia P il peso della porta applicato al suo baricentro G, siano A e B i cardini ed b la loro distanza. Prendiamo come origine il punto A, l'asse X orizzontale e l'asse Y verticale. La reazione esercitata sulla porta dal cardine A può essere decomposta in due X_1 Y_1 secondo gli assi; ed analogamente quella esercitata da B si può decomporre in due forze X_2 ed Y_2. In totale dunque avremo quattro forze incognite X_1, Y_1, X_2, Y_2. Ricordando allora le equazioni di equilibrio dei sistemi rigidi piani, avremo:

$$12) \quad \Sigma X_i = X_1 + X_2 = 0$$

$$13) \quad \Sigma Y_i = Y_1 + Y_2 - P = 0$$

$$14) \quad N = -P\frac{b}{2} - hX_2 = 0$$

Abbiamo dunque tre equazioni con quattro incognite ed il problema è quindi iperstatico.

Per trovare una quarta equazione osserviamo allora che in realtà i cardini non sono perfettamente rigidi, ma sotto il peso della porta si abbassano un poco. Chiamando allora con ε_1 ed ε_2 le quantità di cui si abbassano i due cardini, poichè la legge di Hooke insegna che le deformazioni sono proporzionali alle forze agenti, avremo:

$$15) \quad \varepsilon_1 = f_1 Y_1$$

$$16) \quad \varepsilon_2 = f_2 Y_2$$

Ma i due cardini sono uguali e costruiti con lo stesso metallo; quindi i due coefficenti di deformazioni f_1 ed f_2 dovranno essere uguali. Di più essi debbono abbassarsi di quantità uguali ($\varepsilon_1 = \varepsilon_2$) giacchè altrimenti la porta graviterebbe su uno solo di essi. La 15) e la 16) ci danno allora:

$$17) \quad Y_1 = Y_2$$

Abbiamo dunque quattro equazioni per trovare le quattro incognite $X_1\, Y_1\, X_2\, Y_2$; e cioè tre equazioni (12, 13, 14) date dalla Meccanica ed una (17) data dalla legge di Hooke. Risolvendo questo sistema troviamo subito:

$$18) \quad Y_1 = Y_2 = \frac{P}{2}$$

$$19) \quad X_1 = -X_2 = \frac{Pb}{2h}$$

Il problema è così risoluto. Le 18) ci mostrano che la porta gravita ugualmente su ambo i cardini; le 19) poi ci fanno vedere che il cardine inferiore spinge la porta lontana dal muro (poichè X_1 è positiva), mentre il cardine superiore (essendo X_2 negativa) tira la porta verso il muro.

Es. II: Un tavolino rettangolare

a quattro gambe poggia sopra un pavimento orizzontale. Sul tavolino poniamo un forte peso P: si domanda quale parte di esso si scarica su ciascuna delle gambe.

Prendiamo il centro della tavola come origine e gli assi al solito: indichiamo con $2a$ e $2b$ i due lati del tavolino e siano x ed y le coordinate del punto R su cui noi applichiamo il peso P. La tavola allora (trascurando il peso proprio) sarà in equilibrio sotto l'azione del peso P che noi vi abbiamo applicato e delle reazioni delle quattro gambe Q_1 Q_2 Q_3 Q_4.

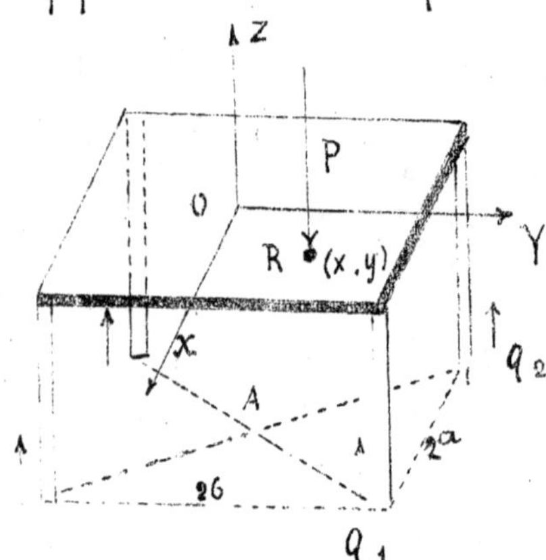

Le equazioni di equilibrio dei sistemi rigidi ci danno allora:

$$20)\quad \Sigma Z_i = Q_1 + Q_2 + Q_3 + Q_4 - P = 0$$

$$21)\quad L = b\,(Q_1 + Q_2 - Q_3 - Q_4) - Py = 0$$

$$22)\quad M = a\,(-Q_1 + Q_2 + Q_3 - Q_4) + Px = 0$$

Le altre tre equazioni $\Sigma X = 0$ $\Sigma Y = 0$ ed $N = 0$ si riducono ad identità, perchè le forze applicate sono tutte parallele all'asse Z. Abbiamo dunque anche qui tre equazioni con quattro incognite (Q_1, Q_2, Q_3, Q_4) ed il problema è quindi iperstatico.

Per trovare una quarta equazione cominciamo allora a considerare che le gambe del tavolino si accorcieranno sotto il peso che sopportano. Se chiamiamo con ε_1 ε_2 ε_3 ε_4 le quantità di cui si contraggono, poichè esse sono uguali e formate della stessa sostanza, avremo per la legge di Hooke:

$$23)\qquad \frac{Q_1}{\varepsilon_1} = \frac{Q_2}{\varepsilon_2} = \frac{Q_3}{\varepsilon_3} = \frac{Q_4}{\varepsilon_4}$$

Se si uniscono i piedi della prima e terza gamba e s'indica con A il punto medio, si vede chiaramente che la distanza OA diminuisce di $\frac{\varepsilon_1 + \varepsilon_3}{2}$

Analogamente considerando il punto A come medio della congiungente i piedi della seconda e quarta gamba, si trova che OA diminuisce di $\frac{\varepsilon_2 + \varepsilon_4}{2}$. Uguagliando allora questi due valori abbiamo:

$$24)\qquad \mathcal{E}_1 + \mathcal{E}_3 = \mathcal{E}_2 + \mathcal{E}_4$$

E poichè le $\mathcal{E}$ sono proporzionali alle Q ne ricaviamo:

$$25)\qquad Q_1 + Q_3 = Q_2 + Q_4$$

Abbiamo dunque trovato quattro equazioni di primo grado tra le quattro incognite Q_1 Q_2 Q_3 Q_4; di cui le prime tre (20, 21, 22) sono date dalla statica, mentre la quarta (25) è data dalla legge di Hooke.

Risolvendole otteniamo immediatamente:

$$26)\qquad \begin{aligned} Q_1 &= \frac{P}{4}\left(1 + \frac{x}{a} + \frac{y}{b}\right) \\ Q_2 &= \frac{P}{4}\left(1 - \frac{x}{a} + \frac{y}{b}\right) \\ Q_3 &= \frac{P}{4}\left(1 - \frac{x}{a} - \frac{y}{b}\right) \\ Q_4 &= \frac{P}{4}\left(1 + \frac{x}{a} - \frac{y}{b}\right) \end{aligned}$$

Così il problema è completamente risoluto.

Discutiamo ora la soluzione e cominciamo a cercare la condizione affinchè Q_3 per es. sia nullo. Se Q_3 è uguale a zero la terza delle 26) ci dà:

$$27) \qquad \frac{x}{a} + \frac{y}{b} = 1$$

Ma questa è l'equazione della retta MN che stacca sugli assi x ed y due segmenti uguali ad a e b. Ripetendo il ragionamento per Q_1 Q_2 e Q_4 troviamo altre tre rette e cioè NM_1 M_1N_1 ed N_1M le quali formano un rombo, i cui vertici sono precisamente i punti medi del rettangolo $Q_1\,Q_2\,Q_3\,Q_4$. Tale rombo ha le seguenti proprietà:

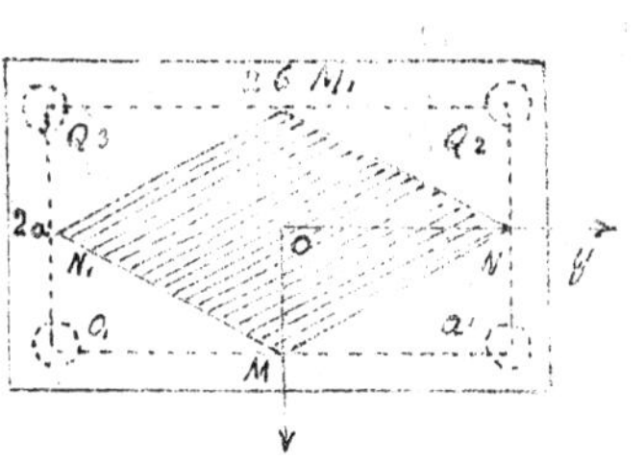

1) Se il peso P viene posato in un punto interno ad esso, allora P si ripartisce sulle quattro gambe, giacchè le 26) mostrano che in tal caso tutte le Q riescono positive.

2) Se il peso P viene collocato sopra un lato del rombo, per es. sul lato MN, allora la gamba opposta, per es. Q_3 non risente alcun carico. Infatti le 26) mostrano che una delle Q si riduce allora a zero.

3) Se infine P collocato esternamente ad un lato del rombo, la gamba opposta ha pressione negativa, cioè se il suo piede per

es. fosse incollato al pavimento, esso tenderebbe a distaccarsene. Infatti le 26) ci mostrano allora che una delle Q riesce negativa.

Questo rombo si chiama col nome di Nocciolo Centrale del tavolino; e noi vediamo che affinchè un peso graviti sulle quattro gambe esso deve essere collocato nell'interno del nocciolo centrale.

Nella meccanica applicata alle costruzioni queste nozioni verranno estese al caso generale, e si daranno le regole per trovare il nocciolo centrale di un pilastro avente una sezione qualsiasi.

CAPITOLO IIII

Dinamica dei Sistemi Rigidi

Preliminari.

Nella parte generale della Meccanica abbiamo dato i teoremi fondamentali della Dinamica, applicabili a tutti i sistemi. Ora ci occuperemo in modo particolare del movimento di un corpo rigido intorno ad un asse fisso, di quello intorno ad un punto fisso, ed infine del moto di un corpo rigido interamente libero.

1. Pendolo composto

Per ciò che riguarda il moto di un corpo rigido intorno ad un punto fisso, ha per noi speciale importanza il pendolo composto, e di esso principalmente ci occuperemo.

Chiameremo dunque pendolo composto ogni corpo rigido il quale ruoti intorno ad un asse fisso, sotto l'azione soltanto del proprio peso. All'asse di rotazione si da poi il nome di asse di sospensione e noi l'indicheremo con s.

Cominciamo a distinguere due casi secondo che l'asse fisso è, o no, orizzontale; e prendiamo ad occuparci del primo.

Immaginiamo dunque di avere un corpo rigido (per es. il pendolo di un orologio) il quale ruoti intorno all'asse s sotto l'azione del proprio peso. Supponiamo, per semplicità, s normale al piano del foglio; e dal centro di gravità G del pendolo abbassiamo la perpendicolare ad s, ed indichiamo con S il punto d'incontro. Chiamando allora con h la lunghezza del segmento GS, con ϑ l'angolo che

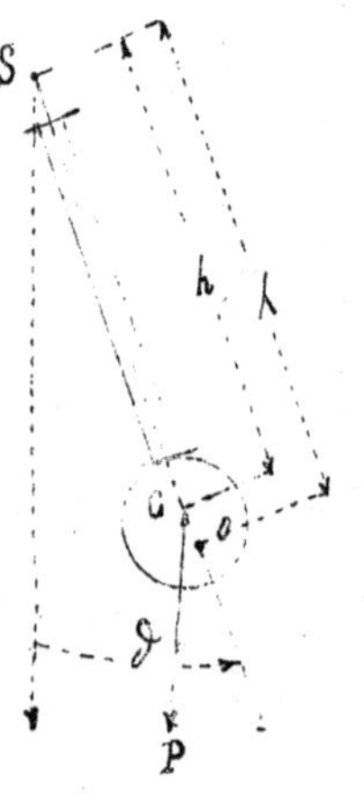

esso forma con la verticale e con I_s il momento d'inerzia del pendolo rispetto all'asse s, il momento della quantità di moto del sistema sarà uguale ad $I_s \frac{d\vartheta}{dt}$.

D'altra parte le uniche forze agenti sono la reazione dell'asse s, ed il peso P del pendolo applicato in G; il momento delle forze rispetto ad s è dunque uguale a $-Pb \operatorname{sen} \vartheta$, come risulta dalla figura.

Ricordando quindi il teorema fondamentale secondo cui la derivata del momento della quantità di moto è uguale al momento delle forze; avremo l'equazione:

$$1) \quad -Pb \operatorname{sen} \vartheta = \frac{d}{dt}\left(I_s \frac{d\vartheta}{dt}\right) = I_s \frac{d^2\vartheta}{dt^2}$$

da cui ricaviamo:

$$2) \qquad \frac{d^2\vartheta}{dt^2} + \frac{Pb}{I_s} \operatorname{sen} \vartheta = 0$$

Ma il peso P del pendolo è uguale alla sua massa M moltiplicata per g: l'equazione 2) può dunque scriversi sotto la forma:

$$3) \qquad \frac{d^2\vartheta}{dt^2} + \frac{Mgb}{I_s} \operatorname{sen} \vartheta = 0$$

Ed ora per brevità poniamo:

$$4) \qquad \frac{I_s}{Mh} = \lambda$$

poichè I_s ha le dimensioni $[ML^2]$ ed h è una lunghezza, ne risulta che anche λ sarà una lunghezza. La 3) diviene allora:

$$5) \qquad \frac{d^2\vartheta}{dt^2} + \frac{g}{\lambda} \operatorname{sen} \vartheta = 0$$

Se paragoniamo questa equazione con l'equazione 79) della pag 397 vediamo subito che il pendolo composto si muove come un pendolo semplice di lunghezza λ. La durata di una piccola oscillazione è dunque data dalla formula: $T = \pi\sqrt{\frac{\lambda}{g}}$.

Portando sulla retta SG, a partire da S, un segmento di lunghezza λ arriveremo ad un certo punto O il quale si chiama in meccanica col nome di Centro di oscillazione. Infatti essendo $SO = \lambda$ il nostro pendolo composto si muoverà come se tutta la sua massa fosse concentrata in O, od in altre parole, come un pendolo semplice uguale ad SO. La retta condotta per O parallelamente all'asse di sospensione si chiamа asse di oscillazione.

È facile dimostrare che il punto O cade al disotto del baricentro G, o in altre parole che λ è maggiore di h.

Infatti conducendo da G una retta γ parallela ad s avremo, per una nota formola sui momenti d'inerzia:

$$6) \qquad I_s = I_\gamma + M h^2$$

La 4) diviene quindi:

$$7) \qquad \lambda = h + \frac{I_\gamma}{M h}$$

Dunque λ è maggiore di h, e precisamente il centro di oscillazione O si trova al disotto del baricentro G di un segmento uguale ad $\frac{I_\gamma}{M h}$. Questo teorema importantissimo è dovuto al matematico olandese Cristiano Huygens, il quale trovò ed espose la teoria generale del pendolo nella sua celebre opera Horologium oscillatorium (1673).

Tutto ciò vale nel caso in cui l'asse di sospensione sia orizzontale, come avviene nei comuni orologi a pendolo. Passiamo ora al caso in cui esso sia inclinato.

Immaginiamo dunque un corpo rigido pesante il quale si muova intorno ad un asse fisso s, inclinato con l'orizzonte di un angolo α. Indicando allora con G il baricentro, potremo decomporre il peso del corpo P in esso applicato in due forze: $P \operatorname{sen} \alpha$ e $P \cos \alpha$. La prima di esse, essendo parallela all'asse s non ha alcuna azione, giacchè il corpo può ruotare intorno ad s ma non scorrere lungo s.

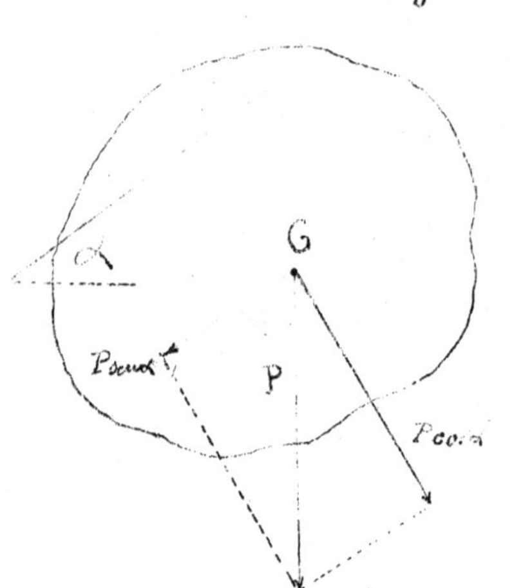

Resta allora l'altra forza $P \cos \alpha$ normale all'asse stesso, e potremo quindi ripetere il ragionamento già fatto sostituendo però $P \cos \alpha$ al posto di P, o ciò che è lo stesso, $g \cos \alpha$ al posto di g. In tal modo si trova immediatamente che il tempo di una piccola oscillazione è dato dalla formula:

$$T = \pi \sqrt{\frac{\lambda}{g \cos \alpha}}$$

Ne risulta che se l'angolo α è prossimo a 90°, cioè se l'asse S è quasi verticale, il tempo T sarà assai lungo. Il pendolo oscilla allora in un piano quasi orizzontale e perciò viene chiamato in Meccanica col nome di Pendolo orizzontale. Questi pendoli sono effettivamente usati nei grandi Osservatorî moderni per lo studio dei terremoti e per le deviazioni della verticale, dovute all'attrazione della luna: ma la mancanza di spazio c'impedisce di entrare in maggiori dettagli. Termineremo l'argomento esponendo un teorema dovuto ad Huygens, il quale ha grande importanza nella Geodesia moderna, giacchè su di esso si basa un metodo per la misura assoluta della gravità.

Immaginiamo dunque di avere un pendolo composto: per fissare le idee supponiamo per es. il pendolo di un orologio. Sia S il centro di sospensione, G il baricentro, ed O il centro di oscillazione. Facciamo oscillare il nostro pendolo e quindi capovoltiamo e facciamolo oscillare di nuovo intorno ad un asse orizzontale o passante per O. Sia T la durata di un'oscillazione nel primo caso, e T' nel secondo. Il teorema di Huygens dice che T è uguale a T'.

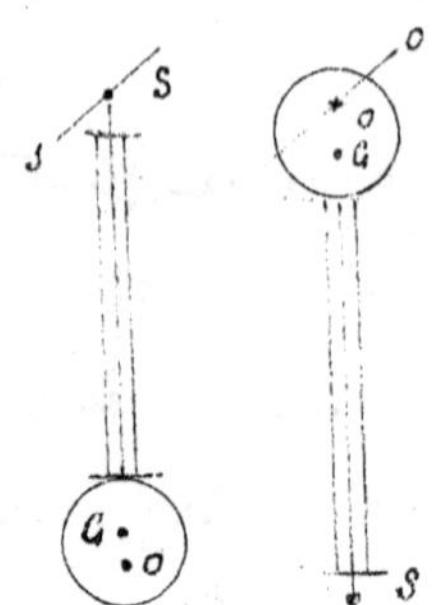

Per dimostrarlo ricordiamo che si ha:

$$8)\quad T = \pi\sqrt{\frac{\lambda}{g}}$$

$$9)\quad T' = \pi\sqrt{\frac{\lambda'}{g}}$$

da cui, dividendo membro a membro, otteniamo:

$$10)\quad \frac{T}{T'} = \sqrt{\frac{\lambda}{\lambda'}}$$

Ma noi abbiamo:

$$11)\quad \lambda = \frac{I_s}{M.\overline{SG}}$$

$$12)\quad \lambda' = \frac{I_o}{M.\overline{OG}}$$

dove con $\overline{SG}$ ed $\overline{OG}$ indichiamo brevemente le lunghezze dei segmenti SG ed OG e dove abbiamo per noti teoremi sui momenti d'inerzia:

$$13)\quad I_s = I_g + M.\overline{SG}^2$$

$$14)\quad I_o = I_g + M.\overline{OG}^2$$

Sostituendo quindi in 11) e 12) otterremo:

$$15)\quad \lambda = \frac{I_g + M.\overline{SG}^2}{M.\overline{SC}}$$

$$16)\quad \lambda' = \frac{I_g + M.\overline{OG}^2}{M.\overline{OG}}$$

D'altra parte, SG è uguale ad h, ed $\overline{OG}$ secondo la 7) è uguale a $\frac{I_g}{Mh}$: le 15) e le 16) ci danno dunque:

$$17)\quad \lambda = \frac{I_g + M h^2}{M h}$$

$$18)\quad \lambda' = \frac{I_g + \frac{I_g^2}{Mh^2}}{\frac{I_g}{h}} = \frac{I_g.Mh^2 + I_g^2}{I_g.Mh} = \frac{I_g + Mh^2}{Mh}$$

cioè, confrontando, $\lambda = \lambda'$.

La 10) diviene dunque:

$$19)\quad \frac{T}{T'} = \sqrt{\frac{\lambda}{\lambda}} = 1$$

da cui ricaviamo:

$$20)\quad T = T'$$

come dovevamo dimostrare.

Questo teorema (chiamato in Meccanica col nome di Teorema di Reversibilità del Pendolo composto) ha grande importanza per la misura assoluta del valore di g. Su di esso è fondato il pendolo riversibile, dovuto a Kater (1818), usato nella Geodesia moderna e spesso indicato col nome di Pendolo Geodetico.

Es. I. Un'asta rigida omogenea SB lunga 1 m. oscilla intorno ad un asse orizzontale applicato al suo estremo superiore S. Trovare il centro di oscillazione O, e la durata di una piccola oscillazione.

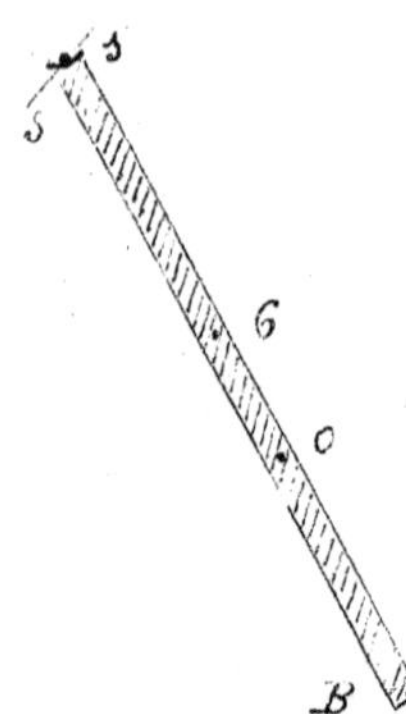

Indicando con l la lunghezza dell'asta, poichè il suo baricentro G è nel punto di mezzo avremo $h = \frac{l}{2}$. D'altra parte dalla teoria dei momenti d'inerzia ricaviamo $I_g = \frac{Ml^2}{12}$: la 7 ci dà quindi:

$$21) \quad \lambda = h + \frac{I_g}{Mh} = \frac{l}{2} + \frac{Ml^2/12}{Ml/2} = \frac{l}{2} + \frac{l}{6} = \frac{2}{3}l$$

Il centro di oscillazione O si trova dunque ai due terzi della lunghezza dell'asta, a partire dall'estremo superiore S.

La durata di una piccola oscillazione è quindi uguale a:

$$22) \quad T = \pi\sqrt{\frac{\lambda}{g}} = \pi\sqrt{\frac{2l}{3g}}$$

Prendendo per unità di lunghezza il metro, e per unità di tempo il minuto secondo, abbiamo $l = 1$, $g = 9,80$ da cui ricaviamo:

$$23) \quad T = \pi\sqrt{\frac{2}{29,4}} = 0,82$$

La durata di un'oscillazione è dunque uguale a secondi 0,82.

Es. II_ Una porta rettangolare larga 1 m. oscilla intorno alla linea dei cardini s, la quale fa con la verticale un angolo di 30°. Trovare la durata di una piccola oscillazione.

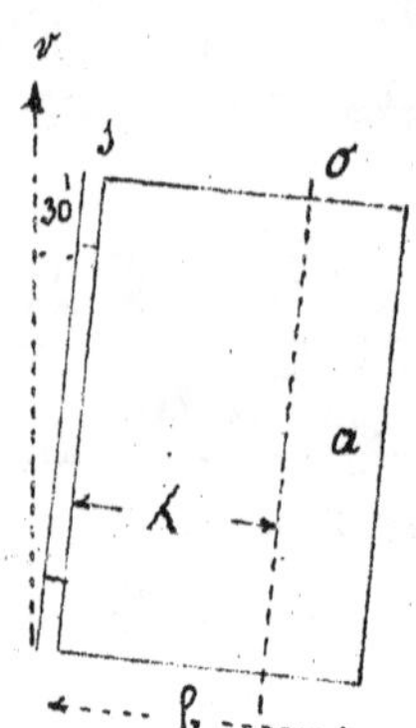

In questo caso l'asse di sospensione è la stessa linea dei cardini s. Ripetendo allora il ragionamento precedente vediamo subito che l'asse di oscillazione o, è parallela ad s, è distante da esso di un segmento uguale ai due terzi della larghezza della porta. Indicando questa larghezza con b avremo quindi: $\lambda = \frac{2}{3} b$. D'altra parte l'asse di sospensione è inclinato all'orizzonte di 89° 30' e quindi la nota formula ci dà:

$$24) \quad T = \pi \sqrt{\frac{\lambda}{g \cos \alpha}} = \pi \sqrt{\frac{2b}{3g \cos 89° 30'}}$$

Prendendo per unità di lunghezza il metro e per unità di tempo il secondo, avremo b = 1 e quindi

$$25) \quad T = \pi \sqrt{\frac{2}{3 \cdot 9{,}80 \cdot \cos 89° 30'}} = 8{,}8$$

La durata di un'oscillazione è dunque uguale a secondi 8,8.

2. Moto di un corpo rigido intorno ad un punto fisso.

Lo studio della Dinamica dei sistemi rigidi mobili intorno ad un punto fisso, fu cominciato dal D'Alembert nella sua opera sopra la Precessione degli equinozi (1749) e grandemente sviluppato da Eulero, al quale sono dovute le equazioni fondamentali del movimento (1749) Ulteriori contribuiti e perfezionamenti furono poi portati dal Lagrange, dal Poinsot (1834) e da Sofia Kowalewski (1889) sotto la guida del suo maestro Weierstrass.

Cominciamo dunque a considerare un corpo rigido mobile intorno ad un punto fisso O, che sceglieremo come origine, Facciamo poi partire da O due terne di assi ortogonali X Y Z ed x y z la prima fissa nello spazio e l'altra collegata col corpo e coincidente con i tre assi principali d'inerzia relativi al punto O; siano φ ψ ϑ i tre angoli di Eulero che individuano la posizione della terna mobile rispetto a quella fissa.

Come abbiamo visto in Cinematica il corpo ruoterà in ogni istante intorno ad una certa retta s uscente da O con velocità angolare ω; la sua forza viva T è quindi data dall'equazione $T = \frac{1}{2} I_s \omega^2$.

D'altra parte se indichiamo con α β e γ gli angoli che s forma con i tre assi mobili x y z, e supponiamo, come abbiamo detto che x y z siano gli assi principali d'inerzia relativi ad O, avremo per un noto teorema

$$1) \qquad I_s = A \cos^2\alpha + B \cos^2\beta + C \cos^2\gamma$$

dove A B C sono i momenti principali di inerzia. La forza viva del corpo diviene allora uguale a.

$$2) \qquad T = \frac{1}{2} I_s \omega^2 = \frac{1}{2} \omega^2 (A \cos^2\alpha + B \cos^2\beta + C \cos^2\gamma)$$

Indicando ora con $\widehat{\Omega}$ il vettore rotazione e con p, q, ed r le sue proiezioni sugli assi x y z poichè $\widehat{\Omega}$ si trova su s, avremo:

$$3)\quad \begin{aligned} p &= \omega \cos \alpha \\ q &= \omega \cos \beta \\ r &= \omega \cos \mu \end{aligned}$$

e quindi la 2) si riduce a

$$4)\quad T = \frac{1}{2}\left[A p^2 + B q^2 + C r^2\right]$$

Cerchiamo ora di determinare p q ed r in funzione dei tre angoli di Eulero. A tale fine cominciamo a dimostrare che il vettore rotazione $\widehat{\Omega}$ si può scomporre in tre vettori e cioè:

1) Uno $\widehat{U}$ di modulo $\frac{d\psi}{dt}$ diretto lungo l'asse Z nel senso positivo.

2) Il secondo $\widehat{V}$ di modulo $\frac{d\varphi}{dt}$ diretto lungo z nel senso positivo

3) Il terzo $\widehat{W}$ di modulo $\frac{d\vartheta}{dt}$ diretto lungo OA nel senso positivo.

Infatti in un dato istante i tre angoli di Eulero avranno i valori φ ψ e ϑ; e nell'istante successivo $t + dt$ i valori $\varphi + d\varphi$, $\psi + d\psi$ e $\vartheta + d\vartheta$.

Lo spostamento del corpo nell'intervallo di tempo dt può dunque ottenersi

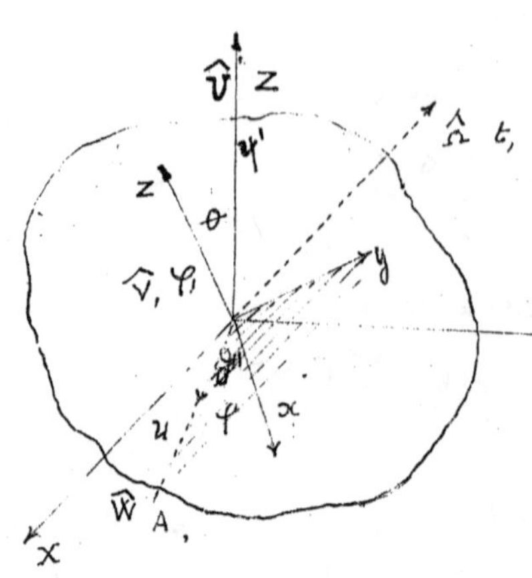

. dando a ψ l'incremento $d\psi$, poi a φ l'incremento $d\varphi$ ed infine a ϑ l'incremento $d\vartheta$.

Ora quando noi aumentiamo ψ di $d\psi$, senza alterare φ e ϑ, il corpo ruota di un angolo infinitesimo $d\psi$ intorno all'asse Z, come appare immediatamente dalla figura. E poichè questa rotazione si compie in un tempo dt, la velocità angolare sarà uguale a $\frac{d\psi}{dt}$.

Analogamente vediamo che tenendo fermi ψ e ϑ ed incrementando φ di $d\varphi$ il corpo ruota di un angolo $d\varphi$ intorno a z; e poichè la rotazione avviene in un tempo dt, la velocità angolare sarà uguale a $\frac{d\varphi}{dt}$ ecc. Per brevità indicheremo le derivate rispetto al tempo con un accento scrivendo quindi φ' ψ' ϑ' invece di $\frac{d\varphi}{dt}$ $\frac{d\psi}{dt}$ e $\frac{d\vartheta}{dt}$.

Ed ora per trovare p basta proiettare $\widehat{\Omega}$ (o ciò che è lo stesso, i tre vettori componenti $\widehat{U}$ $\widehat{V}$ e $\widehat{W}$) sull'asse x.

Osserviamo che $\widehat{V}$ è normale ad x poichè esso giace sull'asse z: la sua proiezione è dunque uguale a zero. Avremo dunque:

$$5) \qquad p = \frac{d\psi}{dt}\cos z x + \frac{d\vartheta}{dt}\cos\varphi$$

Ma il coseno dell'angolo zx, che noi avevamo in Cinematica indicato con a_{31} è uguale a sen ϑ sen φ come risulta dall'equazione 10) del §2 della Cinematica dei corpi rigidi. La 5) diviene dunque:

$$6) \qquad p = \psi' \operatorname{sen}\vartheta \operatorname{sen}\varphi + \vartheta' \cos\varphi$$

Analogamente per ottenere q basta proiettare $\widehat{\Omega}$ oppure $\widehat{U}$ $\widehat{V}$ e $\widehat{W}$ sull'asse y. Ma $\widehat{V}$ è normale ad y e quindi ci resta

$$7) \quad q = \frac{d\psi}{dt}\cos z y + \frac{d\vartheta}{dt}\cos(OA, y)$$

Ma l'angolo che OA forma con y come appare dalla figura è uguale a $90+\varphi$; abbiamo dunque:

8) $\cos(OA, y) = \cos(90+\varphi) = -\operatorname{sen}\varphi$

D'altra parte in cinematica (§ 2, equazione 11) abbiamo visto che $\cos Zy$ cioè a_{32} è uguale a $\operatorname{sen}\vartheta\cos\varphi$. La 7) diviene quindi:

9) $q = \psi' \operatorname{sen}\vartheta\cos\varphi - \vartheta' \operatorname{sen}\varphi$.

Infine per ottenere r basta proiettare $\widehat{U}$ $\widehat{V}$ e $\widehat{W}$ su z. Ma $\widehat{V}$ si trova già su z, $\widehat{W}$ è normale a z; ed $\widehat{U}$ fa infine con z un angolo uguale a ϑ. Abbiamo dunque immediatamente

10) $r = \psi' \cos\vartheta + \varphi'$

In tal modo vediamo come conoscendo gli angoli di Eulero è facile calcolare p q ed r e quindi T per mezzo della 4).

Troviamo ora le formole del moto, ed a tal fine serviamoci delle equazioni di Lagrange.

$$\frac{d}{dt}\frac{\partial T}{\partial q_1'} - \frac{\partial T}{\partial q_1} = Q_1$$

ecc, le quali sono applicabili come abbiamo detto ad ogni problema di Dinamica quando i vincoli sono olonomi. Cominciamo con lo scegliere quali parametri gli angoli di Eulero e precisamente facciamo $\varphi = q_1$, $\psi = q_2$, e $\vartheta = q_3$.

Allora per trovare $\frac{\partial T}{\partial q'_1}$ dovremo derivare T rispetto a φ'; ma T è funzione di φ' pel tramite di p q ed r. Avremo dunque con le note regole del calcolo.

$$11)\quad \frac{\partial T}{\partial \varphi'} = \frac{\partial T}{\partial p}\frac{\partial p}{\partial \varphi'} + \frac{\partial T}{\partial q}\frac{\partial q}{\partial \varphi'} + \frac{\partial T}{\partial r}\frac{\partial r}{\partial \varphi'}$$

Ora la 4) dà immediatamente:

$$12)\qquad \frac{\partial T}{\partial p} = Ap$$

$$13)\qquad \frac{\partial T}{\partial q} = Bq$$

$$14)\qquad \frac{\partial T}{\partial r} = Cr$$

D'altra parte dalla 6) dalla 9) e dalla 10) ricaviamo:

$$15)\qquad \frac{\partial p}{\partial \varphi'} = 0$$

$$16)\qquad \frac{\partial q}{\partial \varphi'} = 0$$

$$17)\qquad \frac{\partial r}{\partial \varphi'} = 1$$

Sostituendo quindi nella 11) otteniamo:

$$18) \quad \frac{\partial T}{\partial \varphi'} = C r$$

Calcoliamo ora $\frac{\partial T}{\partial \varphi}$; a tal fine col solito metodo avremo:

$$19) \quad \frac{\partial T}{\partial \varphi} = \frac{\partial T}{\partial p} \frac{\partial p}{\partial \varphi} + \frac{\partial T}{\partial q} \frac{\partial q}{\partial \varphi} + \frac{\partial T}{\partial r} \frac{\partial r}{\partial \varphi}$$

e dalla 6) 9) e 10) otteniamo:

$$20) \quad \frac{dp}{\partial \varphi} = \psi' \operatorname{sen} \vartheta \cos \varphi - \vartheta' \operatorname{sen} \varphi = q$$

$$21) \quad \frac{\partial q}{\partial \varphi} = -\psi' \operatorname{sen} \vartheta \operatorname{sen} \varphi - \vartheta' \cos \varphi = -p$$

$$22) \quad \frac{\partial r}{\partial \varphi} = 0$$

La 19) ci dà dunque:

$$23) \quad \frac{dT}{\partial \varphi} = A p q - B p q = (A - B) p q$$

Per completare il calcolo resta ora a trovare Q_1 il quale, come sappiamo dalla Dinamica Generale, è uguale a

$$\Sigma \left(X_i \frac{\partial x_i}{\partial q_1} + Y_i \frac{\partial y_i}{\partial q_1} + Z_i \frac{\partial z_i}{\partial q_1} \right)$$

cioè a $\Sigma \left(X_i \frac{\partial x_i}{\partial \varphi} + Y_i \frac{\partial y_i}{\partial \varphi} + Z_i \frac{\partial z_i}{\partial \varphi} \right)$ dove con

X_i Y_i Z_i avevamo indicato le componenti delle forze applicate $\hat{F}_i$ e con x_i y_i z_i le coordinate dei loro punti di applicazione P_i. In linguaggio vettoriale, chiamando con $\hat{\delta}_i$ lo spostamento di P_i quando si aumenta φ di $d\varphi$ (cioè quando facciamo ruotare il corpo di un angolo infinitesimo $d\varphi$ intorno a z) avremo $Q_1 = \dfrac{\Sigma \hat{F} \times \delta_i}{d\varphi}$

Poichè in tal caso P_i descrive un piccolo arco di cerchio intorno all'asse z e quindi $\hat{\delta}_i$ è normale a z risulta immediatamente che il secondo membro è uguale al momento delle forze rispetto a z stesso. Noi lo indicheremo con N.

Ed allora in virtù della 18) e della 23) la nostra equazione di Lagrange diviene:

$$C \frac{dr}{dt} - (A - B) p q = N$$

Effettuando una permutazione circolare si ottengono altre due equazioni per p e q. Come risultato dunque avremo le tre equazioni:

$$A \frac{dp}{dt} - (B - C) q r = L$$

24) $$B \frac{dq}{dt} - (C - A) p r = M$$

$$C \frac{dr}{dt} - (A - B) p q = N$$

dove L, M ed N indicano i momenti delle forze applicate rispetto ad x, y, z. Le 24) che sono fondamentali per lo studio del movimento dei sistemi rigidi intorno ad un punto fisso, vengono chiamate in meccanica col nome di Equazioni di Eulero.

Es. I - Dimostrare che un corpo rigido avente un punto fisso O, e non sottomesso ad alcuna forza, può ruotare permanentemente soltanto intorno ai tre assi principali d'inerzia uscenti da O.

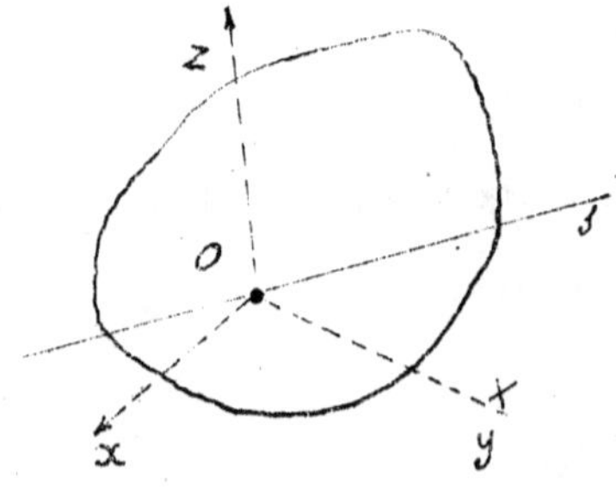

Sia un corpo rigido avente un punto fisso O e non sottomesso ad alcuna forza; supponiamo se è possibile

che esso ruoti permanentemente intorno ad una retta s. Poichè il lavoro delle forze è nullo, la forza viva $T = \frac{1}{2} I_s \omega^2$ sarà <u>costante</u>, e quindi anche ω dovrà essere <u>costante</u>.
Ciò posto conduciamo per O i tre assi principali d'inerzia $x_i\ y_i\ z_i$ e chiamiamo $\alpha\ \beta$ e γ gli angoli che essi formano con s. È chiaro che nel movimento ciascuno degli assi descriverà un cono rotondo intorno ad s, e quindi α. β e γ saranno <u>costanti</u>.

Avremo allora proiettando il vettore rotazione $\widehat{\Omega}$ su $x\ y\ z$:

$$25)\qquad p = \omega \cos\alpha$$

$$26)\qquad q = \omega \cos\beta$$

$$27)\qquad r = \omega \cos\gamma$$

Ne risulta che $p\ q$ ed r saranno anche essi costanti e quindi che le loro derivate $\frac{dp}{dt}$, $\frac{dq}{dt}$ $\frac{dr}{dt}$ <u>saranno uguali a zero</u>.
D'altra parte poichè non vi è alcuna forza applicata, è chiaro che anche i momenti delle forze $L\ M$ ed N saranno tutte e tre uguali a zero.

Le 24) allora diverranno nel nostro

caso:

$$25)\quad \begin{cases} (B-C)\ \omega^2 \cos\beta \cos\gamma = 0 \\ (C-A)\ \omega^2 \cos\gamma \cos\alpha = 0 \\ (A-B)\ \omega^2 \cos\alpha \cos\beta = 0 \end{cases}$$

ed affinchè esse siano soddisfatte, due almeno dei tre coseni dovranno essere uguali a zero. Allora:

1) Se $\cos\alpha$ e $\cos\beta$ sono ambedue nulli, la retta s essendo perpendicolare all'asse x e all'asse y coinciderà con z.

2) Se $\cos\beta$ e $\cos\gamma$ sono zero, s coinciderà con x.

3) Se infine $\cos\gamma$ e $\cos\alpha$ sono nulli, s coinciderà con y.

Dunque se un corpo rigido avente un punto fisso e non sottomesso ad alcuna forza, ruota permanentemente intorno ad una retta s, questa retta coincide con uno degli assi principali d'inerzia uscenti dal punto fisso.

Es. II. Moto alla Poinsot.

Immaginiamo ancora di avere un corpo rigido avente un punto fisso O e non sottomesso ad alcuna forza, ed imprimiamogli una rotazione intorno ad una retta s che <u>non</u> coincida con nessuno dei tre assi principali d'inerzia relativi ad O. Per il teorema dimostrato nell'es. I è chiaro allora che il corpo <u>non</u> può ruotare permanentemente intorno ad <u>s</u>; cioè la retta s dovrà spostarsi sia nel corpo (descrivendo il cono polare mobile) sia nello spazio (descrivendo il cono polare fisso).

Vediamo adunque come avviene il movimento.

Lo studio di questo problema è dovuto ad Eulero, il quale ne diede la soluzione per mezzo delle funzioni ellittiche. Più tardi Poinsot (1834) arrivò alla stessa soluzione con una costruzione geometrica semplice ed elegante; e per tale ragione i meccanici hanno chiamato il movimento di un corpo rigido, in assenza di forze, col nome di <u>Moto alla Poinsot.</u>

<u>Intanto,</u> poichè non vi sono forze.

la forza viva sarà costante, e quindi la 4) ci dà:

$$26)\quad Ap^2 + Bq^2 + Cr^2 = h$$

dove h è una costante evidentemente positiva, essendo positivo il primo membro.

D'altra parte, mancando sempre le forze, il loro momento $\widehat{M}_0$ rispetto all'origine sarà uguale a zero, e quindi per l'equazione 27) della pag 356) il momento della quantità di moto del corpo $\widehat{K}$ sarà <u>costante</u>. Ora la quantità di moto, come abbiamo visto nella prima parte, è uguale

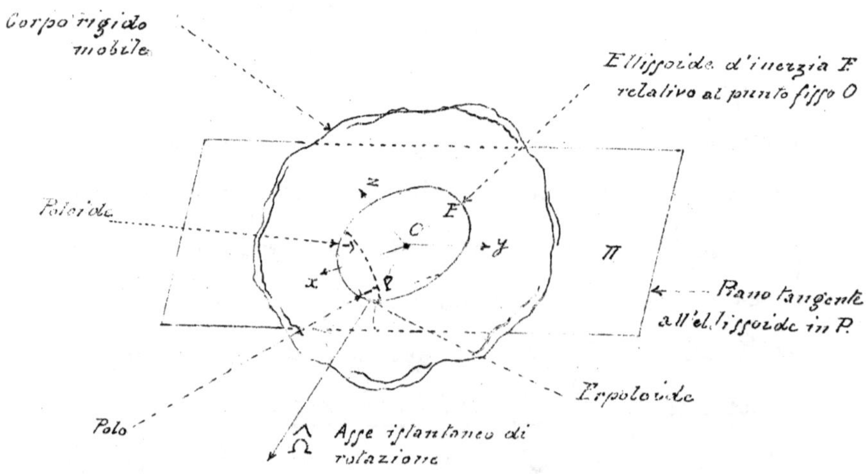

al momento d'inerzia per la velocità angolare, ed i momenti d'inerzia rispetto ai tre assi sono A, B e C mentre le velocità angolari sono p, q, ed r. Le componenti di $\widehat{K}$ sono dunque uguali ad Ap, Bq e Cr. Indicando perciò con K il suo modulo (costante) avremo:

$$27)\quad A^2p^2 + B^2q^2 + C^2r^2 = K^2$$

mentre i coseni che $\widehat{K}$ forma con i tre assi saranno uguali rispettivamente ad

$$28)\quad \cos(K, x) = \frac{Ap}{K}$$

$$29)\quad \cos(K, y) = \frac{Bq}{K}$$

$$30)\quad \cos(K, z) = \frac{Cr}{K}$$

Ciò posto disegnamo il nostro corpo rigido e costruiamo l'ellissoide d'inerzia E relativa al punto fisso O, la cui equazione, come sappiamo, è:

$$31)\quad Ax^2 + Bx^2 + Cz^2 = 1$$

e conduciamo l'asse istantaneo di rotazione il quale taglierà l'ellissoide E in un certo punto P. Poinsot chiama questo punto col nome di <u>Polo</u> e costruisce il piano π tangente all'ellissoide in P. Indicando con X Y. Z le coordinate del polo P, l'equazione del piano π tangente all'ellissoide 31) sarà allora:

$$32)\quad Ax X + By Y + Cz Z = 1.$$

Ricordando le formule elementari della geometria analitica, vediamo quindi che la distanza D di π dell'origine O, sarà uguale a:

$$33)\quad D = \frac{1}{\sqrt{A^2X^2 + B^2Y^2 + C^2Z^2}}$$

mentre i coseni che la normale n al piano π forma con i tre assi, saranno dati dalle formule:

$$34)\quad \cos(n, x) = \frac{AX}{\sqrt{A^2X^2 + B^2Y^2 + C^2Z^2}}$$

$$35)\quad \cos(n, y) = \frac{AY}{\sqrt{A^2X^2 + B^2Y^2 + C^2Z^2}}$$

$$36)\quad \cos(n, z) = \frac{AZ}{\sqrt{A^2X^2 + B^2Y^2 + C^2Z^2}}$$

Cerchiamo ora di calcolarli e cominciamo quindi col trovare le coordinate del polo P, cioè X, Y, Z. A tale scopo osserviamo che, poi-chè P si trova sull'ellissoide E, le sue coordinate debbono soddisfare all'equazioni 31) e quindi avremo:

$$37)\quad AX^2 + BY^2 + CZ^2 = 1$$

D'altra parte il polo si trova ancora sull'asse istantaneo di rotazione, e quindi X, Y, Z debbono soddisfare anche alle equazioni di questa retta, ciò che ci dà:

$$38)\quad \frac{X}{p} = \frac{Y}{q} = \frac{Z}{r} = \lambda$$

dove con λ abbiamo indicato il comune valore dei tre rapporti.

Dalla 38) ricaviamo allora:

$$39)\quad X = p\lambda$$

$$40)\quad Y = q\lambda$$

$$41)\quad Z = r\lambda$$

e sostituendo in 37)

$$42)\quad \lambda^2 (Ap^2 + Bq^2 + Cr^2) = 1$$

cioè ricordando la 26) otteniamo:

$$43)\quad \lambda = \frac{1}{\sqrt{Ap^2 + Bq^2 + Cr^2}} = \frac{1}{\sqrt{h}}$$

Le 39) 40) e 41 ci danno allora

44) $X = \frac{p}{\sqrt{b}}$

45) $Y = \frac{q}{\sqrt{b}}$

46 $Z = \frac{r}{\sqrt{b}}$

Se sostituiamo questi valori nella 33) otteniamo immediatamente ricordando la 27):

47) $$D = \frac{1}{\sqrt{\frac{A^2p^2+B^2q^2+C^2r^2}{b}}} = \frac{\sqrt{b}}{\sqrt{A^2p^2+B^2q^2+C^2r^2}} =$$

$$= \frac{\sqrt{b}}{K}$$

Ma b e K sono costanti: dunque la distanza D del piano Π dall'origine fissa O è costante. Le 34) 35) e 36) ci danno poi:

48) $$\cos(n,x) = \frac{Ap/\sqrt{b}}{\sqrt{\frac{A^2p^2+B^2q^2+C^2r^2}{b}}} = \frac{Ap/\sqrt{b}}{\sqrt{\frac{K^2}{b}}} = \frac{Ap}{K} = \cos(K,x)$$

49) $$\cos(n,y) = \cos(K,y)$$

50) $$\cos(n,z) = \cos(K,z)$$

Cioè la normale n al piano Π è parallela al vettore $\overline{K}$: ma $\overline{K}$ è costante; quindi n a dire zione costante. Ne segue che il piano π deve mantenersi sempre parallelo a sè stesso, ed a distanza costante dal punto fisso O; perciò Π è fisso nello spazio.

È facile allora determinare il movimento in modo interamente geometrico: infatti conoscendo la posizione iniziale dell'asse istantaneo di rotazione e quindi quella del polo P, basta condurre per P il piano π tangente all'ellissoide. Poi mantenendo fisso π e fisso O basta far rotolare su π l'ellissoide E, il quale nel suo movimento si trascina il corpo rigido a cui è solidale.

Il luogo geometrico dei punti del piano Π che vengono in contatto con l'ellissoide forma una curva, senza flessi, che si chiama Erpoloide.

Il luogo geometrico dei punti dell'ellissoide che vengono in contatto col piano (cioè il cammino descritto dal polo P sull'ellissoide durante il movimento) forma una curva detta Poloide.

Si dimostra che la poloide è una curra gobba del 4° ordine, la quale in casi particolari può scindersi in due ellissi.

Es. III. Cenni sul giroscopio.

Dopo aver studiato il caso in cui le forze esterne mancavano del tutto, occupiamoci del caso in cui l'unica forza agente è la gravità. A tal fine chiameremo col nome di Giroscopio un corpo rigido mobile intorno ad un punto fisso O, e sottoposto soltanto al proprio peso.

Il problema, in generale, non è stato ancora risoluto. Esistono solo tre casi particolari in cui è possibile integrare le equazioni del movimento e cioè:

I° Il caso di Eulero, che ha luogo quando il punto fisso O coincide col baricentro G del corpo rigido. Infatti allora il peso P del corpo applicato in O viene equilibrato dalla reazione del punto fisso, e quindi il corpo si muove in realtà in assenza di forze. Abbiamo perciò un movimento alla Poinsot. I migliori modelli di questo tipo di giroscopio sono quelli costruiti dal Prandtl, che esistono in alcuni gabinetti di fisica.

II° Il caso di Lagrange che ha luogo quando l'ellissoide d'inerzia E è rotondo, ed il baricentro G si trova sull'asse di rotazione OA.

Appartengono a questo tipo di Giroscopio le comuni trottole, usate spesso come giuocattolo. Il gabinetto di Meccanica Razionale dell'Università di Padova, ne ha acquistato ora un bellissimo modello.

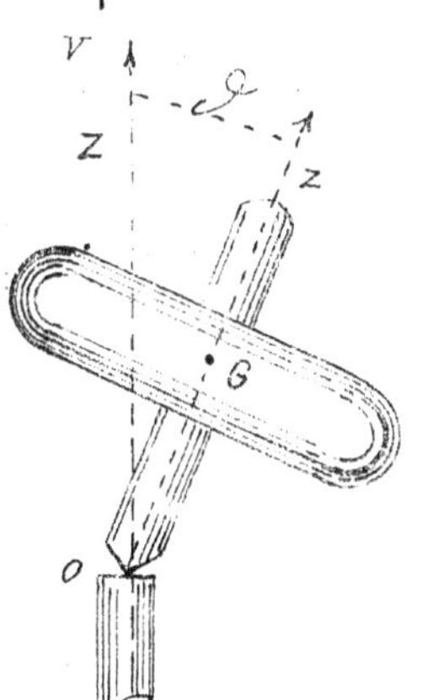

Integrando le equazioni del moto si trova che l'asse z è animato di un duplice movimento intorno alla verticale OV e cioè:

1) Un movimento di precessione per cui descrive un cono rotondo intorno ad OV.

2) Un movimento di nutazione per cui z oscilla in un senso e nell'altro intorno

alle generatrici di questo cono, allontanandosi ed avvicinandosi alternativamente alla verticale OV.

La terra sotto l'attrazione del sole e della luna si comporta presso a poco, come un giroscopio di Lagrange e il suo asse ha quindi un moto di precessione ed uno di nutazione.

Diremo infine che Jacobi ha dimostrato che il movimento, nel giroscopio di Lagrange, può scindersi in due moti alla Poinsot.

III° Il caso della Kowalewski che ha luogo quando tra i momenti d'inerzia passa la relazione $A = B = 2C$ ed il baricentro G si trova nel piano xy. Questo caso ha minore importanza pratica degli altri due, e noi ci contenteremo di nominarlo.

3. Moto di un corpo rigido interamente libero.

Immaginiamo ora di avere un corpo rigido interamente libero e sottoposto a forze qualsiasi. Prendiamo una terna

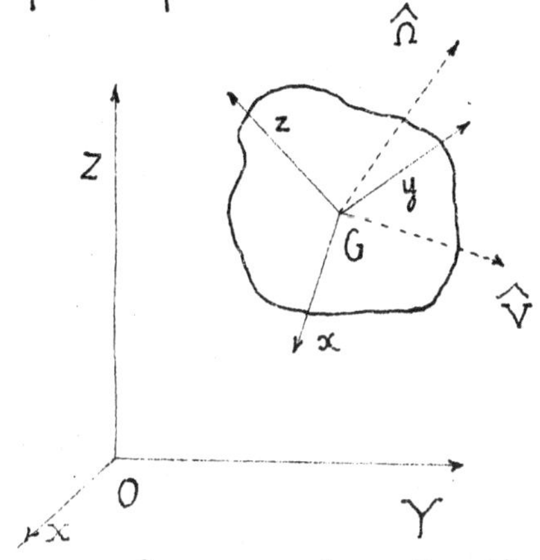

fissa XYZ ed una terna mobile xyz costituita dagli assi centrali d'inerzia del corpo, cioè dagli assi principali d'inerzia relativi al suo baricentro G. È chiaro che la terna mobile xyz sarà rigidamente collegata al corpo stesso. Ciò posto, immaginando di conoscere le forze $\vec{F}_i$ che agiscono sul corpo, noi ci proponiamo di determinare il suo movimento.

A tale scopo, prendendo come centro di riduzione G, sappiamo dalla Cinematica che il moto si scinde in una traslazione con velocità uguale a quella $\hat{V}$ del baricentro, e in una rotazione $\hat{\Omega}$ intorno ad un asse passante per il baricentro.

Ora per determinare il vettore $\hat{V}$ basta ricorrere al teorema fondamentale della pag. 345 il quale ci dice che G si muove come se in esso fosse concentrata tutta la massa del corpo e su di esso agissero le sole forze esterne.

Per determinare poi $\hat{\Omega}$, proiettiamolo sui tre assi x, y, z ed indichiamo con p, q ed r le proiezioni. Con ragionamenti analoghi a quelli del paragrafo precedente arriveremo alle equazioni:

$$A\frac{dp}{dt} - (B-C)\,qr = L$$

1) $$B\frac{dq}{dt} - (C-A)\,rp = M$$

$$C\frac{dr}{dt} - (A-B)\,pq = N$$

ono le equazioni di Eulero.

Ora dobbiamo distinguere due casi

e cioè:

1) Le forze applicate $\hat{F}_i$ sono indipendenti dalla velocità del baricentro G.

2) Le forze applicate dipendono invece dalla velocità di G.

Nel primo caso i momenti delle forze L, M ed N sono indipendenti da $\hat{V}$; il problema può quindi decomporsi in due e cioè quello del moto di G e quello del corpo intorno a G che ha luogo <u>come se il baricentro fosse fisso</u>.

Nel secondo caso invece L, M ed N sono funzioni di $\hat{V}$ e non è quindi possibile separare le equazioni 1) da quelle che ci danno il movimento di G.

Es. I. *Moto di un proiettile nel vuoto e nell'aria*. Per studiare il moto di un proiettile nel vuoto basta ricordare che l'unica forza che agisce su di esso è il proprio peso.

Il baricentro G si muove quindi come un punto pesante nel vuoto, cioè <u>descri-</u>

re una parabola come già vedemmo. D'altra parte, poichè le forze applicate, cioè i pesi delle singole particelle del corpo, sono certamente indipendenti dalla velocità, il proiettile si muoverà intorno a G come se G fosse fisso. Abbiamo allora il caso di un corpo rigido pesante mobile intorno al proprio baricentro G fisso nello spazio, vale a dire il caso del giroscopio di Eulero. Ricordando quindi quanto dicemmo nel § precedente vediamo che il moto del proiettile intorno al proprio centro di gravità, è un moto alla Poinsot.

Supponiamo invece che il proiettile si muova nell'aria. Allora, oltre al proprio peso, che possiamo considerare applicato in G, abbiamo le forze di resistenza che l'aria esercita su tutti gli elementi della superficie del corpo. Ne risulta quindi un sistema di forze, riducibile, come già sappiamo, ad una forza e ad una coppia. Ma la resistenza dell'aria, dipende, come è noto, dalla velocità del proiettile; <u>non</u> è possibile quindi di scindere il problema in due considerando il moto del baricentro indipendentemente da quello del corpo intorno al baricentro. Ed è appunto questo fatto che complica grandemente i problemi di balistica esterna.

Es. II. Un'asta omogenea pesante è lanciata nel vuoto. Si domanda di trovarne il movimento.

Supponiamo, per semplicità, che l'asta sia lanciata per es. dall'alto di una torre senza imprimerle alcun movimento di rotazione e trascuriamo come è stato detto, la resistenza dell'aria.

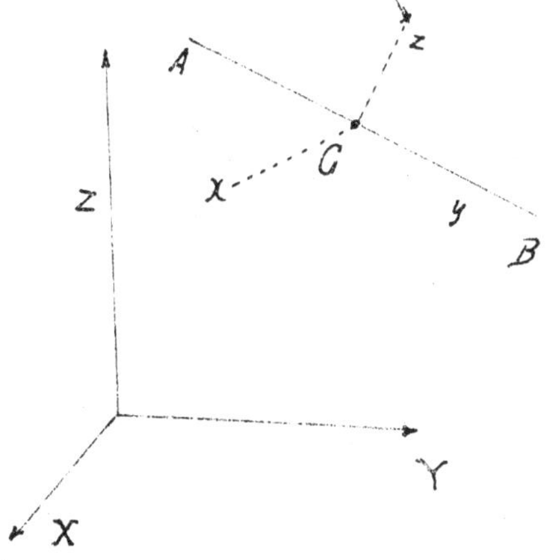

Prendiamo come origine mobile il baricentro G, come asse y l'asta stessa (che supponiamo nel piano del foglio) e gli assi x e z nel solito modo.

Intanto G descriverà una parabola come sappiamo. Di più, come abbiamo visto, il moto dell'asta intorno a G sarà un moto alla Poinsot ed avremo quindi: $L = M = N = 0$. Infine se supponiamo l'asta cilindrica, sarà ancora, per simmetria, $A = C$ e le equazioni 1) diverranno nel nostro caso:

$$A \frac{dp}{dt} - (B - A) q r = 0$$

2)
$$B \frac{dq}{dt} = 0$$

$$C \frac{dr}{dt} - (A - B) p q = 0$$

Dalla seconda ricaviamo integrando:

3) $$q = \text{costante}$$

e poichè q era inizialmente nulla, come abbiamo supposto, essa resterà sempre uguale a zero.

La prima e l'ultima equazione del sistema 2) ci danno allora:

4)
$$\frac{dp}{dt} = 0$$

$$\frac{dr}{dt} = 0$$

da cui integrando abbiamo:

5) $p =$ costante

6) $r =$ costante

Ma noi abbiamo supposto che l'asta ve= nisse abbandonata senza imprimerle al= cun moto di rotazione: dunque p e q era= no inizialmente uguali a zero, e per le 5) e 6) resteranno quindi sempre nulle. Riepi= logando, nel movimento abbiamo p q ed r uguali a zero e quindi il vettore rota= zione $\widehat{\Omega}$ sarà anche esso nullo.

L'asta quindi si muoverà restan= do sempre parallela a sè stessa, mentre il suo baricentro G descrive una para= bola.

PARTE III

Cenni sopra la Meccanica dei Corpi Continui Deformabili

1. Generalità

In questa ultima parte del nostro corso, noi ci occuperemo brevemente della Meccanica dei corpi continui deformabili, come per es. i corpi elastici e i fluidi. Il nostro scopo è ora soltanto di preparare il terreno per gli studi ulteriori di Meccanica applicata alle costruzioni, d'Idraulica, di Termodinamica e di Fisica Matematica. Ci limiteremo quindi ad enunciare i principali teoremi senza darne dimostrazione e di più per maggiore chiarez_za e facilità d'intelligenza restringeremo spesso i nostri studi ai sistemi continui piani.

Immaginiamo dunque un corpo continuo deformabile, per es. una lamiera di ferro situata nel piano del foglio, e supponiamo che essa venga sottoposta all'azione di un si_stema di forze. La lamiera allora si deformerà, ed un suo punto generi_co P si porterà per esempio in P'.

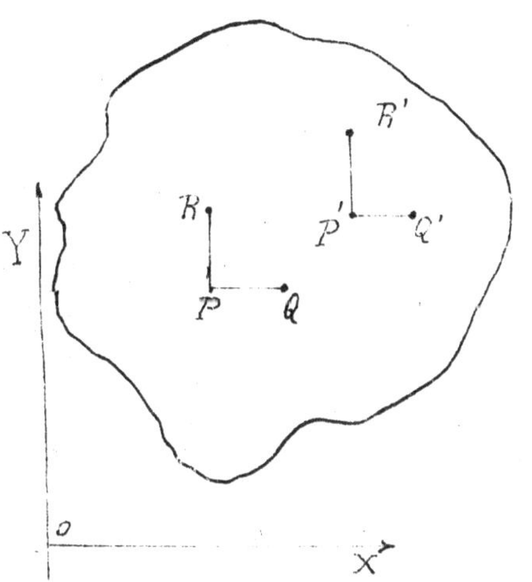

Poniamo $P' - P = \hat{S}$; allora il vettore $\hat{S}$ che noi chiameremo col nome di Vettore Spostamento, avrà in generale un modu_lo assai piccolo e di più dipenderà dal_la posizione del punto P.

Potremo dunque scrivere:

$$1) \quad \hat{S} = \hat{S}(P);$$

cioè in linguaggio scalare, chiamando con x ed y le coordinate di P e con u e v le componenti di $\overline{S}$, avremo:

$$2) \qquad u = u(x, y)$$

$$3) \qquad v = v(x, y)$$

Poniamo ora:

$$4) \qquad \varepsilon_{11} = \frac{\partial u}{\partial x}$$

$$5) \qquad \varepsilon_{22} = \frac{\partial v}{\partial y}$$

$$6) \qquad \varepsilon_{12} = \frac{\partial u}{\partial y} + \frac{\partial v}{\partial x}$$

Le ε sono chiamate col nome di Caratteristiche della deformazione; i meccanici inglesi e Americani chiamano il loro complesso col nome di Strain.

Se invece di un sistema piano, si avesse un sistema a tre dimensioni le ε sarebbero in numero di sei e cioè ε_{11}, ε_{22}, $\varepsilon_{33}\left(= \frac{\partial w}{\partial z}\right)$ ε_{12}, $\varepsilon_{13}\left(= \frac{\partial u}{\partial z} + \frac{\partial w}{\partial x}\right)$, ε_{23}

Vediamone ora il significato fisico.
A tale scopo consideriamo un punto Q estre=

mamente vicino a P; dopo la deformazione Q andrà in Q' e quindi il segmento PQ si cangerà in P'Q'. Indicando allora con s ed s' le lunghezze dei due segmenti, la dilatazione totale subita sarà uguale ad s'-s e quella unitaria (cioè riportata all'unità di lunghezza) sarà $\frac{s'-s}{s}$ che indicheremo con δ e chiameremo coefficiente di dilatazione lineare. È evidente che δ dipende dalla posizione del punto P e dalla direzione del segmento PQ; e quindi per es. il segmento PR avrà un coefficiente di dilatazione diverso da quello del segmento PQ. Ora si dimostra che ε_{11} è precisamente uguale al coefficiente di dilatazione nella direzione dell'asse x, ed ε_{22} nella direzione dell'asse y.

Ciò posto supponiamo che PQ sia parallelo all'asse x, e PR all'asse y; è chiaro allora che il coseno dell'angolo QPR sarà uguale a zero. Ma dopo avvenuta la deformazione, i due segmenti estremamente piccoli P'Q' e P'R', in generale non saranno più ortogonali e quindi il coseno dell'angolo $Q' P' R'$ non sarà in generale uguale a zero. Ora si dimostra che questo coseno è uguale ad ε_{12} e quindi ε_{12} viene chiamato col nome di <u>coefficiente di dilatazione angolare</u>. Analogamente si dica per ε_{13} ed ε_{23} se il sistema ha tre dimensioni. Consideriamo ora nel nostro sistema piano un elemento di area σ, il quale dopo la deformazione si trasformerà in σ'. L'incremento totale della superficie dell'elemento sarà allora $\sigma' - \sigma$, e quello unitario $\frac{\sigma' - \sigma}{\sigma}$. Questo rapporto si chiama col nome di <u>coefficiente di dilatazione areale</u> e noi l'indicheremo con la lettera Λ. Si dimostra che Λ è uguale ad $\varepsilon_{11} + \varepsilon_{22}$. Analogamente se il corpo deformabile ha tre dimensioni dovremo considerare il <u>coefficiente di dilatazione cubica</u> ϑ che è uguale ad $\varepsilon_{11} + \varepsilon_{22} + \varepsilon_{33}$.

Ed ora, partendo da un punto generico P della nostra lamiera piana, disegnamo un raggio qualsiasi r e su di esso prendiamo un segmento PS uguale ad $\frac{1}{1+\delta}$ dove δ è il coefficiente di dilatazione lineare nella direzione r. Operando in modo analogo per tutti i raggi uscenti da P si trova che il luogo geometrico dei punti δ è un ellisse avente per centro P. La sua equazione, scegliendo P per origine è:

$$7) \quad (1+2\varepsilon_{11})\,x^2 + (1+2\varepsilon_{22})\,y^2 + 2\varepsilon_{12}\,xy = 1$$

Essa si chiama col nome di Ellisse di dilatazione. Nello spazio abbiamo analogamente un: Ellissoide.

Gli assi dell'ellissoide godono poi della proprietà di restare ortogonali dopo la deformazione.

Riepilogando nello studio della deformazione dobbiamo tener presente:

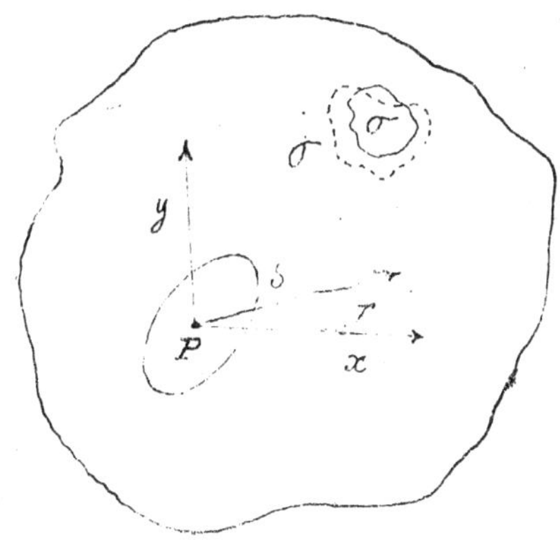

1) I coefficienti di dilatazione lineari: ε_{11} ε_{12} ε_{13}

2) I coefficienti di dilatazione angolare ε_{12}, ε_{13} ε_{23}.

3) Il coefficiente di

<u>dilatazione cubica</u>: $\vartheta = \varepsilon_{11} + \varepsilon_{22} + \varepsilon_{33}$

4) L'ellissoide di dilatazione, i cui assi restano ortogonali anche dopo la deformazione.

La deformazione è perfettamente individuata quando sono dati i sei coefficienti ε, cioè lo <u>Strain</u>: se tutti gli ε sono nulli, la deformazione non ha luogo, cioè il corpo si mantiene rigido.

Tutto ciò riguarda la Cinematica dei corpi deformabili: passiamo ora alle nozioni fondamentali della loro statica, ed a tale scopo consideriamo la nostra lamiera piana ed isoliamo in essa un piccolo elemento di superficie σ, che per semplicità supporremo abbia la forma di un triangolo rettangolo con i lati paralleli agli assi.

Potremo allora dividere le forze che agiscono sull'elemento σ in due grandi categorie e cioè:

1 - <u>Forze di massa</u> agenti nell'interno dell'elemento; quali ad esempio il

peso proprio, l'attrazione esercitata da un magnete ecc. In generale queste forze saranno piccole dello stesso ordine della massa μ dell'elemento, e noi quindi l'indicheremo con $\widehat{F}\mu$. La $\widehat{F}$ sarà allora la forza unitaria, cioè il valore che avrebbe la forza di massa, se μ fosse uguale all'unità.

2- <u>Forze superficiali</u> agenti sulla superficie dell'elemento; o nel caso di elementi piani, come noi ora consideriamo, sul suo perimetro.

Esse sono piccole dello stesso ordine della superficie - o del perimetro - dell'elemento. Prendendo per esempio la <u>forza unitaria</u> $\widehat{\Phi}$ che agisce sul lato PR e decomponendola in due forze parallele agli assi avremo:

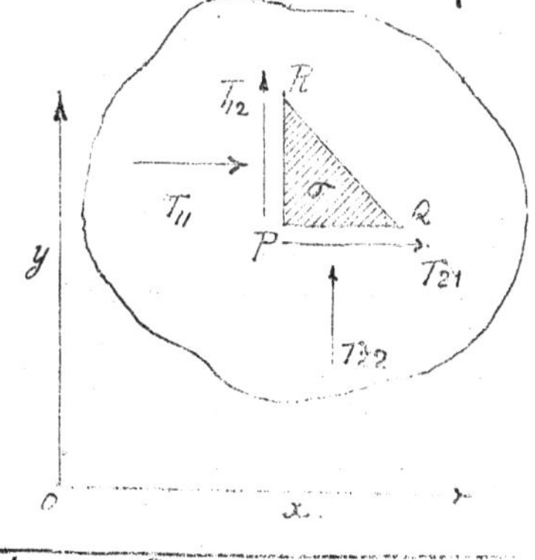

1) Una prima forza unitaria agente sul lato PR normale all'asse x, e diretta secondo l'asse x. Noi l'indicheremo

con T_{11}.

2) Una seconda forza unitaria agente anche essa sul lato PR normale all'asse x, e diretta secondo l'asse y. Noi l'indicheremo con T_{12}

Così pure, chiamando con $\hat{\Psi}$ la forza unitaria che agisce sul lato PQ normale all'asse y e decomponendola, otterremo altre due forze e cioè, T_{21} parallela all'asse x e T_{22} parallela all'asse y.

Analogamente se abbiamo un corpo deformabile generico, prendendo al suo interno un elemento a forma di cubo con i lati paralleli agli assi e considerando successivamente le tre faccie normali ai tre assi x y z, otterremo un sistema di nove forze con cui possiamo formare il seguente determinante

$$8) \qquad D = \begin{vmatrix} T_{11} & T_{12} & T_{13} \\ T_{21} & T_{22} & T_{23} \\ T_{31} & T_{32} & T_{33} \end{vmatrix}$$

In esso per esempio T_{23} è la forza che agisee sulla faccia del cubo normale all'asse y (donde l'indice 2) ed ha direzione parallela all'asse z (donde l'indice 3). I Meccanici inglesi e americani chiamano l'insieme delle T col nome di <u>Stress</u>.

Ciò posto, domandiamoci: quali relazioni esistono tra le nove T e tra le T e le forze di masse, quando il corpo deformabile (per es. un trave di ferro carico di pesi) è in equilibrio?

Per rispondere a questa domanda supponiamo per un momento che l'elemento cubico scelto nell'interno del nostro trave sia divenuto rigido. È chiaro che l'equilibrio sussisterà a più forte ragione. Ed allora, applicando al piccolo cubo le sei equazioni di equilibrio dei corpi rigidi, otterremo alcune relazioni da cui deduciamo che:

1) Il determinante 8) è <u>simmetrico</u> e quindi si ha $T_{12} = T_{21}$, $T_{13} = T_{31}$ $T_{23} = T_{32}$. Cioè le T si riducono in realtà a <u>sei</u>.

2) Chiamando con X, Y, Z le com-

ponenti della forza unitaria di massa $\vec{F}$ e con ρ la densità del corpo abbiamo le seguenti equazioni:

$$\rho X = \frac{\partial T_{11}}{\partial x} + \frac{\partial T_{21}}{\partial y} + \frac{\partial T_{31}}{\partial z}$$

9)
$$\rho Y = \frac{\partial T_{12}}{\partial x} + \frac{\partial T_{22}}{\partial y} + \frac{\partial T_{32}}{\partial z}$$

$$\rho Z = \frac{\partial T_{13}}{\partial x} + \frac{\partial T_{23}}{\partial y} + \frac{\partial T_{33}}{\partial z}$$

Immaginiamo ora di avere un corpo continuo deformabile; per fissare le idee supponiamo per es. un trave carico di pesi: Nell'interno del trave prendiamo un punto qualsiasi O e per esso un elemento di superficie σ; sia $\vec{F}_\sigma$ la forza che agisce su questo elemento ed N_σ la sua proiezione sulla normale n all'elemento σ. A partire da O, riportiamo allora su n un segmento OS uguale in lunghezza ad $\frac{1}{\sqrt{N_\sigma}}$. Eseguendo lo stesso procedimento per tutti gli elementi che possiamo far passare per O, si dimostra che il luogo geometrico dei punti S è una quadrica, avente per centro O e chiamata col nome di <u>Quadrica di Lamé</u> o <u>Quadrica delle depressioni e trazioni</u>. Se il sistema deformabile è piano si ha invece una <u>conica</u> la cui equazione, se prendiamo per origine O, può scriversi sotto la forma:

$$T_{11} x^2 + 2 T_{12} x y + T_{22} y^2 = 1 \qquad (10)$$

Si dimostra che se la conica è un'ellisse tutti gli elementi per O sono soggetti a pressioni o trazioni; se invece essa è un'iperbole alcuni elementi sono soggetti a pressioni altri a trazione, mentre quelli elementi la cui normale coincide con gli asintoti sono soggetti solo a forze tangenziali. Gli asintoti hanno quindi, per così dire, l'ufficio di <u>separare il campo delle pressioni da quello delle trazioni</u>.

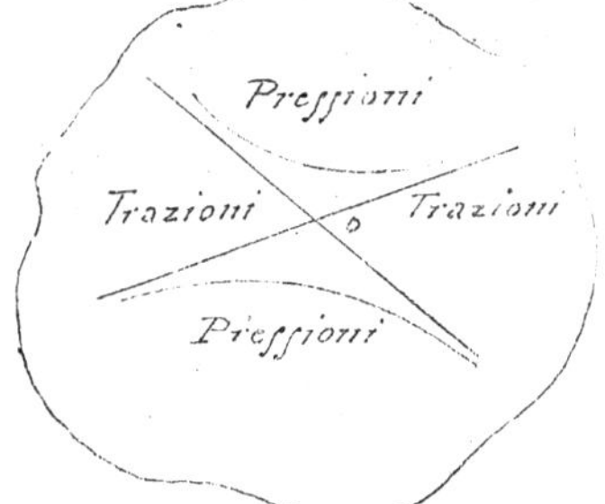

Nei sistemi a tre dimensioni, in cui si ha la quadrica, lo stesso ufficio ha il cono asintotico.

Si dimostra poi che la forza $\hat{F}_\sigma$ agente sull'elemento σ ha per direzione la normale al piano coniugato con la normale n. Quindi per es. in un sistema piano la forza agente sull'elemento σ avrebbe la direzione della retta OR. Basta infatti costruire la normale n all'elemento, quindi la n_1 coniugata alla n (cioè tangente alla conica nel punto P) ed infine da O abbassare la perpendicolare ad n_1.

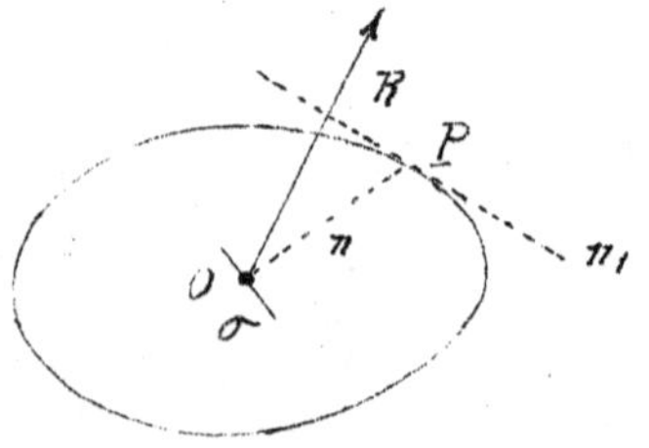

Ne segue che la forza agente sui tre piani principali della quadrica è normale ai piani stessi. Perciò nei fluidi, in cui le forze sono sempre normali agli elementi, ogni piano è principale, e quindi la quadrica di Lamè si riduce ad una sfera. Come notizia storica ricorderemo infine che i risultati ora esposti furono trovati da Cauchy e da Stokes nella prima metà del secolo passato. La quadrica delle trazioni e pressioni è dovuta a Lamè.

2. Corpi elastici isotropi

Vediamo ora di applicare gli studi esposti al caso dei corpi elastici. A tale scopo prenderemo per base la celebre legge enunciata da Hooke (1660) con le parole: "Ut tensio sic vis„ cioè la deformazione (tensio) è proporzionale alla forza che la produce (vis).

In linguaggio matematico, ciò significa che le caratteristiche della deformazione, cioè le ε, sono funzioni lineari delle T; in altre parole lo strain è funzione lineare dello stress.

Avremo quindi:

$$
\begin{aligned}
T_{11} &= A_{11}\,\varepsilon_{11} + A_{22}\,\varepsilon_{22} + A_{33}\,\varepsilon_{33} + A_{12}\,\varepsilon_{12} + A_{13}\,\varepsilon_{13} + A_{23}\,\varepsilon_{23} \\
T_{12} &= B_{11}\,\varepsilon_{11} + B_{22}\,\varepsilon_{22} + \dots \\
&\dots\dots
\end{aligned}
\qquad (1)
$$

equazioni che contengono, come si vede, 36 coefficienti A, B ecc dipendenti dalla natura del corpo. Immaginiamo però che il nostro corpo elastico sia omogeneo ed isotropo (cioè abbia proprietà uguali in tutte le direzioni per es. il ferro dolce, il cemento ecc). Allora l'ellissoide delle deformazioni deve essere sempre coassiale con la quadrica di Lamé. Di più tutte le proprietà che valgono per l'asse x devono valere, data l'isotropia del corpo considerato) anche per gli assi y e z. Partendo da questi concetti si dimostra che i 36 coefficienti si riducono soltanto a due; ma per la loro scelta ha luogo una divisione tra ingegneri e matematici.

Ed infatti gl'ingegneri, avendo di mira sopratutto i bisogni pratici adottano nei loro calcoli:

1) Il modulo di elasticità E, (o modulo di Young) cioè la forza da applicarsi normalmente alle facce opposte di un cubo unitario del materiale considerato, affinchè i lati A B, C D acquistino una lunghezza doppia della primitiva. Si comprende che la forza E sarà gran-

dissima; ed infatti prendendo per unità di lunghezza il millimetro e per unità di forza il chilogrammo si ha per es. per l'acciaio $E = 22000$. Una tabella dei valori di E per vari metalli può vedersi nel manuale dell'Ingegnere del Prof^or^ Colombo.

2) Il rapporto di Poisson. R, cioè il rapporto (presso a poco costante) che passa tra la contrazione trasversale e la dilatazione longitudinale del cubo considerato. Per il ferro esso è uguale a circa 0,32; per l'acciaio 0,29 ecc.

I matematici invece, con lo scopo di ottenere equazioni più adatte per studi teorici, scelgono i coefficienti di Lamé i quali s'indicano, per consuetudine con le lettere λ e μ e vengono dati dalle formule:

$$1) \quad \lambda = \frac{E R}{(1+R)(1-2R)}$$

$$2) \quad \mu = \frac{E}{2(1+R)}$$

Si ha in tal modo, servendosi della legge di

Hooke,

$$3)\quad \begin{aligned} T_{11} &= -\Lambda\,\theta - 2\mu\,\varepsilon_{11} \\ T_{22} &= -\Lambda\,\theta - 2\mu\,\varepsilon_{22} \\ T_{33} &= -\Lambda\,\theta - 2\mu\,\varepsilon_{33} \end{aligned}$$

dove θ è il coefficiente di dilatazione cubica. Analogamente abbiamo:

$$4)\quad T_{12} = -\mu\,\varepsilon_{12}$$

$$5)\quad T_{13} = -\mu\,\varepsilon_{13}$$

$$6)\quad T_{23} = -\mu\,\varepsilon_{23}$$

Servendoci di queste equazioni, le 9) del paragrafo precedente divengono:

$$7)\quad \begin{aligned} \rho X + (\Lambda+\mu)\frac{\partial\theta}{\partial x} + \mu\Delta^2 u &= 0 \\ \rho Y + (\Lambda+\mu)\frac{\partial\theta}{\partial y} + \mu\Delta^2 v &= 0 \\ \rho Z + (\Lambda+\mu)\frac{\partial\theta}{\partial z} + \mu\Delta^2 w &= 0 \end{aligned}$$

le quali sono appunto le <u>equazioni generali dell'equilibrio dei corpi elastici isotropi</u>; ed hanno per fine di dare le deformazioni subite dal corpo (cioè u, v e w componenti del vettore spostamento $\vec{S}$) quando si conoscano le forze agenti. Sarà inutile ricordare che si ha:

$$\Delta^2 u = \frac{\partial^2 u}{\partial x^2} + \frac{\partial^2 u}{\partial y^2} + \frac{\partial^2 u}{\partial z^2} \quad ecc$$

Per ottenere poi le equazioni della Dinamica dei corpi elastici basti sostituire alle forze applicate le forze perdute, come insegna il principio di D'Alembert.

Termineremo osservando che Green (1837) e poi Thomson hanno osservato che esiste in casi assai generali una funzione Π le cui derivate rispetto alle deformazioni danno le componenti di pressione e viceversa. La variazione che subisce questa funzione Π quando il corpo elastico passa da una configurazione ad un'altra è poi uguale al lavoro compiuto dalle forze interne. La P è chiamata dai Meccanici col nome di Potenziale di Elasticità.

Tra le deformazioni che può subire un corpo ve ne sono due che hanno importanza speciale e cioè:

1) Può avvenire che la dilatazione cubica ϑ sia da per tutto uguale a zero. La deformazione si chiama allora trasversale e

si ha l'equazione:

8) $$\vartheta = \varepsilon_{11} + \varepsilon_{22} + \varepsilon_{33} = \frac{\partial u}{\partial x} + \frac{\partial v}{\partial y} + \frac{\partial w}{\partial z} = 0$$

2) Può invece avvenire che le componenti u, v, w, dello spostamento $\vec{S}$ siano date dalle derivate parziali rispetto ad x, y, z di una funzione Q detta Potenziale di Deformazione. La deformazione si chiama allora longitudinale. In questo caso se esiste il potenziale P delle forze di massa le 8) divengono

$$\frac{\partial}{\partial x}\left[-\rho P + (\lambda+\mu)\vartheta + \Delta^2 Q\right] = 0$$

9) $$\frac{\partial}{\partial y}\left[-\rho P + (\lambda+\mu)\vartheta + \Delta^2 Q\right] = 0$$

$$\frac{\partial}{\partial z}\left[-\rho P + (\lambda+\mu)\vartheta + \Delta^2 Q\right] = 0$$

e si ha quindi l'integrale:

10) $$(\lambda+\mu)\vartheta + \Delta^2 Q - \rho P = 0$$

giacchè la costante arbitraria può essere inclusa nel potenziale P.

In particolare se mancano le forze di massa e se la deformazione è insieme longitudinale e trasversale, si ha $P = 0$ e $\vartheta = 0$, e quindi la 10) dà

$$11) \quad \Delta^2 Q = 0$$

cioè il potenziale di deformazione Q è una funzione armonica.

3 - Fluidi

Dopo aver brevemente parlato dei corpi elastici applichiamo le nostre nozioni generali al caso dei fluidi. Se immaginiamo che non vi sia alcun attrito interno (fluidi ideali) la forza agente su ogni elemento di superficie σ dovrà essere normale all'elemento stesso. Con un breve ragionamento si dimostra allora che la quadrica di Lamé si riduce ad una sfera e quindi le T_{12} T_{13} T_{23} sono identicamente nulle, mentre T_{11} T_{22} T_{33} assumono un comune valore p che è la pressione nel punto considerato.

Il determinante 8) del § 1 diviene allora nel caso dei fluidi:

$$1) \quad D = \begin{vmatrix} p & 0 & 0 \\ 0 & p & 0 \\ 0 & 0 & p \end{vmatrix}$$

mentre le equazioni 9) dello stesso paragrafo ci danno

$$2) \qquad \rho X = \frac{\partial p}{\partial x}$$

$$3) \qquad \rho Y = \frac{\partial p}{\partial y}$$

$$4) \qquad \rho Z = \frac{\partial p}{\partial z}$$

Poichè la pressione p è funzione di x, y, z il suo differenziale totale dp è uguale a $\frac{\partial p}{\partial x} dx + \frac{\partial p}{\partial y} dy + \frac{\partial p}{\partial z} dz$. Moltiplicando quindi la 2) la 3) e la 4) per dx, dy e dz e sommando si ha:

$$5) \qquad dp = \rho (X dx + Y dy + Z dz)$$

ed è questa l'<u>Equazione Generale dell'Idrostatica</u>.

Se il fluido considerato è poi un liquido incompressibile allora la densità ρ è costante: se esso è invece un gas perfetto a temperatura costante allora ρ è proporzionale alla pressione p secondo la nota legge di Mariotte.

Se esiste il potenziale P delle forze, si

ha $X = -\frac{\partial P}{\partial x}$ ecc. e la 5) diviene

$$6) \quad dp + \rho\, dP = 0$$

È facile allora dimostrare che le superfici <u>equipotenziali</u> sono anche superfici a <u>pressione costante</u> (<u>isobariche, o di livello</u>) e, poichè ρ è funzione di p, anche a <u>densità costante</u>. Nel caso di un liquido incompressibile (per es. una massa d'acqua) soggetta solo al proprio peso la 5) diviene scegliendo l'asse z verticale e diretto verso <u>l'alto</u>:

$$7) \qquad dp + \rho g\, dz = 0$$

Partendo da questa equazione è facile dimostrare che la risultante delle pressioni che un liquido esercita sopra tutti gli elementi di una superficie <u>piana S</u>, interamente immersa in esso, è uguale al peso di un prisma di liquido avente per base la superficie stessa e per altezza la distanza del suo baricentro dalla superficie libera del liquido.

La risultante stessa come è chiaro, è poi normale ad S ed è applicata in un suo punto C detto <u>Centro di Pressione</u>.

Si dimostra pure che la risultante

delle pressioni che un liquido esercita su una superficie chiusa Σ, interamente immersa in esso, è uguale al peso del liquido spostato, è diretta verticalmente dal basso verso l'alto, ed ha per punto d'applicazione il baricentro del liquido spostato (Centro di Carena)

Quest'ultimo teorema, dal nome del suo scopritore, si chiama Principio di Archimede.

Passiamo ora alla Dinamica dei fluidi e per fissare le idee immaginiamo una massa d'acqua in movimento. Consideriamo un punto R nell'interno della massa e sia $\vec{V}$ la velocità della particella liquida che passa per R al tempo t. Possono allora avvenire tre casi, e cioè:

1) La velocità $\vec{V}$ è costante, cioè ha sempre lo stesso valore qualunque sia il punto R e l'istante t. Il moto si dice allora uniforme.

2) La velocità $\vec{V}$ varia da punto a punto della massa liquida, cioè è funzione di R. ma per uno stesso punto R conserva

sempre lo stesso valore qualunque sia l'istante considerato t. Il moto si dice allora <u>permanente</u>, ed ha luogo presso a poco nei grandi fiumi nello stato di regime.

3) La velocità $\hat{V}$ varia da punto a punto ed in uno stesso punto R varia col variare del tempo t. Il moto si dice allora <u>vario</u> ed ha luogo nei fiumi al sopravvenire delle grandi piene.

In linguaggio analitico:

1) <u>Nel moto uniforme</u> abbiamo: $\hat{V}$ = costante.

2) <u>Nel moto permanente</u>: $\hat{V} = \hat{V}(R)$

3) <u>Nel moto vario</u> infine: $\hat{V} = \hat{V}(R, t)$

Consideriamo ora una particella fluida qualsiasi: il suo movimento in un istante qualunque potremo scinderlo in tre, e cioè un moto di <u>traslazione</u>, un moto di <u>rotazione</u>, ed uno di <u>deformazione</u>, in virtù del quale la particella altera la sua configurazione col variare del tempo. Ora Cauchy ha dimostrato, sotto condizioni latissime, che se una particella non ruota in un dato istante, arbitrariamente scelto, essa non ruoterà mai. Supponiamo allora che nell'istante iniziale $t = 0$ nessuna delle particelle del nostro liquido abbia moto di rotazione: è chiaro che esse non potranno acquistarlo in avvenire. Il movimento si chiama allora Irrotazionale e si dimostra che in questo caso le componenti u, v, w della velocità $\vec{V}$ sono uguali alle derivate parziali di una certa funzione Q che si chiama Potenziale di Velocità.

Nel caso opposto il movimento si chiama rotazionale o vorticoso ed il potenziale di velocità non esiste.

Ed ora per passare dalle equazioni della statica a quelle della Dinamica dovremo sostituire alle forze applicate le forze perdute in virtù del principio di d'Alembert. La 2) ci dà allora:

$$8) \qquad \frac{dp}{\partial x} = \rho(X - a_x)$$

dove a_x è la componente dell'Accelerazione $\hat{A}$ lungo l'asse x. Dalla 8) ricaviamo:

$$9) \qquad a_x = X - \frac{1}{\rho}\frac{\partial p}{\partial x}$$

Ora si ha:

$$10) \qquad a_x = \frac{d^2x}{dt^2} = \frac{du}{dt}$$

essendo u la componente di $\vec{V}$ lungo l'asse x. Ma u è funzione di x, y, z t; quindi la 10) ci dà:

$$11) \quad a_x = \frac{du}{dt} = \frac{\partial u}{\partial t} + \frac{\partial u}{\partial x}\frac{dx}{dt} + \frac{\partial u}{\partial y}\frac{dy}{dt} + \frac{\partial u}{\partial z}\frac{dz}{dt}$$

Ora $\frac{dx}{dt}$, $\frac{dy}{dt}$, $\frac{dz}{dt}$ sono precisamente le componenti di $\vec{V}$ cioè u, v, w. Sostituendo dunque in 11) la 9) diviene:

$$12) \quad \frac{\partial u}{\partial t} + u\frac{\partial u}{\partial x} + v\frac{\partial u}{\partial y} + w\frac{\partial u}{\partial z} = X - \frac{1}{\rho}\frac{\partial p}{\partial x}$$

Analogamente la 3) e la 4) ci danno:

$$13) \quad \frac{\partial v}{\partial t} + u\frac{\partial v}{\partial x} + v\frac{\partial v}{\partial y} + w\frac{\partial v}{\partial z} = Y \frac{1}{\rho}\frac{\partial p}{\partial y}$$

$$14) \quad \frac{\partial w}{\partial t} + u\frac{\partial w}{\partial x} + v\frac{\partial w}{\partial y} + w\frac{\partial w}{\partial z} = Z - \frac{1}{\rho}\frac{\partial p}{\partial z}$$

La 12) la 13) e la 14) sono le equazioni generali dell'Idrodinamica, e vengono chiamate spesso Equazioni di Eulero dal nome del loro autore.

Occupiamoci ora del moto irrotazionale permanente: in tal caso $\vec{V}$ e quindi u, v

w saranno funzioni solo di P e non di t, e quindi $\frac{\partial u}{\partial t}$, $\frac{\partial v}{\partial t}$, $\frac{\partial w}{\partial t}$ saranno identicamente nulle. D'altra parte chiamando con Q il potenziale di velocità, avremo $u = \frac{\partial Q}{\partial x}$; $v = \frac{\partial Q}{\partial y}$; $w\ \frac{\partial Q}{\partial z}$. Se quindi supponiamo che l'unica forza agente sia la gravità come avviene nei casi pratici, ed immaginiamo che il nostro fluido sia un liquido incompressibile (ρ = costante) l'equazione 12) diverrà:

$$15)\quad \frac{\partial}{\partial x}\left[\frac{1}{2}\left(\frac{\partial Q}{\partial x}\right)^2 + \frac{1}{2}\left(\frac{\partial Q}{\partial y}\right)^2 + \frac{1}{2}\left(\frac{\partial Q}{\partial z}\right)^2 + \frac{p}{\rho}\right] = 0$$

od anche, chiamando con V il modulo di $\vec{V}$ ed essendo z indipendente da x:

$$16)\quad \frac{\partial}{\partial x}\left[\frac{V^2}{2} + gz + \frac{p}{\rho}\right] = 0$$

Analogamente la 13) e la 14) ci danno:

$$17)\quad \frac{\partial}{\partial y}\left[\frac{V^2}{2} + gz + \frac{p}{\rho}\right] = 0$$

$$18)\quad \frac{\partial}{\partial z}\left[\frac{V^2}{2} + gz + \frac{p}{\rho}\right] = 0$$

da cui ricaviamo:

$$19)\quad \frac{V^2}{2g} + z + \frac{p}{\rho g} = \text{costante}$$

La 19 costituisce il teorema di Bernouilli che

ha importanza fondamentale per l'Idraulica.

Applicandolo al caso di una massa d'acqua che esca da un piccolo foro F praticato nelle pareti di una vasca, si trova con pochi calcoli che la velocità di uscita V è uguale a quella che acquisterebbe un corpo cadendo liberamente dal livello libero del liquido L L al foro F, cioè si ha $V = \sqrt{2gh}$. Questa formola importantissima è chiamata, dal nome del suo scopritore: Legge di Torricelli.

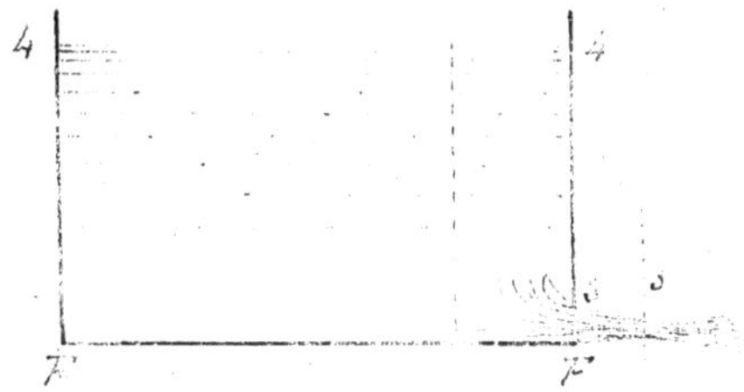

L'esperienza dimostra poi che il zampillo uscente si restringe fino ad una sezione minima (sezione contratta) s, dopo di che torna ad allargarsi. Indicando con S l'area del foro F, si ha $s = S\mu$ dove μ è un numero minore dell'unità a cui è stato dato il nome di Coefficiente di erogazione o di efflusso. I suoi valori possono vedersi nei manuali d'Ingegneria. La portata, cioè il volume d'acqua che esce nell'unità di tempo dal piccolo foro F, è quindi uguale ad $S\mu V$.

Es. I. Calcolare il tempo impiegato da una vasca cilindrica a vuotarsi.

Immaginiamo di avere la vasca disegnata qui a lato; sia A la superficie della sua base ed h l'altezza dell'acqua in essa contenuta. Nell'istante iniziale $t=0$ si apre un <u>piccolo</u> foro di sezione S al fondo della vasca; vogliamo calcolare il tempo T che essa impiega a vuotarsi.

A tale scopo osserviamo che prendendo per origine F e l'asse z diretto verticalmente verso l'alto, in un istante generico t il livello libero L L sarà sceso ad un'altezza incognita z sopra F. La velocità di efflusso sarà quindi uguale a $\sqrt{2gz}$; mentre il volume di acqua dQ che esce nell'intervallo di tempo infinitesimo compreso tra l'istante t e l'istante $t+dt$ sarà $s\sqrt{2gz}\,dt = S\mu\sqrt{2gz}\cdot dt$. Possiamo però calcolare dQ in un secondo modo. Infatti in questo intervallo di tempo infinitesimo il pelo libero dell'acqua LL si abbassa di $-dz$ e quindi il volume di acqua uscito sarà $-A\,dz$.

Paragonando allora i due risultati otterremo:

$$20)\quad S\mu\sqrt{2gz}\,dt = -A\,dz$$

da cui ricaviamo:

$$21)\quad dt = \frac{A}{S\mu\sqrt{2g}}\,\frac{dz}{\sqrt{z}}$$

Ora nell'istante iniziale $t=0$ si ha $z=h$, mentre nell'istante finale $t=T$ si ha $z=0$ giacchè la vasca è vuota. Integrando dunque da $z=h$ a $z=0$ avremo:

$$22)\quad T = -\frac{A}{S\mu\sqrt{2g}}\int_h^0 \frac{dz}{\sqrt{z}} = \frac{A}{S\mu\sqrt{2g}}\int_0^h \frac{dz}{\sqrt{z}} = \frac{2A}{S\mu\sqrt{2g}}\sqrt{h}$$

cioè <u>il tempo T impiegato dalla vasca a vuotarsi è proporzionale alla radice quadrata dell'altezza h dell'acqua sul foro d'uscita F.</u>

Es. II° Trovare la formula per determinare le altezze mediante il barometro.

Supponiamo che su di una montagna un osservatore posto in A, munito di barometro e di termometro legga in un dato istante la pressione atmosferica H e la temperatura τ_1.

Un altro osservatore in B, munito anch'esso di barometro e di termometro, leggerà nello stesso istante la pressione b e la temperatura τ_2. Vogliamo trovare la differenza di livello q tra le due stazioni.

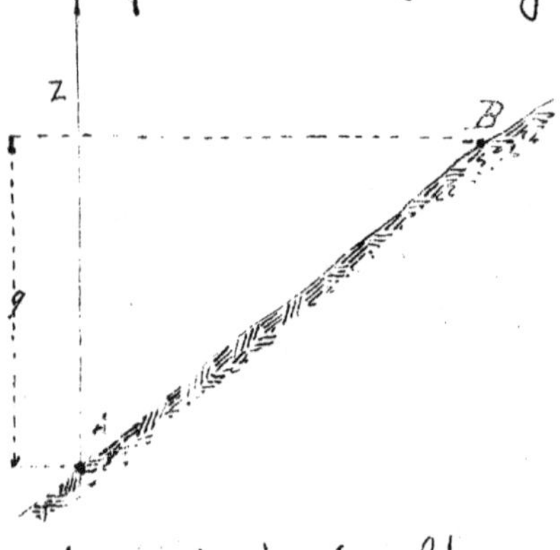

A tale scopo supponiamo l'atmosfera in equilibrio (giornata serena, mancanza di vento ecc.) prendiamo per origine A e l'asse z verticale. Poichè l'unica forza agente è la gravità, avremo intanto per la 7)

23) $$dp = -\rho g \, dz$$

D'altra parte se per un momento supponiamo la temperatura uniforme ed uguale a τ, la densità ρ sarà data, secondo la Fisica, dalla formola:

$$24)\qquad \rho = \frac{p}{K(1+\alpha\tau)}$$

dove α è il coefficiente di dilatazione, il quale per i gas perfetti è uguale ad $\frac{1}{273}$ e per l'aria contenente un po' di vapor acqueo a circa $\frac{1}{250}$

Avremo dunque dalla 24)

$$25)\qquad p = \rho K(1+\alpha\tau)$$

e dividendo membro a membro la 23) per la 25) si ottiene:

$$26)\qquad \frac{dp}{p} = -\frac{g}{K(1+\alpha\tau)}\,dz$$

ed integrando abbiamo:

$$27)\qquad \log p = -\frac{g}{K(1+\alpha\tau)}\,z + C$$

Per determinare ora la costante arbitraria C osserviamo che per $z = 0$, cioè al punto A, si ha $p = H$. Avremo dunque dalla 27) $C = \log H$ e quindi essa diviene:

$$28)\qquad \log p = -\frac{gz}{K(1+\alpha\tau)} + \log H$$

Nel punto B si ha poi

$z = a$, $p = h$, e quindi la 28) ci dà:

$$29)\quad \log h = -\frac{g\,q}{K(1+\alpha\tau)} + \log H$$

da cui ricaviamo:

$$30)\quad q = \frac{K}{g}(1+\alpha\tau)\log\frac{H}{h}$$

Ora la temperatura in realtà non è costante e quindi prenderemo in via d'approssimazione, τ uguale alla media delle due temperature cioè a $\frac{\tau_1+\tau_2}{2}$; d'altra parte α è uguale a circa $\frac{1}{250}$ e quindi la 30) si riduce a

$$31)\quad q = \frac{K}{g}\left(1+\frac{\tau_1+\tau_2}{500}\right)\log\frac{H}{h}$$

Troviamo ora le dimensioni della costante K. Dalla 25) supponendo per es. la temperatura uguale a zero otteniamo:

$$32)\quad K = \frac{p}{\rho} = \frac{\text{Pressione}}{\text{Densità}}$$

Ora la pressione è la forza che si esercita su ogni unità di superficie (per es. cm^2), ed ha quindi le dimensioni di una forza $[MLT^{-2}]$ divise per quelle di una superficie $[L^2]$, cioè $[ML^{-1}T^{-2}]$

La densità è poi uguale alla massa divisa per il volume ed ha quindi le dimensioni $[ML^{-3}]$. La 32) dà allora:

$$33) \quad [K] = \frac{[ML^{-1}T^{-2}]}{[ML^{-3}]} = [L^2T^{-2}]$$

Abbiamo allora, essendo g un'accelerazione,

$$34) \quad \left[\frac{K}{g}\right] = \left[\frac{L^2 - T^{-2}}{LT^{-2}}\right] = [L]$$

cioè il coefficiente $\frac{K}{g}$ ha le dimensioni di una lunghezza. Esso può quindi essere espresso in metri.

Poichè noi conosciamo K, dato dalla fisica, e g uguale a 9,80 è facile fare il calcolo, e si ottiene:

$$35) \quad \frac{K}{g} = 18336 \text{ metri.}$$

La 31) ci dà allora, esprimendo q in metri,

$$36) \quad q = 18336\left(1 + \frac{t_1 + t_2}{500}\right) \log \frac{H}{h}$$

ed è questa la formula adoperata dagli ingegneri per misurare le altezze mediante il barometro.

Fine

www.ingramcontent.com/pod-product-compliance
Lightning Source LLC
LaVergne TN
LVHW011250110826
845149LV00001B/90
* 9 7 8 1 4 1 8 1 8 5 5 5 8 *